U0030234

超實用！新手媽咪必懂的孕期知識

圖解 最新懷孕生產圖文百科

貼心修訂版

妊娠・出産最新ケアブック

專業婦產科醫師 竹內正人 ◎監修
若河 ◎譯

推薦序

最完整的懷孕與生產知識

前 新光吳火獅紀念醫院婦產科主任
文／林禹宏

台灣已經進入少子化的時代，不過現代人雖然生的少，對生育品質的要求和下一代的期望卻是越來越高。

為了讓下一代贏在起跑點上，許多準父母可以說是費盡心思，舉凡各種維它命、保健食品、胎教音樂等，不一而足。站在婦產科醫師的立場，為了孕育出優秀的下一代，最重要的是早日生育，因為年紀越大，精、卵的品質，尤其是卵子，就逐漸走下坡，不僅生育能力下降、寶寶產生缺陷的機會也比較高。另一方面，孕婦在懷孕中也比較容易產生併發症。

其次，準備懷孕後就要遠離有害物質，如菸、酒等，攝取均衡營養、保持心情愉快、定期產前檢查。另外，醫學界目前也提供許多自費的檢查，可以提早發現胎兒的缺陷。

在這個知識爆炸的時代，除了傳統的書籍和雜誌，網路上充斥著許多專家或網友提供的知識或個人經驗，反而讓一般民眾眼花撩亂，無所適從。這本書是日本著名的婦產科醫師竹內正人所著，內容涵蓋了懷孕前的準備、胎兒的發育、孕婦的生理變化、懷孕中的不適與處理、生產的過程、產後的調養、新生兒的照顧等，尤其對懷孕和生產有非常詳細的說明，不僅一般民眾可以從這本書得到完整有關懷孕與生產的知識，甚至對專業的醫護人員也有參考價值。

懷孕中丈夫的角色常常被忽略。孕婦在懷孕中常常面臨害喜、腰酸背痛、抽筋、疲倦、失眠等問題，這時候丈夫的體諒和支持就很重要。丈夫其實在懷孕中可以扮演更積極的角色，而不只是一個旁觀者。和一般懷孕的書籍不一樣的是本書特別有一章教導丈夫如何陪伴妻子度過這辛苦的九個多月，有了丈夫的積極參與，不僅夫妻的感情會更好，也有助於培養親子關係。

此外，雖然一般翻譯的書籍常有語意不通順的毛病，這本書卻完全沒有這個問題，可見編輯群非常用心。本人很樂意向讀者推薦本書。

推薦序

最詳盡充實且圖文並茂的書籍

台北醫學大學市立萬芳醫院醫療副院長

文／**許淳森**

作者竹內正人於日本醫科大學畢業後，赴美國大學專研週產期生物學，學成回國後又進入研究所繼續深造，並積極透過媒體、著作、書籍及演講來宣導周產期知識；有十多年時間，他以母嬰保健專家的身分，在國外從事產科的醫療活動。以豐富的產科經驗，把它井然有序的整理撰寫成本書，這本書是我看過闡述生產過程及產後調理最詳盡充實且圖文並茂的書籍之一。

本書分為八個章節。**第一章**對懷孕初期婦女，告知如何知道懷孕、對各層級醫療院所的分析及選擇、對自己將來的生產計畫及敘述各種補助辦法及職業保障的法規，使懷孕的婦女在心理上有所準備。

第二章闡述懷孕初期各種不適症狀及處理的方法。例如：孕吐、流產現象、詳細的撰述每週孕婦及胎兒的各種變化直到41週。如果認真閱讀，對懷孕過程及注意事項必能徹底瞭解。

第三章強調衛教。對孕婦的生理變化、體重的管控、各種狀況的營養飲食及自我保健。**第四章**說明懷孕當中常見的併發症及各種傳染疾病的應對，使孕產婦能夠知己知彼，屆時才不會不知所措；值得一提的是，此書內容有特別介紹保護寶寶行車安全的嬰幼兒汽車安全座椅，也是我們積極鼓勵的交通宣導。

第五章介紹產兆、減痛的方法及生產的方式、緊急意外與處理方法、嬰兒出生後要如何照顧新生兒、哺餵初乳，作者更特別強調產婦產後與先生、爸媽、公婆甚至朋友的相處，這些都會影響孕婦產後的心理與情緒。**第六章**強調產後身體與子宮的復舊、會陰傷口、子宮惡露、產後尿失禁的復健、產後運動及塑身操。產後憂鬱症是一種嚴重的事情，需要大家共同來關注，特別重要的事是：不要一個人煩惱，要適時地把心事表達出來，先生、長輩、朋友都要適時的關懷與幫助。

第七章針對新生兒的生理變化、日常生活的料理（換尿布、洗澡、哭鬧）、抱寶寶餵奶的姿勢及哺餵母乳的步驟有詳細的說明。**第八章**仍體貼地想到在太太懷孕的十個月中，先生生理與心理的調適、如何迎接新生命及當一個好爸爸。

這本書圖文並茂，各位準爸爸準媽媽如果能將此書詳細閱讀，對您們整個懷孕過程一定會有很大的幫助，對各種狀況必能處之泰然、應付自如，自然不會手忙腳亂、不知所措。總之，這是一本相當不錯的懷孕生產寶典。

自序

不僅孕育一個小生命，同時也促使父母成長

竹內正人

妳是不是正處於痛苦的害喜階段？還是已經進入舒適的穩定期了呢？懷孕期間，有些準媽咪會因為從未害喜嘔吐，而開始擔心寶寶沒辦法平安長大；也有些會突然悶悶不樂、動不動就掉眼淚，情緒變化相當激烈；當然絕大部分是沉浸在幸福當中，即使面對所有的不適都不以為苦。

懷孕之後，準媽咪的身心都會產生相當大的變化，且每個人對於各種變化的感受都不盡相同。從懷了小寶寶的那一刻起，我們就升格為爸媽了。為人父母的過程就如同妳所經歷過的成長階段一般，每個家庭的背後都有不同的故事，即使是生養妳的父母也是如此。

本書將以一週為單位，詳細解說每個時期可能發生在妳身上的身心變化。透過有限的篇幅細心編排成一本實用的懷孕、育兒百科，只要詳加閱讀，相信即便是懷第一胎的媽咪也能安心掌握懷孕生產的大小事。

此外，最後還特別收錄了奶爸專用的章節。在懷孕、教養子女的過程中，爸爸無疑是個舉足輕重的角色。在這個特殊時期，爸爸與媽媽的互動狀況以及生活作息，也會關係到日後養育子女的態度喔！

爸爸與媽媽在孕育新生命的過程中，不但會發現許多彼此從未注意到的另一面，甚至也可能藉此看到另一個不同的自己。此外，與父母及親友間的相處模式也會有所改變。生活上難免會有所摩擦，更可能在每次的衝突後感到難過後悔，但也別氣餒，說不定這些摩擦會在將來帶來意想不到的正面效果。懷孕期間感到不安、擔心、緊張，其實都很正常。不需要與別人相比較，或刻意壓抑自己的情緒。不妨放寬心珍惜每一天、每一個當下的感受，互相配合彼此的步調一起在未知中成長。

在一個家庭裡，媽媽擁有孕育、生育寶寶的能力，爸爸則有協助媽咪與寶寶的力量，而小寶貝更是具有與生俱來的能力與個性。隨著本書的出版，我衷心期望本書，能陪伴妳們一家人共同面對這個重要且珍貴的特殊時期。

目次
CONTENTS

序

第1章

CONTENTS

第3章　懷孕期間的健康生活

CONTENTS

CONTENTS

第8章 爸爸們的孕期生活

專欄

迎接家族新成員的到來！充滿期待與喜悅！

孕育新生命，接續代代相傳的生命馬拉松。

夫妻一起體驗生命的奇蹟

人類的身體裡蘊藏著許多科學無法解釋的神奇力量。其中最為神秘的莫過於新生命的誕生。女人一旦受孕後，就展開了一段不可思議的生命歷程。看著自己的寶寶在原本毫無生命跡象的子宮裡，一天天成長茁壯。

每個肚子裡的小生命，不但是爸爸、媽媽的心血結晶，同時也延續著人類代代相傳的生命鎖鏈。如果寶寶是小女孩，當她還在媽媽肚子裡的時候，身體裡就已經慢慢形成卵子的雛形；也就是說，女寶寶在還沒出生前，就已經開始為孕育下一代做好了準備。

因此，每位媽媽都能透過懷孕、生產的經驗，與爸爸一起體驗萬物生生不息的力量，以及生命傳承的重要。

從此以後，爸爸、媽媽加上小寶寶，就要共組一個新的「家庭」。而懷孕的10個月裡，也是爸媽重新規畫人生的最好時機。以後想要幾個小孩？媽媽還要不要繼續工作？人生藍圖需不需要跟著改變？小孩的教育問題該如何解決？趁著懷孕期間，夫妻倆應該好好坐下來聊聊這些先前可能連想都沒想過的問題。

寶寶一旦呱呱落地，新手爸媽往往為了照顧小生命而忙到昏天暗地。如果不趁早達成「育兒問題」的共識，恐怕只會讓兩人更加手忙腳亂。在這段期間，爸媽可以先協調好寶寶出生後的家事分配，或是請爺爺、奶奶（或外公、外婆）當救兵一起照顧小孩，甚至有空時也可以來場模擬演練。只要事前做好萬全的準備，就能從容地迎接小生命的來臨。

媽媽接手生命馬拉松裡最沉重的棒子。

以積極的態度，迎接小生命的來臨

有的寶寶是眾人期盼已久的小生命，有的寶寶是夫妻倆盤算好產期的小禮物，有的則是擦槍走火的意外。同樣是懷孕，每個家庭卻有不同的反應。但無論如何，在得知懷孕後我們都應該心存感激，因為這是上天賜給我們最寶貴的寶物。

「接納」會帶給寶寶良好的影響

懷孕之後，媽媽的心裡除了喜悅外，同時也參雜著許多不安、期待等難以言喻的複雜情感。身體第一次孕育新的生命，心靈層面當然也會產生變化，晴時多雲的脾氣，可能源自於懷孕造成的內分泌失調；這時，最重要的是「接納」這些變化，不要過度壓抑自己的情感，順其自然地去面對這一切。如果媽媽在懷孕期間受到細心的呵護，也會帶給寶寶良好的影響喔！

然而，不是每位媽媽都能享受到這種被關心、被包容的禮遇。關鍵在於她的伴侶——爸爸，是否能夠全力配合。在這段期間，爸爸最重要的責任就是以寬容的心接納媽媽身心方面的所有轉變。

只要媽媽感覺到自己是被接納、被包容的，就能更從容地面對自己，珍惜與胎兒之間的互動。讓我們回想一下小時候，當我們知道「不管發生什麼事，爸媽一定都會疼愛我們」時，是不是就有一股安心的力量從心底升起呢？只要擁有這分安全感，就能充滿自信迎向任何挑戰。

同樣的，爸爸與媽媽之間如果也存在著互信與包容，這種良好互動一定能為日後帶來美好的親子關係。

爸爸應該溫柔地包容媽媽。

Parenting的新概念，學習當稱職的父母

這是來自美國的育兒觀念。在雙親（parent）後面加上進行式的語尾（ing），形成「正在當父母」這個新的造字。不是每個人一出生就知道該如何為人父、為人母，如同小孩的成長過程一樣，都是透過學習和親身體驗之後才慢慢體認「自己當爸爸（媽媽）了」，並開始正視與小孩的相處模式，釐清自己在親子關係中所扮演的角色，這就是「parenting」這個概念的中心思想。

換句話說，「parenting」是站在父母的立場，學習如何教養小孩與界定自己的定位。尤其是新手爸媽，應該在寶寶出生前就開始想想日後該怎麼跟小孩相處、互動。

懷孕、生產是重新檢視夫妻關係與人生的最佳時機

生產後開始一起建立新的家庭關係吧！

只要順產，就是幸福產

到底怎樣的生產方式才算好？產程短？無痛分娩？在家裡生產？每個人的感受不太一樣，但對媽媽而言，就算生產時伴隨著長時間的陣痛，只要在過程中感到幸福，就是幸福產。每個人對於生產方式的評價不同，但最重要的是，在產前事先決定好要以什麼方式生產（生產計畫）。畢竟，只有媽媽才是生產時的主角，這點是無庸置疑的事實。而提供一個讓媽媽感到舒適、安心的生產環境，則是婦產科醫師與周遭親友的責任。

自二次大戰後，醫界便努力將產婦及新生兒的死亡率減至最低，相當重視生產時的安全。但是，卻長期忽略了產前、產後的心理治療。直到最近才有較多的醫院開始正視產婦的心靈關懷。

兩代之間的代溝，往往是壓力的來源

在懷孕、生產的過程中，往往使得兩代媽媽之間的親子關係產生變化。

為了讓媽媽能夠安心生產，周遭的人都要提供協助。

一般而言，在娘家比較容易得到身心層面的良好照顧，因此許多孕婦都會選擇「回娘家待產」。尤其是懷第一胎的產婦特別容易感到不安，此時若有父母陪在身旁，或多或少都能在精神上找到有力的依靠。然而，「回娘家待產」也不是完全沒有缺點，如果在待產期間與母親產生摩擦，反而更容易造成無形的壓力。

新舊世代之所以會產生代溝，除了各自擁有不同的生產知識外，懷孕、生產時的自主性，以及產後究竟該餵母乳還是配方奶等育兒觀念的歧見也都是爭吵的原因。

此外，如果媽媽的娘家很遠，爸爸便無法天天參與寶寶的成長，甚至不了解媽媽懷胎十月的辛苦。夫妻倆對懷孕、生產的熱衷程度，也就因此產生了差距。

另一方面，做完月子後媽媽必須從娘家回到自己的家，一肩扛起照顧寶寶與做家事的責任。因此，許多媽媽回到自己家裡後，反而得了產後憂鬱症。

究竟要用紙尿布還是傳統尿布？瑣碎小事的意見不合也會造成壓力……。

學習接納自己的情緒，重新面對人生

家庭加入新生命後，周遭的人際關係也就跟著產生變化。以前不在意、或是不願提起的事，往往因為懷孕、生產這個特殊時期又再度浮上檯面。

當我們與周遭的人意見不合、或是對某人感到不滿時，多半都會這麼安慰自己，「只要再忍耐一下就好……」。然而懷孕、生產帶來的複雜情緒，卻往往使得這些忍耐產生質變。甚至有不少孕婦到了此時才不安地反問自己，「我是不是嫁錯人了？」在這裡要請各位準媽媽們放一百二十個心，懷孕期間會有負面情緒是很正常的。

只要學會接納自己所有的情緒，慢慢地與周遭的人發展出新的關係就好了。

正面情緒、負面情緒，都是自己最真實的感受，要學會去接納它。

生命須靠所有世代來共同延續

目前雖然出生率年年不振，少子化問題日趨嚴重，但這並不代表有小孩的人就比較偉大。生命的延續，不單單只靠女人一個接一個地生小孩，還包括男人、以及不（願）生育的女人形成一個共同的「世代」，一起將生命傳承的棒子交遞給下一個世代。比如說，沒有生育卻認真工作的人，他們繳的稅金就可以幫助穩固社會福利。因此同一個世代的人，只要每個人都盡到自己的本分，就能共同扶養下一代。

生命的延續不能只靠媽媽一個人的力量，而須要同世代的人共同努力。

想像一下肚子裡胎兒的樣貌

新生命在神秘力量的保護下成長茁壯

一個新生命的誕生，必須經過許多神秘的過程。在好幾億的精子裡，只有一個精子能遇上卵子，結合成新的生命，將這種機率稱之為命中注定也不為過吧！

成為受精卵後，這個新生命就會在媽媽的肚子裡度過十個月。在這段期間裡，它會被包圍在羊水裡，藉由胎盤與臍帶取得來自媽媽的營養逐漸成長茁壯，同時乖乖地等待出生的那一刻。胎兒在媽媽肚子裡是什麼樣子？可以在產檢時透過儀器觀察喔！

關於媽媽與胎兒之間的親密關係，在臨床上仍然有許多無法解釋的謎團。但可以確定的是，只要媽媽擁有健康的身體，寶寶就能健全地成長。

受孕的過程

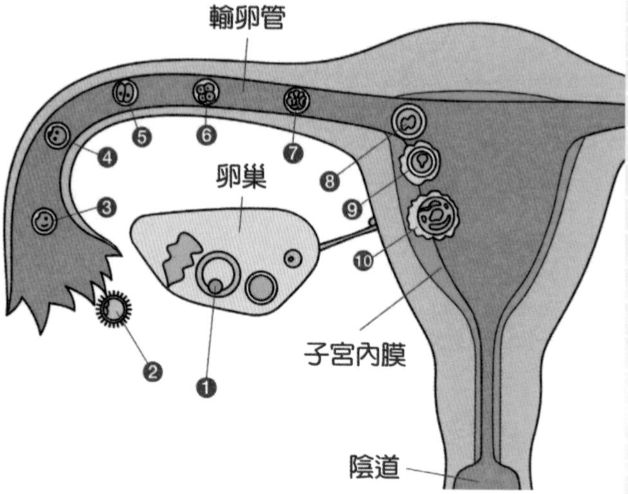

❶選出一個卵子

卵巢每隔一個月就會選出一顆成熟的卵子。

❷排卵

月經以28天為一個週期，成熟的卵子在月經開始的第14天就會從卵巢進入輸卵管。

❸受精

數億個精子，其中只有一個幸運兒能與卵子相遇，完成受精。

❹形成受精卵

受精卵形成一個新的生命，逐漸成長茁壯。受精日則是懷孕後的第2週。

❺細胞分裂（又稱卵裂，Cleavage）

在受精卵裡，精子進入卵細胞內便立刻進行細胞分裂。

❻持續分裂

細胞分裂時會先分為2個等大的細胞，之後再分為4個、8個成等比增加。受精卵一邊進行分裂一邊藉由輸卵管的蠕動往子宮腔推進。

❼發育成桑葚胚（Morula）

當受精卵到達子宮附近時，就會發育成一個貌似桑葚的多細胞實體。

❽囊胚（Blastula）階段

由桑葚胚再發育成囊胚，準備在子宮著床。

❾胚胎（Embryo）形成

形成生物雛體（胚胎）與包覆胎兒的羊膜、以及運送養分的器官等。

❿成功受孕

胚胎先附著於子宮內膜，接著溶解進入內層安全著床，完成受孕動作。

被安全地守護在媽媽肚子裡的胎兒

臍帶

有何作用？

連結母體與胎兒的生命線

❶將母體（胎盤）裡的氧氣及營養素透過大靜脈輸送至胎兒體內。

❷將胎兒製造的二氧化碳及排泄物透過兩條動脈輸送至母體（胎盤）。

如何形成？

臍帶是由兩條臍動脈與一條臍靜脈所組成。外面包裹著一層柔軟的膠狀物質和半透明的薄膜，即使胎兒用力緊握或拳打腳踢也不會因此妨礙臍帶裡的血液流動。每個胎兒的臍帶長度不盡相同，平均約在50～60公分之間，直徑約1～2.5公分。

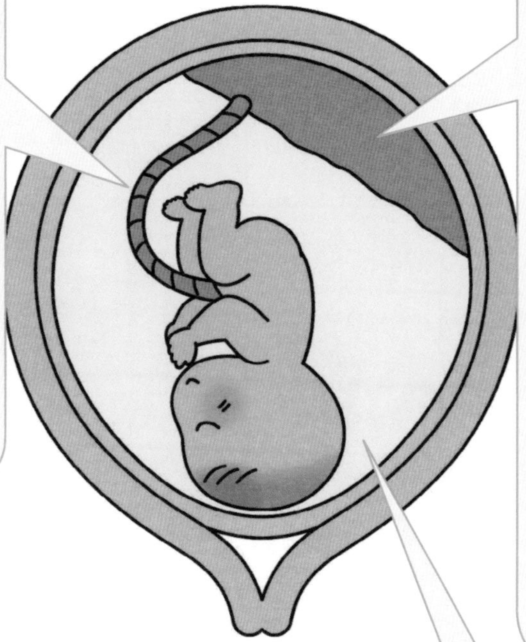

胎盤

有何作用？

輔助胎兒的身體機能

❶從媽媽體內取得氧氣及營養素，並排出胎兒製造的二氧化碳及排泄物。

❷輔助胎兒尚未成熟的肺、消化器官、肝臟、腎臟等內臟器官的功能運作。

❸將媽媽體內的免疫力傳送至胎兒體內。

❹過濾媽媽血液裡的有害物質。

如何形成？

由胎兒的絨毛膜與母體的基底蛻膜（子宮內膜）所組成。

雖然母體血管在著床時已經破裂，但絨毛膜的胎兒血管卻是完好的，因此胎盤裡胎兒與母體的血液兩者並不相混，即使不同血型也不會產生任何排斥的情況。

羊水

有何作用？

保護胎兒的安全水墊

❶平時減緩外界的衝擊。生產時則能保護胎兒不因子宮收縮而受到壓迫。

❷防止胎兒緊附於羊膜之上，確保胎兒的活動空間。

❸對胎盤形成張力，使其貼附於子宮壁。

❹生產時可潤澤產道，使胎兒容易通過。

如何形成？

懷孕初期，羊水是由母體的血液及羊膜所組成，成分類似生理食鹽水。到了中期，胎兒的腎臟逐漸成熟後，就慢慢轉變為胎兒所排出的尿液。這個轉換過程，在胎兒與羊膜的相互作用下大約只要三小時就能完成。

羊水量的變化

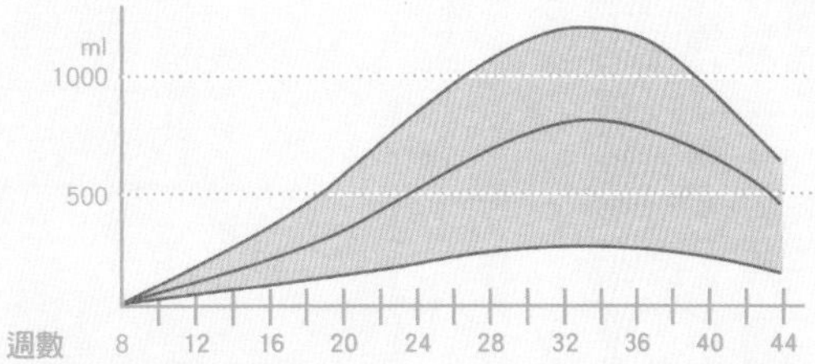

羊水量由第8週開始增加，到第32週左右則到達最高值800毫克（請參考最中間的那條曲線圖）。之後一直到第37週，羊水量不會產生太大的變化，從第39週之後才開始會急速減少。羊水量的多寡因人而異，只要在上圖圖表的範圍內都不須太過擔心。

媽媽與寶寶的懷孕10個月生活

第二個月	第一個月	月數
7 6 5 4	3 2 1 0	週數
身長約10mm 體重約4g  ●形成胎兒的雛型「胚胎」。 ●長出手及腳的形狀，心臟開始跳動。	身長約1mm 體重約1g ●細胞分裂持續進行的階段。 ●即使做超音波檢查也無法觀察到包覆著胎兒的胎囊。	**胎兒的變化** 胎兒在母體內逐漸成長茁壯。在這10個月裡可試著幻想寶寶在肚子裡的樣子，感受家裡即將有新成員到來。
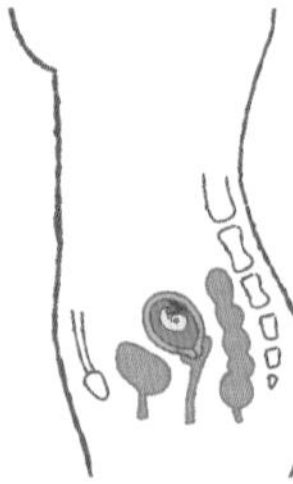 ●兩個月都不見月經，開始自覺已經懷孕。 ●出現嘔吐及倦怠感，有些媽媽則會出現害喜的跡象。	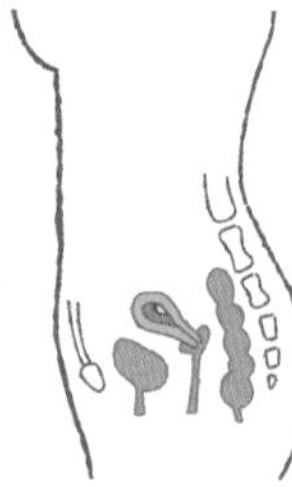 ●受孕與著床。 ●著床的同時，賀爾蒙分泌也產生變化。 ●子宮內膜製造絨毛組織，做好提供寶寶營養素的準備。	**母體的變化** 隨著胎兒的成長，媽媽的身體也會產生許多變化。這些變化都是為了生產而做準備，多少也會伴隨著不適。
●**到婦產科檢查** 除了以驗孕棒測試，也要到婦產科做檢查。 ●**不要勉強自己** 若感到疲倦或發燒，就應該好好休息不要勉強。 ●**禁止抽菸、喝酒。吃藥前先詢問醫師** 戒掉抽菸、喝酒的習慣。若須服藥也應事先洽詢產科醫師。	●**知道自己可能懷孕** 每個月規律到訪的月經突然延遲就是懷孕的徵兆。可先到藥局買驗孕棒自行檢測。	**日常生活** 懷孕期間有不少必須注意的事項。充分接納自己的身心變化，好好享受這段期間的生活！

第六個月	第五個月	第四個月	第三個月
23 22 21 20	19 18 17 16	15 14 13 12	11 10 9 8
身長約25cm 體重約350g 	身長約20cm 體重約150g 	身長約16 cm 體重約100g 	身長約4.5cm 體重約20g 
•眼睛可以正常開合。 •聽覺發達，能聽見來自外界的聲音。 •長出頭髮、睫毛、眉毛等毛髮。 •腦細胞成熟。	•可藉由超音波檢測胎兒的性別。 •骨頭轉硬，做超音波時清晰可見。 •形成耳朵、鼻子、嘴巴等輪廓。 •體型約四頭身。	•手腳肌肉發達，動作頻繁。 •透過臍帶從胎盤取得營養素，並將排泄物及二氧化碳送至母體。	•從「胚胎」發育成「胎兒」。 •可清楚分辨頭顱、軀幹、腳等形狀，內臟各器官的雛型也逐漸明顯。
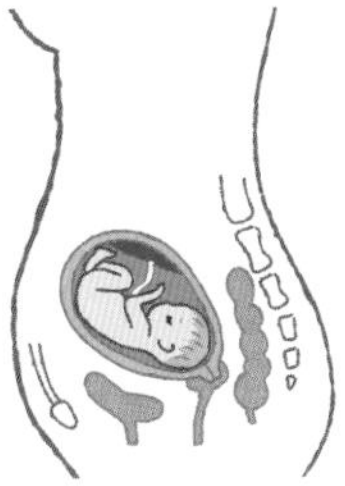	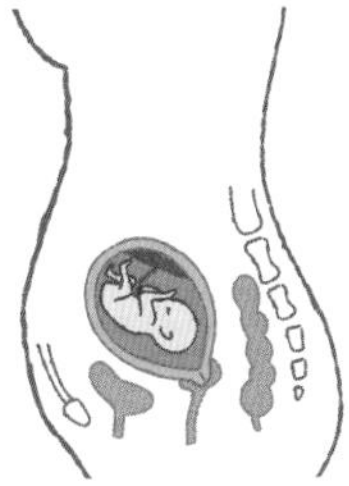	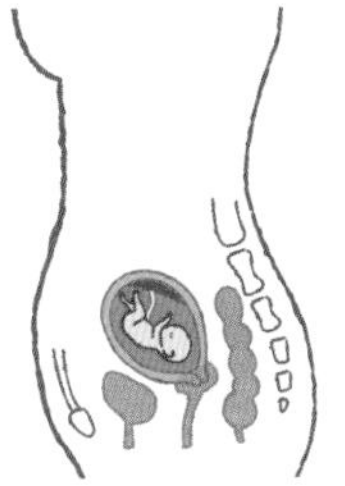	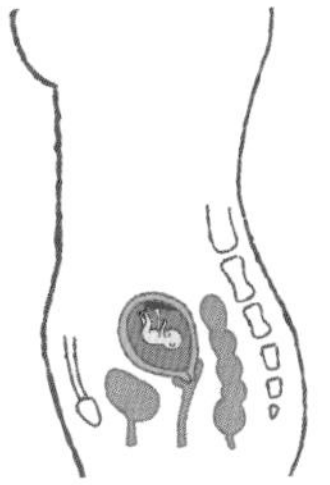
•乳腺發達，開始分泌乳汁。 •身體狀況日漸穩定。 •由於肚子腫大，身體容易向前挺。 •經常感到腰痠背痛。	•肚子腫大，形成孕婦特有的體型。 •子宮約成人頭顱大小。	•子宮配合胎兒頭部發展逐漸撐大，屁股也開始外擴。 •胎盤發育成熟，不必擔心流產問題。	•子宮越撐越大，害喜的症狀也日趨嚴重。 •新陳代謝活躍，汗水與白帶的分泌量增加。
•**小病痛增加** 開始腰痠、腳抽筋、心悸、喘不過氣。 •**隱約感覺到胎動** 母體進入安全期。 •**參加產前教室、媽媽教室** 與爸爸一起參加醫院舉辦的產前教室、媽媽教室。	•**預防妊娠紋穿著孕婦裝** 妊娠紋形成的時期，可配合按摩加以預防，應選擇不會壓迫胎兒發育的孕婦裝。 •**檢查乳頭** 到醫院檢查乳頭是否方便嬰兒吸吮。 •**到附近的醫院進行產檢** 為方便產婦移動，此時回娘家或婆家待產的產婦應就近到附近的醫院進行產檢。	•**每隔四週至醫院產檢** 平時記得將心裡的不安、疑問都寫在筆記本裡，方便產檢時提問。 •**賀爾蒙分泌失調** 容易產生過敏、面皰、乾燥等皮膚狀況。 •**注意體重** 害喜症狀減輕，小心別因胃口大開造成體重過度上升。	•**《孕婦健康手冊》** 至產檢醫院領取《孕婦健康手冊》 •**身體產生明顯變化** 害喜最嚴重的時期。開始頻尿、嗜睡。乳房也較為敏感。

月數	第七個月	第八個月	第九個月	第十個月
週數	24 25 26 27	28 29 30 31	32 33 34 35	36 37 38 39
胎兒的變化	身長約30cm 體重約1000g  •可以自行控制身體動作，運動機能發達。 •學會眨眼。 •鼻孔暢通。	身長約43cm 體重約1800g  •心臟、肺、腎臟等內臟器官成熟。 •腦、中樞神經機能發達。	身長約45cm 體重約2200g  •皮下脂肪增加，身體圓潤有肉。 •淡白的膚色轉為健康的粉紅色，皮膚也較有彈性。	身長約50cm 體重約3100g  •胎頭反轉朝下，形成正常「頭位」姿勢，固定於骨盆。 •胎動減少。
母體的變化	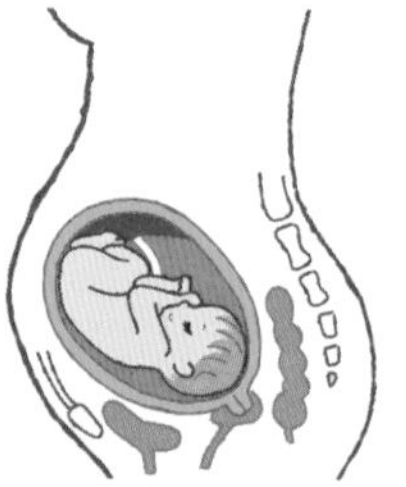 •頻繁且清楚地感覺到胎動。 •出現水腫、腰痛、靜脈瘤（靜脈曲張）等症狀。 •容易便秘、長痔瘡。	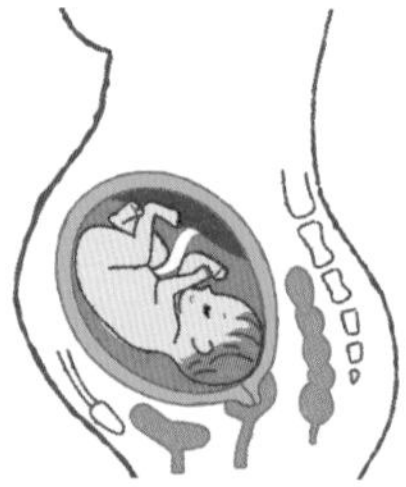 •肚子往肚臍方向提起，腫大情況明顯。 •手腳容易水腫，肚子感到緊繃不適的次數增加。	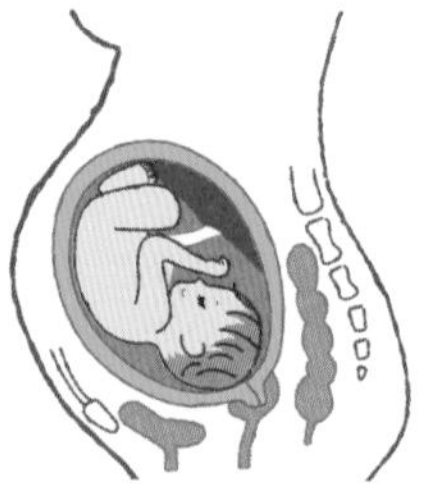 •有些孕婦容易因子宮上提而感到胃部不適。 •由於心臟、肺等器官受到肚子的壓迫，容易引起心悸或喘不過氣的症狀。	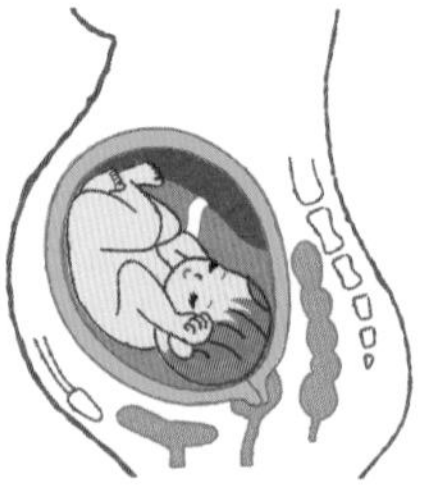 •子宮逐漸下降。 •胃部不適大為改善，食欲增加。 •子宮下降壓迫到膀胱，造成頻尿、漏尿等現象。
日常生活	•每兩週到醫院產檢 •注意鹽分、糖分的攝取 小心預防妊娠高血壓。 •上美容院 如果想剪髮的孕婦，可以在這時期上美容院。	•不要勉強自己，充分休息 容易覺得肚子緊繃，產生水腫。多休息不要太勞累。 •準備新生兒用品 添購寶寶出生後所需的用品。	•打算回娘家、婆家待產的人，建議在34週前回娘家、婆家。 確認要帶去醫院的衣物及新生兒用品。	•每週一次產檢 •肚子緊繃 有些孕婦容易腹部脹痛、腳踝腫痛。 •做好住院準備 確認住院用品，規畫到醫院最安全的路徑。 •注意生產徵兆 若感到陣痛或破水就要趕緊通知醫院。

生產流程與步驟

生產的徵兆

落紅

快要臨盆時會因卵膜剝離造成少量出血，稱為「落紅」。落紅的顏色與出血量因人而異。但即使有落紅現象，也並非三天內就會分娩，且有少數孕婦甚至不會有落紅徵兆。

陣痛

「陣痛」是子宮收縮推擠胎兒而引起的徵兆。陣痛頻率規則，剛開始疼痛感較微弱，之後漸次轉強。初產婦當陣痛間隔十分鐘時就應至醫院待產。

破水

羊膜破裂導致羊水外流的現象稱為「破水」。通常發生於陣痛達到顛峰之時，但也有些孕婦會提早出現破水現象，一旦破水就應立即前往醫院。

不用太緊張，
先熟悉生產的流程

若是頭胎，任誰都會感到不安。有些產婦聽了其他媽媽陣痛的經驗後，會對生產感到害怕焦躁。但每位孕婦的生產經驗都不相同，千萬不要妄下判斷。事先掌握生產流程，將有助於減緩產前的不安。

待產室

第一產程　初步階段

子宮口　2～3.0公分

陣痛　間隔：5～10分鐘　持續：20～30秒

胎兒的情況

面向側邊往骨盆腔推進

骨盆的形狀類似橫長的橢圓形，胎兒為了配合骨盆會順勢將頭部轉向側邊。同時將下顎貼近胸口，縮小全身體積。

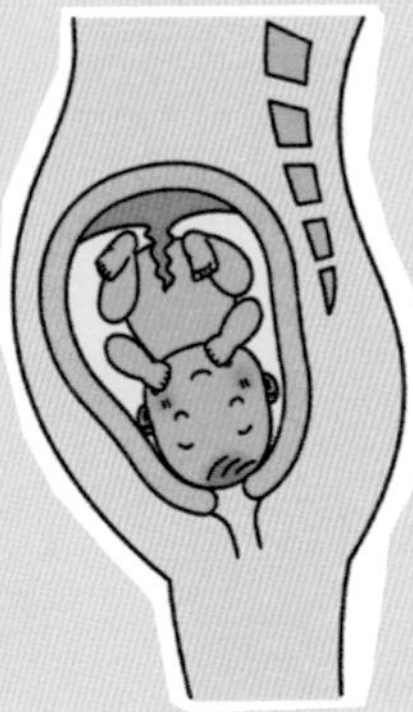

媽媽的情況

骨盆腔附近感到壓迫

骨盆一旦受到壓迫，腹部會感到像月經來的悶痛。胎兒向下擠壓，孕婦腳踝容易腫大抽筋，寸步難行。出現落紅或破水現象。

該怎麼做？

到醫院完成手續，在醫護人員帶領下進入待產室接受內診（觀察子宮頸口開合程度）。利用間歇性陣痛減緩期間盡量放鬆心情。

一般診療

院方會觀察產婦的臨盆狀況進行幾項基礎檢測。

1. 觀察子宮頸口開合程度
2. 透過內診觀察胎兒下降程度
3. 以胎心音監視器確認胎兒心跳
4. 測量產婦血壓及體溫
5. 必要時進行灌腸

加速階段

子宮口 4.0～7.0公分

陣痛 間隔：2～5分鐘
持續：30～40秒

胎兒的情況

一邊反轉身軀
一邊向下推擠

胎兒隨著子宮收縮迴轉身體，並在骨盆腔內向下擠壓。呈九十度迴轉，直到胎兒面向母體背部為止。

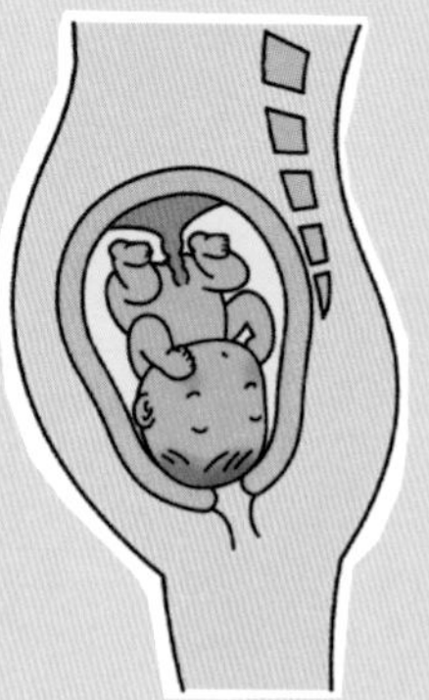

媽媽的情況

明顯感覺子宮收縮

雖然陣痛間隔仍不緊密，但母體已經可以明顯感覺子宮持續收縮。腰痛部位也跟著往下轉移，有些產婦會在此時感覺肌肉疲痛、背部疼痛。

該怎麼做？

配合拉梅茲呼吸法利用舒服的姿勢減緩陣痛。爸爸與護士可在一旁推按產婦腹部、背部及腰部。陣痛期間記得不要過度用力，盡量放鬆。

轉移階段

子宮口 8.0～10.0公分

陣痛 間隔：1～2分鐘
持續：40～60秒

胎兒的情況

胎頭開始往產道移動

胎兒已完成身軀反轉的動作，將正面完全朝向母體的背部。同時抬起原先緊縮於胸口的下顎，由頭部逐漸往產道推進。

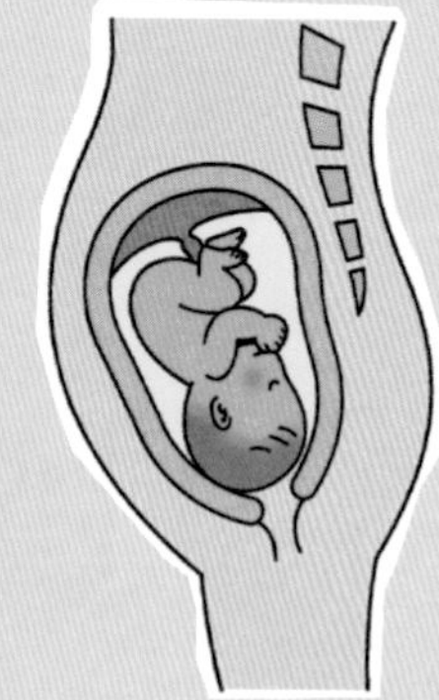

媽媽的情況

陣痛程度達到顛峰

陣痛的間隔及持續時間最為頻繁，疼痛程度最為劇烈的階段。腰部疼痛難耐，少數產婦會不自主地打嗝。多數產婦無法自行調節體溫，時而畏寒時而燥熱。

該怎麼做？

利用拉梅茲生產減痛法舒緩陣痛。若有家人陪同，生產時較能得到精神上的穩定。產婦會不自主地想用力，但建議等子宮頸口全開（十公分）後再配合子宮收縮使勁用力。

爸爸能提供什麼協助？

給予即將臨盆的媽媽安全感，讓媽媽知道「妳不是一個人」，是爸爸最重要的任務。

1 舒緩媽媽的情緒

第一次生產的媽媽特別容易感到不安。從未體驗過的劇烈疼痛往往造成情緒上的不穩定。此時爸爸應該以「夫妻倆共同生產」的心態陪伴媽媽。

2 按摩

爸爸可藉由按摩減緩媽媽的疼痛。按壓疼痛部位，讓媽媽身心放鬆。

3 握住媽媽的手給予鼓勵

在生產過程中爸爸能做的事情少之又少。但只要在此時給予適時的鼓勵，即使只是一句「加油」也能讓媽媽感到安心。

讓媽媽安心放鬆，
是爸爸的任務。

產房

第二產程

胎頭娩出階段

胎兒娩出階段

胎兒的情況

胎兒一邊反轉身軀，一邊順勢從產道娩出

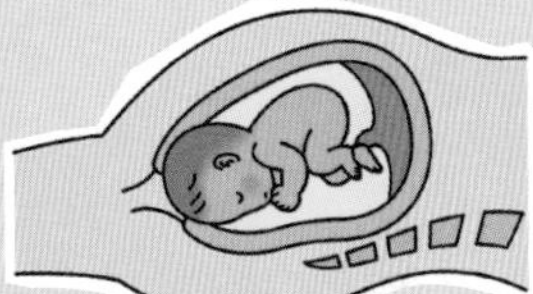

1.
利用槓桿原理通過恥骨
面向母體的背部向產道推擠。到達最為狹窄的恥骨部位時，用力將下顎抬起，並利用槓桿原理讓頭顱穿過此處。

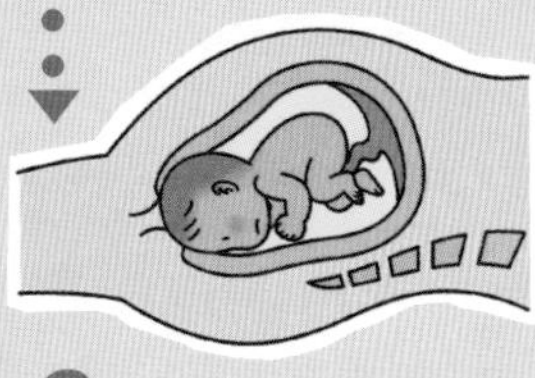

2.
胎頭若隱若現（胎頭隱現）
產婦用力時能看見胎頭，但陣痛減弱時胎頭又隱入其中。

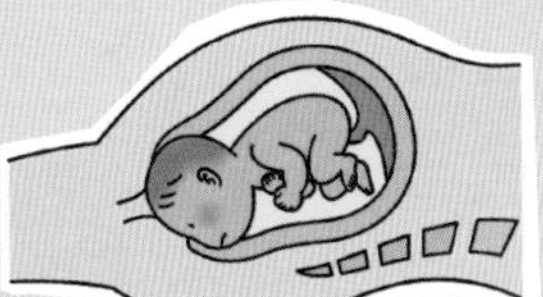

3.
胎頭露出（著冠）
頭顱通過恥骨後，胎頭會暴露於會陰處，看起來就像一個皇冠罩在胎兒頭上，因此稱為著冠（crowning），又稱為發露。

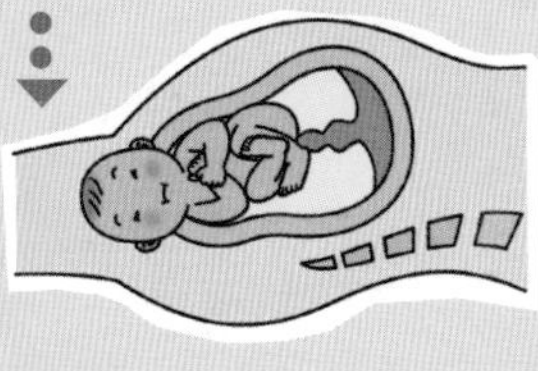

4.
再度將臉轉向側面
當頭顱通過後，為閃避骨盆腔內的坐骨骨刺，胎兒會再度回轉身軀將臉朝向側面。

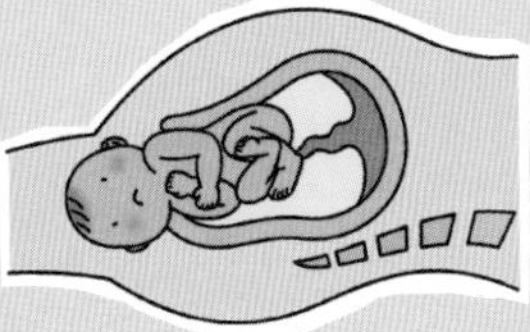

5.
肩膀依序通過產道
身體保持面向側邊，依序讓左右肩膀通過產道。

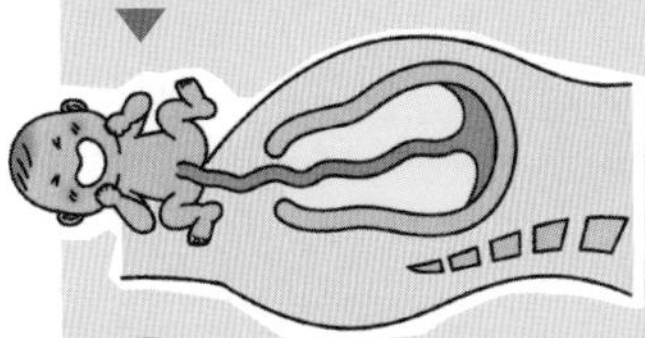

6.
身軀完全娩出
只要頭顱與肩膀出來後，身軀便很快跟著娩出。陣痛一度減緩，但不久後又會出現輕微陣痛，以便排出胎盤。

進入產房

坐上分娩台，配合醫師及護士的指示用力分娩。部分醫院會裝設分娩監視器，並提供點滴、導尿儀器。

如何用力？

- 配合陣痛頻率用力。
- 張開雙眼將下顎貼近胸口。
- 像觀察肚臍般拱起後背。
- 將注意力集中於產道使勁用力。
- 用力時仍須保持雙腳張開。
- 有些時候媽媽即使不使勁出力，胎兒仍會自力娩出。

爸爸能提供什麼協助？

在產房緊握媽媽的手加油打氣。媽媽、醫師、助產士、護士、爸爸都是生產團隊的一員，幫助胎兒順利娩出。別忘了適時替媽媽補充水分。

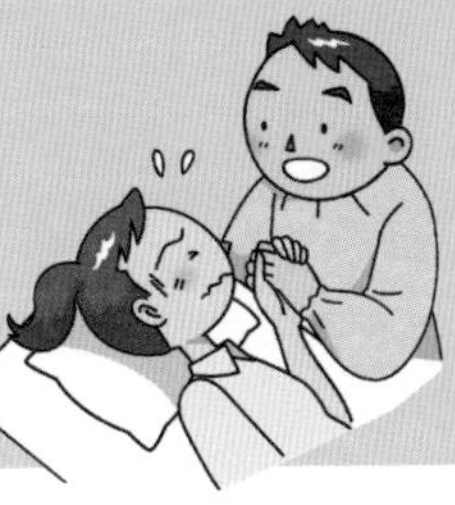

胎盤娩出期

後產期

胎兒的情況

●袋鼠哺育法

出生後立刻將胎兒抱至媽媽身邊，藉由母子的肌膚接觸給予胎兒安全感。

●點眼藥水（膏）

為防止細菌感染，院方會在胎兒眼裡點一種含有抗生素的眼藥水（膏）。

●測量體溫

從肛門插入溫度計測量胎兒的肛溫。同時檢察肛門與直腸有無異狀。

●處理肚臍

剪斷臍帶後，為防止細菌從切口進入胎兒體內，進行肚臍消毒工作，並覆蓋抗菌紗布。

媽媽的情況

娩出胎盤

胎兒娩出後會感到輕微陣痛，娩出胎盤。醫師會確認子宮內是否有殘留的胎盤與胎膜，並且測量胎盤的大小與重量。

若生產過程中有配合會陰切開，則在此時進行縫合。

產後療養

產後

生產當天　產後即可親子同室

產後，媽媽仍須住院觀察子宮的收縮與出血狀況。產後六至八小時會在護士陪同下至廁所檢查能否正常排尿。此時，選擇親子同室的媽媽會在生產當天與寶寶一起度過。

產後第2天　習慣與寶寶共同生活

媽媽身體逐漸康復，但仍須小心呵護。院方會在此時觀察胎兒糞便是否正常，並進行黃疸檢查。若媽媽有任何關於母體及新生兒照顧的疑問，也可在此時詢問醫護人員。

產後第3～6天　醫護人員教導正確的產後母體及新生兒照顧知識

● 健康檢查

媽媽與寶寶每天接受醫師、護士的檢查，掌握健康復原狀況。

● 坐月子餐

攝取均衡飲食將有助於母乳分泌。如果家人不方便準備，媽媽不妨訂購醫院或外面販售的月子餐。

● 乳房按摩

產後三天左右會出現脹奶現象。為便於哺育母乳及預防乳腺炎，可請教醫護人員適度進行乳房按摩。

● 育兒指導

醫護人員協助教導餵母乳及抱寶寶的正確姿勢，以及該怎麼更換尿布、幫寶寶洗澡。

● 洗澡

媽媽此時雖無法泡澡，但在產後第二天就能淋浴淨身。

● 親友會面

可於會客時間與家人、親友團聚。但言談時應控制音量，不要影響其他產婦。

出院

（註：台灣的媽媽若為自然產，通常於產後第三天即可出院返家；剖腹產則於產後第五至六天可出院返家。）

第 1 章

準媽媽必讀的知識

懷孕、待產的準媽媽們，
心裡一定充滿期待與不安。
一連串的初體驗等在眼前，
此時必須更加小心謹慎，
就讓我們先來掌握幾項重要知識吧！

想生個健康寶寶，就要維持規律的生活

察覺身體有異狀，就應至醫院做檢查

一旦懷孕，身體的免疫力也跟著減弱，就算是做很輕鬆的事，身體也會感到疲勞而發出警訊。

如果想擁有安心舒適的懷孕期，就要在平時養成規律的生活習慣。抽菸或過度飲酒都會帶給胎兒不良的影響，建議懷孕前就開始戒菸酒。

近年來，各大醫院都提供自費的「婚前（孕前）健康檢查」。項目包含傳染病及泌尿生殖器檢查等。內容為血液檢查、超音波檢查、內診等。為了孕育健康的寶寶，媽媽可與爸爸溝通討論是否接受檢查。

婚前健康檢查內容

血液檢查	●貧血 ●肝功能、腎功能 ●血脂肪 ●傳染病（肝炎、HIV、梅毒等） ●血糖
超音波檢查	●子宮、卵巢是否正常
尿液檢查	●尿蛋白、尿糖等
X光檢查	●心臟、呼吸系統是否正常

※檢查項目依照各醫療院所的規定而異

懷孕前必須治療的疾病

病名	對胎兒的影響
德國麻疹、麻疹	不同年齡層、不同居住地對於接種預防德國麻疹、麻疹、腮腺炎的混合疫苗有不同的規定。應在懷孕前至醫院檢查是否已有抗體。
蛀牙、智齒	臨床上有不少牙周病與早產相關的案例。此外，懷孕期間肚子會越來越大，牙齒一旦疼起來，光是仰躺接受治療也是很折磨人。若有這方面的疾病應在懷孕前先行治療。
性傳染病（STD）	STD包含衣原體病性（Chlamydia）、生殖道疱疹、梅毒、HIV等。若外陰部經常疼痛或搔癢就應與伴侶一同至醫院檢查。
痔瘡	由於懷孕期間可能會惡化且有不少用藥限制，應先行治療。

測量基礎體溫，了解生理週期

基礎體溫（BBT）會隨著月經週期而產生變化，只要每天在固定的時間持續測量，就能清楚掌握自己的排卵期。為求精準，請選擇較細密的基礎體溫計。

基礎體溫可分為「低溫期」與「高溫期」。一般月經來潮到排卵日之間屬於低溫期，排卵後會維持約兩週的高溫期，之後又回歸低溫期。若高溫期持續三週以上，懷孕的機率就很高了。

●基礎體溫的變化

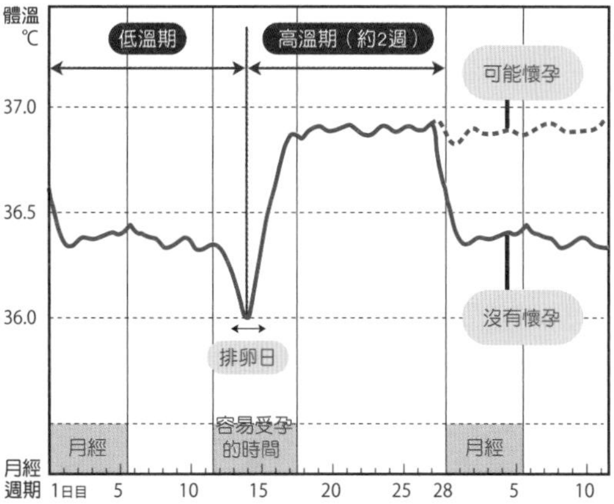

體溫 ℃
37.0
36.5
36.0
低溫期
高溫期（約2週）
可能懷孕
沒有懷孕
排卵日
月經
容易受孕的時間
月經
月經週期
1日目 5 10 15 20 25 28 5 10

●基礎體溫表

紀錄每天的基礎體溫。在備註欄註明旅遊、飲酒等生活上發生的大小事，如此一來就能更清楚掌握身體變化的原因。月經來潮時，也要記得填寫月經天數。

體溫℃																															
2																															
1																															
37.0																															
9																															
8																															
7																															
6																															
36.5																															
4																															
3																															
2																															
1																															
36.0																															
9																															
8																															
7																															
35.6																															
月																															
日																															
月經週期																															
記號																															
備註																															

記號：△生理痛 ▲出血 ○性愛 ＋白帶

如果始終無法受孕，就應諮詢婦產科

不孕的原因，男女都有可能

只要小倆口有生育計畫，且維持正常性生活長兩年上都不見喜訊，就稱為不孕。

造成不孕的原因有很多。一般而言女性因素占百分之三十，男性因素百分之三十，男女雙方都有可能病徵占百分之三十，剩下的百分之十則為不明原因。女方不孕的主要原因為排卵異常，而男方則以精子的質量問題占大多數。男女雙方都有可能病徵的案例，以及原因不明的個案也不少，若有不孕的問題不須怪罪自己，可先與伴侶進行溝通後再一起求診。

夫妻倆一同接受治療

不孕症的治療可分為一般不孕治療與人工生殖治療。求診後最先嘗試的方法為一般不孕症治療。首先必須藉助儀器了解造成不孕的可能原因，再針對每對夫妻的問題對症下藥。同時，醫師會推算女方排卵的最佳時機，建議求診夫妻利用黃金時間進行性行為。一般療程若持續一至兩年仍無法成功受孕，則轉而展開人工授精、試管嬰兒、冷凍胚胎、顯微授精等人工生殖療程。

媽媽心情分享

由於檢查出排卵異常，現在還在接受不孕治療。在還不清楚原因的時候，我跟老公心裡總是互相猜忌，夫妻感情也出現了裂痕。

接受不孕治療後平安生下了小寶寶。當初一結婚就想趕快有個小北鼻，因此我們很快就到醫院接受不孕治療。

結婚十年多卻傳不出喜訊。我跟老公都很喜歡小朋友，溝通幾次後就開始接受不孕症治療。

不孕症的治療過程

原因

●女性不孕的原因 ♀

排卵障礙
卵子發育不全或無法正常排卵。配合使用排卵藥（排卵針）。

輸卵管功能障礙
輸卵管功能異常，使精子・卵子無法順利通過。

子宮內膜異位症／子宮因素
受精卵無法正常著床、胎兒無法健康成長等等。

子宮頸因素
子宮頸管黏液過少或過稠都會影響精子游向子宮腔的能力，導致無法成功受孕。

●男性不孕的原因 ♂

精子質量異常
精子數過少、精蟲活動能力較弱、精子畸形等與精子質量有關的問題。90% 以上的男性不孕原因都在於此。

輸精管功能障礙
雖然精子各方面都正常，但卻因輸精管阻塞等原因導致精子無法順利通過。

性功能障礙（ＥＤ）、射精障礙
心理因素或藥性副作用等，造成無法正常勃起或射精。

接受檢查

STEP 1

♀♂
- 健康檢查
- 性生活問卷調查

♀
- 最近六個月的月經狀況

→ 依然無法查明原因

原因不明 ▶

STEP 2

♂
- 精液檢查

♀
- 卵巢功能檢查
- 輸卵管檢查
- 子宮內膜組織檢查
- 超音波檢查
- 性交後檢查

→ 查明原因

原因不明 ▶

STEP 3

♀
- 超音波檢查
- CT斷層掃描、MRI核磁共振
- 腹腔鏡檢查

→ 查明原因

▼

不孕症治療

●人工生殖治療

人工授精（AIH）	試管嬰兒（IVF）	顯微授精（ICSI）
配合排卵期取出男性精子，將經過篩選之優良精子注入子宮中。	從卵巢取出卵子在無菌狀態下於試管中完成授精動作，等開始進行細胞分裂後，再將受精卵植入子宮。	若精子授精能力微弱，便可藉由此技術將一隻精子直接注入卵子細胞質內，達成授精的目的。

高齡產婦

想生的時候就是適產期，高齡生產也有優點

高齡產婦一定要知道的事

到底幾歲的孕婦才算「高齡產婦」呢？根據WHO（世界衛生組織）的定義，三十五歲以上第一次生產的孕婦都稱為「高齡初產婦」。有別於三十四歲以下的產婦，這個年齡層以上的產婦在懷孕及生產期間都較容易引發身體不適等意外狀況，必須特別小心謹慎；但並不是過了這條警戒線，生產風險就會突然增加。

一般而言，高齡產婦在懷孕及生產過程中較為容易伴隨慢性疾病的發病率。生殖能力也會隨著年齡增長而逐年下降，造成不易受孕或流產的可能性。此外，即使成功受孕也容易因軟產道（從子宮口至陰道、會陰部位）變硬，而延遲分娩的時間。

Q&A

Q 高齡產婦比較容易得到妊娠高血壓？

A 隨著年齡的增加本來就比較容易罹患高血壓、糖尿病等慢性病。雖然發病情況因人而異，但高齡產婦較年輕產婦而言，的確較容易引起妊娠高血壓。故懷孕期間必須特別留意飲食攝取與體重管理。

Q 高齡產婦的寶寶先天異常的比率比較高？

A 雖然產婦生育年齡越高引發異常的比率越大，但即使是二十歲的年輕媽媽也可能面臨這種風險，並不能單純歸類於年齡的問題建議擔心胎兒健康問題的產婦接受產前檢查，同時與家人討論若不幸發現異常該如何處置等問題。

Q 高齡產婦容易流產、早產？

A 由於高齡產婦生殖能力較弱，卵子活動能力不佳，胎兒無法正常發育的比率確實較一般產婦高，所以在統計數據上可明顯觀察到容易流產、早產的現象。然而在臨床經驗上，順利生產的高齡孕婦比例也相當多。過度擔心造成的心理壓力，反而會帶給身體不良的反應，千萬別太神經質！

高齡初產也有優點

事實上，並非每位高齡產婦都會面臨難產或剖腹生產的困境，決定好生或是難生的關鍵，除了年齡之外還參雜了許多個人的因素。就統計而言，高齡產婦確實要比二十幾歲的年輕媽媽負擔更多的風險。但數據也同時顯示，並非年過三十五歲風險比率就會急遽增加。每個人的生產經驗都不能拿來和他人做比較，最重要的是現在自己的身體狀況究竟適不適合生產。

此外，高齡產婦也有特殊的優點。例如，老來得子的爸媽多半較其它父母更加珍惜與寶寶之間的相處、互動。此外，也有不少高齡孕婦在懷孕後開心地表示，由於女性賀爾蒙增加了，感覺自己看起來又更加年輕。

雖然難免還是會擔心慢性病發作等無法預期的突發狀況，但只要在懷孕期間定期接受產檢，謹慎留意身體的異常反應，早期發現、早期治療，依然能快樂地享受新生命誕生的過程。

媽媽經驗分享

雖然還是會覺得不安，但其他有經驗的媽媽朋友總是在身邊鼓勵我，所以放心不少。我想不管幾歲懷孕，每個準媽媽在懷孕期間都會覺得緊張害怕吧！

之前真的很擔心，曾經問過先生要不要做更詳細的產前檢查，但是，「妳只管放寬心生寶寶就好！」這個貼心的答案，也讓我有了積極正面的想法。

雖然我到了37歲才生，但產前我都保持競走與體重管理的習慣，讓我順利生了個健康寶寶，現在反而覺得養還比較辛苦呢！

高齡初產的好處

- **心情較為安定：**工作趨於穩定，心情比較不會焦躁不安。即使情緒起伏，也能從容面對。
- **有經濟基礎：**儲蓄會隨著年齡增長而逐年增加。到了這個年紀，即使有寶寶也不會感到沉重的經濟壓力。
- **容易重返職場：**許多高齡產婦工作經驗豐富，在職場上已占有一席之地，因此產後重返職場的比率也較高。
- **具有收集資訊與判斷的能力：**從身邊許多有經驗的媽媽們身上得到最新的生產知識。同時具備判斷是否全盤採用的能力。
- **能做到良好的自我管理：**比年輕的媽媽多了份熱忱，會積極留意體重管理等自我檢測的產前課題。

懷孕徵兆❶

了解懷孕時產生的身體變化

身體發出小訊息，感受因人而異

不少婦女都是因為月經延遲才得知自己已經懷孕。然而，月經週期容易因外在壓力等因素而改變，本來就經期不順的人，很難在第一時間察覺是否懷孕。因此，也要注意其他來自身體的警訊。

女人一旦受孕後，體內會大量分泌一種稱為人類絨毛性腺促進素（hCG）的賀爾蒙，造成許多生理上的變化。懷孕初期這些變化不甚明顯，幾乎與月經期間沒什麼兩樣，但不久後就會慢慢出現不同於以往的徵兆。當妳覺得「好像怪怪的……」，就趕緊去醫院檢查吧！

懷孕的徵兆

● 月經延遲

若平常月經週期都很規律，只要比預定日超過2週以上就可能是懷孕了。

● 乳房產生變化

乳房脹痛、乳頭敏感。

● 孕吐（害喜）

有些孕婦害喜症狀來得較早，在月經延遲的同時，就已經有嘔吐、噁心的反應。

● 陰道出血

發生此現象的孕婦較少。通常是子宮內膜充血導致輕微出血，血色較淡，約持續1～2天。

● 腰痠

子宮逐漸擴大，壓迫到周圍的內臟器官引起腰痠背痛。

● 頻尿

子宮壓迫到膀胱而引起。

● 分泌物增加

陰道分泌物增加是正常現象，但顏色應清澈透明、質地為黏液狀。

● 嗜睡、疲倦

經常感到疲倦、動不動就想睡。

● 體溫升高

黃體素的影響，使基礎體溫的高溫期持續不退。

懷孕徵兆② 不能只相信驗孕棒的檢驗結果

即使是陽性反應，也不能斷定已經成功受孕

販售的驗孕產品依外型分為驗孕棒、驗孕片、驗孕條、驗孕筆、驗孕試劑等。只要利用這些產品就能檢驗出是否懷孕，且準確度相當高。因為驗孕棒能檢測出尿液裡是否含有hCG（人類絨毛性腺促進素）。

然而，懷孕與否的檢測會因受孕情況及檢查的時間點而有所誤差。若在懷孕初期或遇上月經不順延遲排卵等情況，都有可能在懷孕的情況下驗出陰性反應。相反地，若在不孕症治療的過程中曾施打hCG，也有可能造成明明沒有懷孕，驗孕棒卻呈現陽性反應的情況。

此外，由於現在的驗孕棒敏感度極高，反而帶來不同層面的困擾。大多數的驗孕棒會在醫院超音波還無法觀察到子宮裡的胚囊（包覆著生命體雛型的袋狀物）時，就已經很敏銳地測出陽性反應。但這個時期在臨床上仍處於化學性懷孕階段，應該再過二至三週後至醫院檢查是否為正常的受孕。

如果光靠驗孕棒就來判斷是否已經懷孕，往往會造成無誤判。建議最好再到醫院接受檢查，確認是否受孕成功。

●化學性懷孕（chemical pregnancy），又稱臨床前的懷孕（preclinical abortion）

雖然尿液中檢測出hCG成分且呈現陽性反應，但仍很容易在胚囊尚未形成前就突然出現像月經般的出血現象，臨床上稱為化學性懷孕。換句話說就是受精卵雖然成功著床，但在非常早期的階段就因為發育未完全而流掉了。由於具生命體的胚囊尚未形成，因此醫學上不將此定義為流產。

使用驗孕棒的注意事項

- 應在月經預定日的下一週使用。
- 詳閱說明書了解正確的使用方法，同時確認檢測結果的顯示方法。
- 有時會因驗孕時機產生誤判，一定要到醫院再次確認。

驗孕產品的最新資訊

現在的驗孕產品都相當強調準確、易懂、快速。目前市面上最新的產品為USB驗孕棒。這個最新產品不像以往的產品僅以一條線、兩條線來顯示是否懷孕。除了驗孕之外，它也能同時分析hCG、黃體素等懷孕相關指數。用數字讓結果更加一目瞭然，且一分鐘內就能得到準確的答案。每個產品的使用步驟略有不同，使用前應詳閱說明書。

懷孕徵兆③

懷孕了嗎？一旦有懷疑就到醫院接受產檢吧！

檢查時間應在過了月經預定日的十天後

即使驗孕產品呈現陽性反應，但仍有誤判的可能性，一旦有了「難道懷孕了？」這種念頭就應立刻前往醫院接受檢查。

第一次產檢時，護士會要求妳填寫初診單，接著依序做尿液檢查、體重測量、內診、血液檢查等項目。此外，若太早去醫院檢查，可能會因懷孕週數過早而無法觀察到胚囊。若發生這種情況，可於一至兩週後再到醫院複診。

初診流程

❶ 填寫初診單
正確填寫月經週期、最後一次月經記錄以及是否有過懷孕經驗等問卷項目。

↓

❷ 尿液檢查
以紙杯採尿，檢查是否有受孕現象。

↓

❸ 問診
醫師會根據妳填寫的初診單提出相關的問題。

↓

❹ 超音波檢查
以內診或陰道超音波觀察子宮及陰道的情形。

↓

❺ 測量血壓、體重
掌握懷孕期間身體狀況的變化，每次產檢都會測量一次。

↓

❻ 醫師說明
醫師針對檢查結果進行詳細解說。

初診時的衣著

素顏
臉色、唇色都是醫師判斷身體狀況的依據，最好不要上粉底與口紅。

●檢查過程中必須配合院方指示脫去胸罩、捲起袖子、露出腹部等，最好選擇方便穿脫的衣服。

上衣
醫院的空調多半較強，雖然夏天也會覺得很冷，但建議不要穿過厚的衣物，僅選擇方便穿脫的薄外套。

裙子
為了方便內診，不妨選擇能上下翻動的裙子。

襪子
絲襪不便於內診時穿脫，應選擇普通的棉襪。

選擇醫院❶ 該如何選擇醫院？

了解各家醫院的優缺點後，再做選擇

近幾年坊間增加了許多沒有大型接生室的小型診所，產婦在診所接受每個月的固定產檢後，必須在快臨盆時隨病歷資料一起轉診負責接生的醫院。一趟轉診多多少少都會耗去不少時間及金錢。因此在選擇醫療院所時，除了大指標——「離家近」之外，還必須先評估自己生產時最重視什麼。

選擇院所時考量的項目多如牛毛，比如「離家近，產檢方便」、「准許家人陪產」、「醫師及醫護人員親切細心」、「應付突發狀況經驗」、「環境舒適乾淨」等。不妨多聽聽家人鄰居、朋友的意見，或上網蒐集資料，多方參考比較。

選擇醫療院所的考量圖例

- 先挑出幾間喜歡的醫院，再列表整理優缺點。
- 可在備註欄填寫整體觀感或特別事項。

考量項目	A醫院	B醫院
到家裡的距離	從最近的車站坐電車約15分。不用換車。	從最近的公車站坐車約20分左右。
醫院類別	個人診所。只有一位主治醫師，看診時間長。	婦產科醫院，有附屬的小兒科。
醫護人員	醫師、護士都很親切，可以詳問商量。	沒有特定的主治醫師，每次產檢都由不同醫師負責。
生產方式	雖能應付希望的生產方式，但發生緊情狀況時必須轉診大學附屬醫院。	可應付自己希望的生產方式，也能處理緊急狀況。
產檢及分娩費用	有精心調製的院方飲食，費用較高。	與大學附屬醫院費用相去不遠，較便宜。
母乳哺育指導	提供母乳哺育教學，但不好懂。	除了相關知識外也提供如何照顧乳房的資訊，淺顯易懂。
醫療處置	接受親子同室。詳細說明醫療方面的處理對策，在過程中較安心。	不會主動說明相關的醫療處置，容易感到不安。
媽媽教室	爸爸也能一起參加。人數多，氣氛熱絡且愉快。	只有媽媽能參加。人數眾多，具參考價值。
備註	醫師與所有護理人員都很親切，能隨時商量詢問，但僅能支援一般的生產方式。	費用便宜。醫療設備及產前產後教室還算充實。

選擇醫院②
綜合醫院、婦產科醫院、產科診所等，各有各的特色

選擇醫療院所時，應了解各家特色後再做選擇

醫療院所琳瑯滿目，各有各的特色。例如，教學醫院及綜合醫院，院內都有分科的診療單位，即使生產時胎兒或母體發生突發的意外狀況，也能第一時間在院內進行急救。

婦產專科醫院則擁有完整的接生設備。不少專科醫院都有附屬的小兒科，能在產後提供寶寶最完善的護理。

產科診所的優點則是從產檢到分娩都由同一位醫師負責，能在產檢互動中建立良好的信任關係。但須注意的是，有些診所的接生設備無法支援難產等醫療技術，須主動詢問院方能否配合。

助產所則是由助產士執業且沒有醫師駐守的接生機構。強調不依賴藥物的自然分娩。

目前有許多醫療院所可供準媽媽們自由選擇，在決定之前可實際走訪各家醫院多做比較。

在家生產應該注意哪些事項？

希望在自己家裡生產的準媽媽可以找幫忙接生的助產士到家裡。在熟悉的環境生產較能讓產婦放鬆心情，但由於家裡沒有接生的設備，必須在事先做好安全可靠的準備。即必須尋找能提供支援的醫院，若過程中發生意外才能立刻轉診接受緊急治療。

跟我無關！？生產難民問題

- 妳有聽過「生產難民」嗎？由於日本近幾年產科醫師及小兒科醫師減少，能提供接生服務的醫療院所銳減，導致有些產婦無法在指定的醫院生產，或碰上產房檔期早已額滿無法支援臨時的轉診等問題。最後，這些必須緊急送醫的孕婦因為找不到可以落腳的醫院，只好淪為「生產難民」。

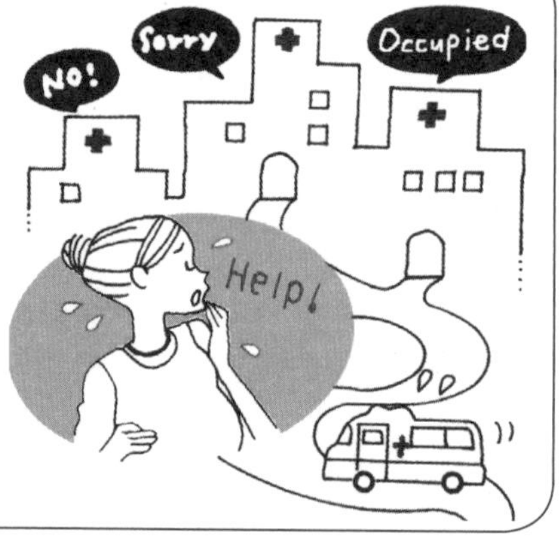

回娘家待產，生產、月子都在娘家過

由於娘家是產婦從小生長的環境，因此有些準媽媽會提前回娘家，在娘家附近的醫院生產，產後就近回娘家做月子。娘家是媽媽熟悉且較能放鬆心情的地方，因此不少孕婦都希望能在娘家安心地待產。

建議想在娘家待產，可先在自家附近做產檢，等進入懷孕安全期後再辦理轉院手續，同時進行搬家的準備。

此外，回娘家時也應選擇較快速，且不會造成媽媽困擾的交通工具。建議最好在三十四週前就回到娘家待產。而媽媽回到娘家後也應常常打電話給爸爸及婆家，報告最近的生活狀況與產檢結果，讓爸爸也能參與整個生產過程！此外，與爸爸及婆家保持聯絡，也能使產後回到自家中的調養更為安心。

回娘家生產的小建議

● 選擇舒適的交通工具！

長時間的移動會帶給準媽媽身體很大的負擔。如果必須出遠門，應選擇高鐵或飛機等交通工具，盡量縮短舟車勞頓的時間。

● 生活必需品宅配到娘家

生活必需品、媽媽的衣物、寶寶的用品等，可以先以宅配寄回娘家。其它產後需要的物品，只要在娘家附近購買即可。

● 在娘家附近的轉診醫院進行產檢

有些醫院並不接受產期中途轉診，可先在安定期尋找能配合的醫療院所，同時告知預產期並預約產房。亦可先去醫院實地了解，確認轉診及初診的日期。

● 寶寶要自己照顧

應懷著感恩的心感謝產後幫忙照顧寶寶的家人，同時改掉「阿公阿嬤幫忙照顧是理所當然的」這種偷懶的心態。有時也可以給娘家人一點小禮物來表達自己的感謝！

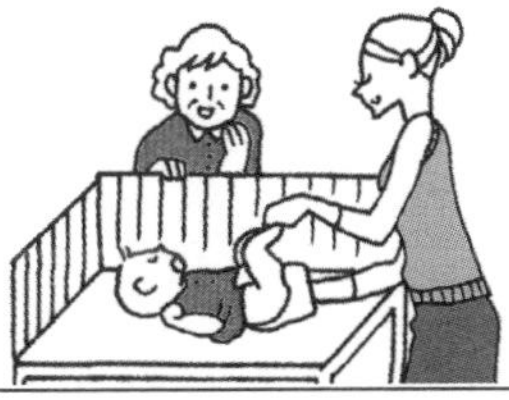

● 在懷孕34週前回娘家

可以先跟負責產檢的主治醫師討論什麼時候才是回娘家的最佳時機。建議在34週之前就應該回到娘家待產。進入36週後隨時都有生產的可能，在此時做長時間的移動反而更危險。

● 請醫院準備產檢病歷表

若決定回娘家待產，應盡早告知主治醫師。並請醫師代為準備提供給轉診醫院的產檢病歷表。

綜合醫院、教學醫院

特色

- 擁有內科、外科等單位的專門診療部門。
- 擁有高科技的醫療技術及設備。
- 附設的小兒科部門能接手新生兒的照顧與治療。
- 教學醫院裡有不少實習醫生。
- 生產方式的選擇性較多。

有不同的專科提供協助，醫療設備齊全

除了婦產科之外還附設不同的診療單位，這點是這類醫院最大的優點。若有慢性病或接受不孕治療的孕婦，可以從懷孕前到生產、產後都在同一間醫院接受整體的治療。

由於院內配置高科技的醫療技術與設備，即使生產過程中稍有不順也能立即配合支援。但大醫院有大醫院的流程與規定，如果對生產方式等細節有個人特殊的希望，恐怕較難達成共識。

媽媽經驗分享

迅速協助產後的新生兒照顧

當初礙於安全上的考量，選擇了綜合醫院。產後沒多久寶寶就高燒不退，幸好醫院能立刻提供新生兒治療，讓我安心了不少。

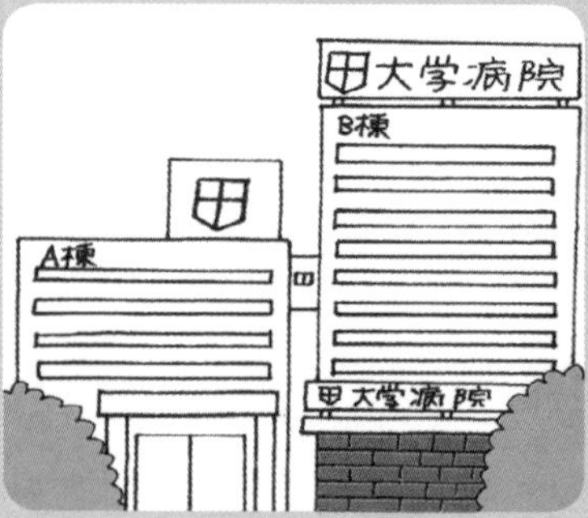

婦產科專門醫院

特色

- 擁有專業技術的醫療團隊。
- 接生經驗豐富、產科知識充足。
- 有些醫院設有附屬的小兒科，能接手新生兒的照顧與治療。
- 生產費用、住院費用較高。
- 有些醫院會婉拒慢性併發症的產婦。
- 有些醫院能提供新生兒治療室等設備。

接生經驗豐富，產後照顧周全

一年到頭都在處理接生及產前產後的照顧，因此能配合提供各種不同的生產方式。此外，每位醫護人員對於懷孕及生產相關問題都瞭若指掌，能解決孕婦所有的疑難雜症。

產檢儀器、接生設備應有盡有，若在懷孕期間發現胎兒有異常現象也能及時處置。

雖然醫護人員都擁有豐富的懷孕、生產經驗，但沒有其它的診療科可提供支援，因此有些醫院在產檢後會婉拒有多項慢性併發症的孕婦。

媽媽經驗分享

住院時爸爸也能陪在身邊，感到很安心

因為是頭一胎，加上聽說這裡醫護人員接生經驗豐富，所以就選擇了婦產科專門醫院。醫院有提供個人病房，家人要留宿也OK，因此先生休假的時候都會在醫院陪我，覺得很窩心。

產科診所

特色

- 擁有專業的產科護理人員。
- 不同的診所會提供不同的服務流程。
- 診所設備良莠不齊。
- 能支援不同需求的生產方式。
- 有時會婉拒有慢性併發症的孕婦。
- 從產檢到生產，醫師與護理人員全程照顧。
- 不同的開業醫師會有不同的經營理念。

熟悉的醫護團隊能提供整套的生產照顧

多半屬於個人診所，從產檢到分娩都由同一位醫師負責。醫護人員也不會有大幅度的異動，從產檢到生產都能與醫護人員在細節上進行無數次的溝通，培養良好的信任關係。

大多數的診所都能提供充實且健全的醫療服務，但畢竟屬於個人經營，每間診所會有不同的理念。這些理念與經營方針都會表現在院內餐點、設備以及醫療態度等方面，建議不妨多跑幾趟，在住院前選擇一間適合自己生產方式的診所。

媽媽經驗分享

醫師態度、院內裝潢及飲食，各方面都很滿意

因為希望從產檢到生產都由同一位醫師擔綱，所以選擇了產科診所。住院期間可以感受到院內從裝潢到月子餐的設計都下了不少苦功，讓我在沉穩貼心的環境裡順利生產。

助產所

特色

- 不能提供醫療行為（會陰切開、打點滴）等。
- 生產時的體位不能任意更動。
- 能在家庭式的環境中生產。
- 能請助產士來家裡幫忙接生。
- 若發生緊急意外時，須轉送綜合醫院、教學醫院。
- 有時會婉拒慢性合併症的孕婦。
- 無法處理產後的突發狀況。

能在安心的地方生產

多半是具有助產士資格的人自行開業的小診所，因此很有家的感覺，能提供孕婦一個溫馨的生產環境。生產時只有一位助產士陪伴，因此能藉由多次事前溝通取得良好互動，培養信任關係。

雖然無法提供醫療行為，但能協助產後的母乳哺育，能讓媽媽充分感受到自然分娩的辛苦與喜悅。必須特別注意的是，不同的助產士對於生產也有不同的想法，選擇一位與自己觀念相符的助產士才能避免摩擦。

媽媽經驗分享

在安心的環境裡體驗過程

想體驗自然分娩才選擇在助產所生產。家庭式的診所讓我感到在生產時感到特別安心。加上跟助產士很聊得來，隨時隨地都能找她商量詢問。

想有個滿意的生產過程，不妨事先規劃吧！

從眾多的方法中，挑一個適合自己的方式

想擁有一個完美的生產過程，除了慎選醫院之外，更應抽空想想自己希望的生產方式。畢竟懷孕、生產是人生中的一大樂事，可不要這麼糊里糊塗就讓它過去了。在挑選自己理想的生產方式之前，先來做做功課，掌握目前的生產選項。

在規劃生產計畫時可先找另一半想像一下生產時的情景，藉由模擬演練讓生產成為兩個人的共同目標。夫妻倆一起了解各種生產方法，藉由討論將兩人期望的內容畫出一個輪廓，也有助於新手爸媽明確地感受迎接新生命的喜悅。

生產的方法可以很粗略的分為兩種，即自然生產以及剖腹

各種生產方法

自然產　不使用藥物及醫療器具，在過程中盡量避免借助外力的生產方法。

拉梅茲生產減痛法
生產時以「吸、吸、呼」的特殊呼吸方式，藉由肌肉神經的控制適度放鬆緊繃的身心狀態。目前許多醫院都採用這種方法來減輕孕婦的不安，舒緩陣痛及放鬆心情。

座式分娩法
生產時保持坐姿，利用地心引力的原理，使孕婦更容易使力，建議腰疫的孕婦採用。

Sophrology分娩法
藉由瑜珈與禪學的冥想、吐納，來減緩孕婦心理上的不安與害怕。有助於生產過程中牽引出潛在母性與緩和沉靜的情緒，應在懷孕階段就開始練習。

freestyle分娩法
不拘泥於接生室及分娩台，以自己覺得最輕鬆的姿勢在自己最喜歡的場所生產。

腹部呼吸法
利用氣功進行腹部呼吸。孕婦容易在緊張時毫無章法的急促呼吸，此方法利用規律的腹部呼吸，減緩孕婦身心層面的亢奮。

水中分娩法
浸泡於水位及腰的溫水中進行分娩。雖然溫水具有鎮定神經及放鬆腿部肌肉、減緩陣痛的功效，但須特別小心，別讓嬰兒誤飲水盆中的水而引發細菌感染。

仰臥分娩法
仰臥生產是目前最多醫療院所採用的方式。但這種生產法必須注意孕婦血壓異常下降，或胎兒無法順利吸取氧氣等風險。

計畫中的分娩　事先決定好產期，以醫療外力取出胎兒。若遇上無法順利自然分娩的產婦，或母體及胎兒經診斷為分娩高風險群，以及激烈陣痛的產婦等，醫師為保護母體及胎兒的變通方式。

剖腹產
若發生胎位不正、多胞胎、前置胎盤等特殊情況，經診斷判定自然生產恐造成母體及胎兒的生命危險時，便會開刀取出胎兒。

無痛分娩（硬脊膜外麻醉法）
有些產生激烈陣痛、或無法忍受長期陣痛的產婦，會因疼痛引發歇斯底里的精神狀態，醫師會視情況從脊椎處施打麻醉藥減緩陣痛，稱為無痛分娩。不是所有醫院都能支援此生產方式，若想要選擇此方法，應事先詢問醫師。

產。「我就是想在這裡，用這種方式生！」有這種強烈的理想固然很好，但不是所有醫療院所都能做到最完善的配合。因此，大部分產婦都是以醫院到家裡的距離，或是經濟方面的現實考量作為選擇時的參考基準。對生產有特殊堅持的準媽媽可以事先了解各個醫療院所的分娩設備，並與醫護人員多做溝通後，再決定想要的生產方式。

● 什麼是樂得兒生產法？

L（Labor，陣痛）、D（Delivery，生產）、R（Recovery，產後調養）的略稱。顧名思義就是從陣痛、分娩到產後休養都在同一個房間進行的樂得兒方式。如此一來，醫護人員就不須將產婦由待產室推至接生室，等產後又將身心俱疲的媽媽推回普通病房。由於分娩設備收納於房內，因此生產時產婦可以放鬆心情待在同一個空間內完成所有過程，免去了勞師動眾的來回奔波。

幸福產的選項表格

項　目	選　項
理想的生產場所	□綜合醫院　□教學醫院　□婦產科專門醫院　□婦產科診所 □有新生兒集中治療室（NICU）的醫院　□助產所　□自己家中
理想的生產方式	□拉梅茲減痛法
陪產的人	□老公　□家人朋友　□老大（長子、長女）　□還沒確定 □無所謂　□不希望有人陪產
希望陪產的人給予什麼協助	□握緊自己的手　□幫忙接生寶寶　□拍攝生產影片 □沒有特別堅持
使用麻醉藥	□想用　□盡可能不要　□讓醫師判斷　□沒有特別堅持
會陰切開	□盡可能不要　□讓醫師判斷　□沒有特別堅持
分娩前的灌腸	□盡可能不要　□讓醫師判斷　□沒有特別堅持
產後與寶寶的互動	□希望寶寶一出生就能看到他　□希望能讓爸爸剪寶寶的臍帶 □希望採用袋鼠哺育法　□沒有特別堅持
關於餵乳	□盡可能全程餵母乳　□希望餵寶寶初乳　□沒有特別堅持 □必要時希望有乳房按摩的服務
關於親子同室	□希望親子同室　□沒有特別堅持　□希望只有白天同房 □不希望親子同室

媽媽的生產計畫

CASE 1
生產後抱著寶寶，所有的辛苦都煙消雲散了

因為想親身感受生產的喜悅，在做生產計畫時填選了袋鼠哺育法。雖然生產的當下痛到幾乎快昏了過去，甚至冒出算了不生了的念頭。幸好在生產時能自由的變換姿勢，多多少少也減輕了產痛。當然啦，最能讓我忘記辛苦的，莫過於將剛出生的寶寶抱在胸前的時候。看到寶寶的瞬間，所有辛苦都煙消雲散了，取而代之的是無法形容的喜悅。

我的生產計畫

- 採用袋鼠哺育法
- 以自己喜歡的姿勢生產
- 希望親子同室

CASE 2
拍下生產時的記錄片，期待能與寶寶一起觀賞

既然生產不是常有的體驗，畫面又非常的感人，就決定將整個過程拍攝下來，用影像來記錄這難得的一刻。
現在正逢寶寶調皮好動的時期，在帶小孩的時候難免會覺得力不從心。每當我生氣難過的時候就會把紀錄片拿出來看，一面回想當初生寶寶時的喜悅，一面重整心情再接再厲。

我的生產計畫

- 拍攝生產過程
- 希望老公陪產
- 希望自然分娩

CASE 3
兩歲的老大也來陪產

懷第二個寶寶的時候，就希望2歲的老大可以跟爸爸一起來陪產。
當時，老公很擔心老大太小不適合陪產。雖然剛進入產房的時候空氣裡瀰漫著異常的緊張氣氛，但老大看到我痛苦的樣子，雖然還小不懂事卻還是跟著爸爸一起幫我加油。有了小孩的加油，反而升起一股力量讓我更加用力使勁。也因此，老二很快就生出來了。

我的生產計畫

- 希望老公小孩都來陪產
- 希望自然分娩
- 希望親子同室

CASE 4
一開始就決定剖腹產，老早就做好了心理準備

由於是第一胎，加上很怕羊水突然破了，或碰上陣痛時身邊不巧一個人都沒有的窘況，所以決定先選好日子，在老公的陪伴下，帶著一顆安定的心進入產房。
雖然曾經想過，說不定寶寶還不想那麼早出來？總覺得這樣自作主張好像不太好。但老公特意配合剖腹產的日子請假來陪我，讓我覺得很有安全感。

我的生產計畫

- 選好日子後照著規劃的產期生產
- 希望老公陪產
- 希望在白天生產

孕婦健康手冊

孕婦健康手冊，記錄媽媽與胎兒的身體變化

將懷孕過程永遠留存的重要記錄

《孕婦健康手冊》記載了懷孕中媽媽與胎兒的身體變化。

每位孕婦在醫療院所進行產檢後，向各鄉鎮區公所或健保局提出懷孕證明單的同時，就能領到《孕婦健康手冊》。領取的手續會因不同地區而有不同的規定，請多做確認。

（註：台灣的產婦可於懷孕三個月確定懷孕時向產檢醫院領取。）

有了這本手冊就能享有各種優惠。例如產檢的補助以及免費參加媽媽教室等。此外，即使懷孕期間搬家，也能在新的居住地繼續使用。

在每次產檢時都要將手冊交給負責的醫療院所，由他們詳細記錄診療結果及懷孕過程的重要事項。有了這些記錄，即使外出時突然感到身體不適也不用擔心，因此懷孕期間這本冊子都應該隨身帶著。而產後也應領取《兒童健康手冊》填寫寶寶的成長過程以及預防接種的紀錄等等。這本健康手冊可以使用到寶寶入學為止，是每個新生兒重要的生長記錄本。

提出懷孕證明後能得到的行政補助（個例）

● 產檢的補助

可以免費接受產檢的基礎檢查與血液檢查。

● 免費接受懷孕期間的心理諮詢

若在懷孕期間感到不安，有些醫療機構也提供了諮詢的服務。

● 免費參加媽媽教室

可免費參加醫院所舉辦之媽媽教室。

● 療養補助

患有妊娠高血壓等疾病或接受異常懷孕、分娩的治療等。

（註：台灣由全民健保支付部分產檢費用。若有產前憂鬱的媽媽可掛身心科或精神科諮詢。）

懷孕、生產所費不貲，要事先規劃喔！

懷孕、生產都是自費療程，須準備一筆費用

由於懷孕、生產不是生病，因此大多數的開銷都必須自行消化。建議在生產前就與另一半開始規劃，事先準備一筆產檢、分娩的費用。

懷孕、生產過程中最大筆的支出就是產後的住院費。這筆金額會因選擇教學醫院或婦產專科醫院等醫療機構的規定有所差別。但由於住院費多半必須一次繳清，因此在選擇醫院的時候可以針對這筆費用多做詢問。

在日本，若懷孕、生產過程一切順遂，沒有重大疾病不須做額外的治療，那麼所有的產檢也都必須由自己全額負擔。一般而言，到第二十三週前每個月須做一次產檢，二十四至三十五週則每個月二次，第三十六週以後則每週一次。每次的產檢費都須在當次付清。萬一發生流產、早產等現象，就得再負擔更多的診療費。

（註：台灣全民健保給付十次免費產前檢查及第二十週的超音波檢查。一般產檢間隔為，初診至二十八週，每月一次，第二十八至三十六週，每兩個星期一次，第三十六週以後，每個星期一次。超過十次可以健保卡掛號產檢。）

懷孕、生產相關費用

● 初診費　約200～460元

到醫院掛號後就開始了一連串相關的身體檢查，也可以選擇自費健檢的項目。若過程中必須轉院轉診，則須再重新支付掛號初診費。

● 產檢費用　約50～460元

每次產檢約50～460元。越接近預產期產檢的頻率越高，開銷相對增加。

● 嬰兒、產婦用品

雖然嬰兒用品有很多都是用完即丟的消耗品，但這筆費用也是必要的支出。聰明的孕媽咪可以選擇上網轉讓或跟親友借用。

● 分娩、住院費用

這筆費用因院所等級、分娩方式、病房等級以及是否選擇其它自費項目等不同而有所差距。剖腹產、生產過程中發生緊急意外，也都會增加額外的開銷。

● 其它

祝賀金（約占親友祝賀禮金的一半～1／3）、回娘家待產的孕婦則有交通費等雜項支出。

可向公家機關申請補助的費用

雖然懷孕、生產必須準備一筆高額的開銷，但有些項目則可以申請補助。例如產檢費用、住院費、醫藥費等，只要在生產的那年申報所得稅時加註醫藥費減免，就能抵免一部分的稅金。

除此之外，也可向公家機關申請領取生產育兒金。只要有加入勞保的準媽咪，最少可以領取到一筆生育給付。提供這些津貼、補助的機構有縣市公所、勞保局等。不同的公家機關會針對申請者的財務能力、薪資證明等進行審查。在提出申請前可多做查詢，看看自己是不是政府補助的對象。各項補助津貼多半會在產後發給；若有考慮申請，可事先列表註明各個款項必須準備的資料證明及繳件期限，以免錯過期限或資料不齊被取消資格。

台灣生育相關補助

	職業媽咪	懷孕後就辭職的媽咪	家庭主婦	申請方式
生育補助津貼	○	○	○	各縣市不同，可致電戶籍所在地的鄉鎮公所查詢
勞保生育給付	○	○	X	向勞保局申請，可致電詢問
勞保育嬰留職停薪津貼	○	X	X	向勞保局申請，可致電詢問
育兒津貼	○	○	○	各縣市不同，可致電戶籍所在地的鄉鎮公所查詢
幼兒醫療補助	○	○	○	各縣市不同，可致電戶籍所在地的鄉鎮公所查詢
生育補助津貼托育補助	○	○	○	送交幼兒托育地點之社區保母系統初審。再送交該直轄市、縣市政府（社會局/處）複審

○………符合申請資格　　X………不符合申請資格

寫給職業媽咪

想事業家庭一把抓，不妨跟著這麼做

盡早將喜訊向上級報告，這是基本的職場禮儀

很多上班族女性在得知懷孕後，就開始煩惱該不該繼續工作。雖然不建議孕婦從事重勞力的工作，但在不造成身體負擔的情況下，職場與家庭是不會互相衝突的。期間要注意身體健康，尤其是懷孕期間，很容易有想不到的意外發生，千萬不要勉強自己從事重勞力或長時間的工作。

一旦得知懷孕後，就應該盡早向上級報告。雖然坊間流傳著還沒到安全期不要輕易公開喜訊的不成文禁忌，但懷孕初期身體容易出現一些大小狀況，甚至有可能須要配合安靜調養。若盡早告知上司，或許可以暫時調換輕鬆一點的工作或得到同事們的協助。至於什麼時後應該將喜訊報

懷孕期間的行事曆

懷孕初期	●**決定離職或留職停薪**：與另一半溝通，討論產後要繼續工作或離開職場。整理一下兩個人的看法。 ●**向公司報告**：向上司及同事報告喜訊。 ●**調整上班時間**：如果上下班時間正好是交通尖峰期，可與上司商量可否錯開這個時段，暫時調整上下班的時間。
懷孕中期	●**開始準備工作交接**：懷孕期間很容易有突發的狀況或身體異常。避免臨時住院等造成公司困擾，應慢慢開始交代同事工作業務上的進度。 ●**尋找保母／托嬰中心**：如果產後要重返職場，就必須事先找好保母或托嬰中心。有些知名的托嬰中心可能早就額滿，最好事先了解托嬰中心的狀況與相關費用。
懷孕後期	●**交接工作內容**：向同事及相關廠商、部門說明工作進度，同時告知對方產假大約多久。若要離職也必須在此時說明，讓公司盡早安排接任的人員。 ●**申請補助津貼**：公家機關與職場有不少保障在職婦女的補助津貼，若希望能盡快領取各項補助，可於此時先了解申請期限與相關手續。 ●**申請產假或辦理離職手續**：向公司及同事告知大約的預產期，同時辦理相關手續，申請產假，或離職。

媽媽心情分享

為了貼補家用，生產後還是繼續上班，與其他有寶寶的同事交換育兒心得、產後護理等資訊，也是消除壓力的好管道。

產後公司讓我縮短工作時數，也不需要配合加班。雖然業績也因此掉了許多，但工作量減輕不少，也不會常常體力不支腰痠背痛了。

告上司，可以比照同事們的慣例。但建議最好在流產可能性較低的第八週以後。

產後可以繼續工作

有不少媽咪在產後想重返職場，卻受阻於大環境的輿論，像是「寶寶到三歲之前都應該有媽媽陪在身邊」等。但根據最新的研究顯示，能否與孩子建立良好的關係，最重要的不是在一起的時間長短，而是相處時的互動頻率與投入的關心有多少。

如果產後想繼續工作，可以多多參考政府機關或公司的育兒補助制度。這些法規雖然還未真正落實推廣，但卻是職業媽咪的一大保障。

保障職業媽咪的台灣法規

懷孕期間

● 解雇限制

雇主不得因結婚、懷孕、生產等休假理由惡性解雇員工。

生產期間

● 產假

婦女分娩後，雇主應給予產假八星期；包含例假、紀念日及其他由中央主管機關規定應放假之日在內。

育兒期間

● 育嬰假

育嬰假也稱為育嬰留停，只要任職滿6個月且父母雙方都在職中，在寶寶滿3歲前都可以申請育嬰留職停薪，最長可請2年、最多可請2次30天以上、6個月以下。

●哺乳假

寶寶2歲之前，最少1天可享有60分鐘的哺乳假時間。

●勞保費遞延繳納

育嬰假期間勞保費可遞延三年繳納，雇主可免繳納。

●育嬰留職停薪津貼

育嬰留職停薪期間，可請領投保六成薪的津貼，並按月發給，最長可領6個月。此外，也由政府另外補助二成薪，換算後可領8成薪。

準媽咪的生活

營造安全舒適的懷孕期，準媽媽必知的注意事項

懷孕期間百無禁忌

雖然常聽人說，懷孕期間不可以這樣、不可以那樣，但那些說法都僅供參考。準媽咪在日常生活裡還是有很多可以做的事。有時候過度擔心，成天把自己關在家裡，反而會造成心理上的壓力。只要過著規律正常的生活，每天鍛鍊體力，攝取均衡的飲食，即使懷孕還是可以隨心所欲，做自己想做的事。如果不是特殊原因得遵照醫師指示在家靜養，照常活動都不礙事。

但還是不能太勉強自己。養成與自己身體對話的習慣，覺得累的時候就該好好休息。不管做什麼事，過與不及都容易使身心疲倦。準媽咪一旦感到疲倦就容易產生暈眩、腹部緊繃的毛病。這是身體在跟妳說：「我好累喔，休息一下吧！」一旦出現這些徵兆就應該放下手邊的事，好好靜養。

懷孕前期與後期，身體的容忍範圍也有所不同。此外，隨著週數增加，肚子也會越來越大，即使做同一件事，疲勞的程度也會不同，凡事都要以身體健康為第一考量。

同樣的，也要注意情緒上的轉變。「不要勉強自己！」這是準媽咪能為肚子裡的胎兒做的第一件事，也是最重要的一件事。一定要過著健康規律的生活，好好調養自己的身體。

懷孕期間的注意事項

❶不逞強

若身體感到疲勞就容易引發不適的徵兆，故不論何時何地都要小心身體，不過度操勞。

❷不累積工作

懷孕期間很容易因突發狀況必須放下手邊的工作休息靜養。因此當身體情況好的時候，就要一點一滴地先做起來。

❸均衡的飲食

不正常的飲食習慣是造成營養失調的主因。平常時就應有良好的觀念，保持均衡營養的飲食習慣。

❹確實做好健康管理

懷孕期間是身體特別敏感脆弱的時期。只要一回到家裡就要勤漱口、洗手，從日常生活中杜絕細菌感染。

❺與家人達成共識

與家人做好溝通規劃，即使遇上緊急住院的情況也能立刻得到家人的支援。

❻借助別人的力量

不須要凡事都親力親為，若感到不舒服應主動尋求他人的幫助。

❼保持樂觀的想法

懷孕期間本來就會有很多不順心的事。不要認為自己「懷了孕就什麼都不能做」，應該樂觀的想想，「原來懷了孕也能做這些事啊！」

第1章

懷孕期間的日常生活

● 外出購物

即使買了很多東西也不要讓自己的雙手提滿東西，建議揹個背包再出門。

● 家事

要拿高架子上的東西時，可以拜託另一半幫忙，不要讓自己陷入危險之中。

● 入浴

在浴室裡要做好止滑的準備，在起身或蹲坐之前都要記得抓緊扶手。

● 走路

走路時要留心前方，確認沒有危險時再邁開步伐。

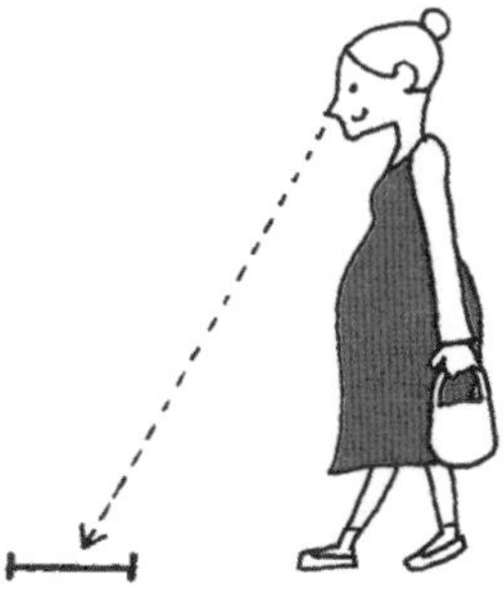

● 搭乘交通工具

在不勞累不危險的範圍內，開車也無妨。避免意外事故，盡量不要選擇腳踏車及機車為移動的交通工具。

● 撿東西

要撿掉在地上的東西時僅單腳膝蓋著地，採蹲跪的姿勢比較不會重心不穩。

● 起身

不要太過使用腰力，應先將手支撐餘高於腰部的檯子等物體，再借力使力站起來。

● 坐椅子

不要一個勁坐下去。先將手托於腹部或腰部，再慢慢坐下。

● 坐在地上

一次一隻腳彎曲膝蓋，慢慢坐下，建議盤坐。

●上下樓梯

懷孕後期時挺著個大肚子，看不到自己的雙腳。上下樓梯時一定要緊握扶手，一步一步慢慢地走。

知道賺到

準媽媽情緒小錦囊❶
無憂無慮度過待產期間的小巧思

懷孕期間感到不安焦躁是很正常的

孕媽咪無故感到焦躁、不安，情緒不穩定是很正常的。這是因為賀爾蒙失調產生的心理反應。若覺得不安，感到憂鬱，千萬不要一個人苦撐，可與家人、朋友、親戚等多聊聊，交換心得。雖然這時期特別敏感，容易因為旁人無心的話語感到受傷或不滿，但一定要勸自己放寬心，不要為瑣事煩心。

找到適合自己的發洩方式

害喜症狀停止後，身體就會像汽球般越來越腫大，變成一個孕婦該有的樣子。有些孕婦會因身材走樣感到憂鬱，或因行動不便覺得事事都不順心。但要記住，這些都是過程，如果刻意強迫自己一定要樂觀地去面對，反而會造成無形的精神壓力。若這些壓力一再累積，不單只是自己過得不開心，就連肚子裡的寶寶，還有一起生活的爸爸都會受池魚之殃。

確實有很多準媽咪在懷孕期間一想到生產過程及日後照顧寶寶的生活，就開始焦躁頭痛。但是，肚子裡懷著一個胎兒，這種特殊的體驗是懷孕的當下才能享有的。念頭這麼一轉，是不是就能感受到生命的美好呢？

當妳感到焦躁、不安的時候，不妨參考左頁的建議，找出最適合自己的發洩方式，將這些不好的情緒通通趕走。甚至也可以利用這個時期找回以前的夢想，嘗試單身的時候就一直想做的事。讓自己輕鬆、悠閒地度過這個時期吧！

試試這些發洩情緒的方法！

● 提升技能的準備

產後想重返職場的準媽咪們，可以利用這段時間念書、考取執照。

● 親手縫衣物

一邊幻想著寶寶可愛的模樣，一邊動手編織寶寶的衣服或是小東西。感受一下，「我真的當媽媽了！」

● 動手寫網誌

將懷孕過程的點點滴滴記錄在網誌上，也挺有趣的喔！還可以與其他準媽咪們分享心得，交換相關訊息。

● 跟先生去旅行

進入安定期後，也可以計畫跟先生一起出遊。只要待在一個定點，就能享受一個安全、悠閒的假期。

● 與朋友聊天

與懷孕的準媽媽或有經驗的朋友們聊天也不錯喔！有過共同的處境，更能了解這時期特有的不安與煩惱，有助於解開壓力的繩結。

● 與先生或朋友享受美食

計劃控制體重的媽咪們偶爾也應該犒賞自己，放鬆一下心情。生了寶寶後恐怕就沒多少機會上餐館了，不妨趁現在約三五好友到高級餐廳享受美食吧！

● 孕婦瑜珈

勤做瑜珈有集中精神的效果。不但可以利用冥想與肚子裡的寶寶對話，也可以保持柔軟的身體。瑜珈特有的呼吸法也能減緩分娩時的陣痛。

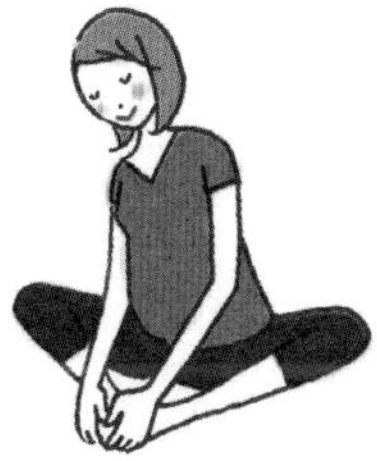

● 唱歌・聽演唱會

喜歡音樂的人，也可以在身體能負荷的範圍下到KTV唱歌或參加現場演唱會。要注意不要做太劇烈的動作，或是長時間久站。如果平常就喜歡唱歌，參加演唱會，卻在懷孕期間刻意壓抑自己，反而會造成心理上的壓力。做喜歡的事，就是消除壓力的最好方法。

● 學做麵包、點心

點心、麵包，不但是所有小朋友喜歡的點心，學會了以後也可以在日後與孩子們一起動手做喔！此外，做好的麵包、甜點也可以與他人分享，當做小禮物送給親朋好友，兼顧興趣與人情，值得長時間去投資喔！

開心做自己就好

還記得受孕的日子嗎？

妳還記得肚子裡的小寶寶是什麼時候受孕的嗎？受孕當天是來自媽媽卵巢的卵子，與爸爸的精子相遇結合的大日子。大家都知道每次射精時精子的量往往高達億萬個，但妳知道嗎？那顆卵子只是媽媽出生時體內100萬卵子裡的其中一個。而這些卵子會隨著媽媽的年齡逐漸減少。青春期約40萬顆，20到40歲則減到10萬顆，過了40歲就只剩下不到1萬，等體內沒有卵子時也就跟著停經了。

生育是很神奇美妙的事

一個女娃娃還在媽媽的子宮裡時，等到第5個月，體內就會自動產生700萬個卵子。也就是說，當妳還在媽媽肚子裡的時候，身體就已經做好要生自己寶寶的準備。同樣的，媽媽還在阿嬤肚子裡時，就已經準備了一顆將來會成為妳的卵子，若再往上推，媽媽的媽媽…。如此世世代代的接替綿延，才帶來了妳的生命。而現在，妳也將隨著這條線將生命往下延續。

不管是自然或是人工受孕，媽媽的卵子與爸爸的精子，能相遇結合的幾乎可以說是一個奇蹟。而這兩個人的結晶——僅0.11mm的受精卵，在形成後還得經過無數次的細胞分裂，才終於成長為60兆細胞組成的胎兒。雖然過程很不可思議，但仔細想想，妳我不也是經歷了這種神秘過程而誕生的嗎？

不須要跟別人比較

爸爸、媽媽可以試著伸出雙手，放在媽媽孕育胎兒的下腹，輕輕地閉上眼睛感受一下生育的神秘過程，同時在心裡感謝阿公、阿嬤也走過同樣的路生下了自己。養兒方知父母恩，許多新手父母都是有了自己的寶寶，才感受到這股神祕的世代交替，慢慢放寬了心卸下心裡那股莫名的不安。

由於每個人生育期間不盡相同，有不同的身心變化都是正常的。即使過程中產生與其他準媽媽不同的反應，也不用太過擔心。沒有必要拿自己跟別人做比較。只要接受眼前自己的狀態，相信與生俱來的生育能力，再加上爸爸的貼心支持，一定能順利產下一個可愛健康的小寶寶。

妳，只管開心做自己就好。

第2章

媽媽與寶寶的10個月

恭喜妳懷孕了！
一定有很多爸爸、媽媽
透過超音波看到寶寶小小的身軀時，
感到莫名地興奮與感慨吧！
3個人將一起度過280天，
相信這會是一段幸福美好的時光。

懷孕初期 1～4個月（0～15週）

一旦懷了身孕，身體也慢慢起了變化

隨著肚子裡的寶寶一天天成長，媽媽的身體也產生了種種變化。先來了解一下這個時期要注意那些事，想想該怎麼輕鬆應付這些惱人的症狀吧！

為了讓胎兒舒服地長大，媽媽的肚子也做好了準備

察覺身體起了小變化，懷疑自己「懷孕了嗎？」盡早到婦產科醫院檢查，做好當媽媽的準備吧

懷孕初期，為了孕育胎兒，媽媽的子宮會慢慢變大。同時，身體與心理也跟著起了變化。這段期間應該試著去接受這些改變，讓身心好好感受懷孕的喜悅。

這個階段，也是容易發生害喜、早產、流產的危險期。為了肚裡的寶寶，也為了媽媽的健康，平時應該攝取均衡的營養與保持充足睡眠，並且每隔4週就到醫院接受產檢，妥善照顧調養身體。在醫師與護士的協助下，與爸爸一起度過這個危險的時期。

懷孕初期的安心小叮嚀

- **了解孕育寶寶的子宮構造**
  若能掌握胎兒在肚子裡的成長過程與害喜的原因，有助於安心度過變化較大的懷孕初期。
- **嚴禁喝酒、抽菸**
  一旦發現自己懷了身孕，就要立刻戒掉會帶給寶寶不良影響的抽菸、飲酒習慣。
- **向上級主管告知喜訊**
  為了配合產前產後的休假，讓同事及主管接手代班或調整工作異動等，應盡快告知喜訊。一般而言，至少應向直屬上司報告。
- **尋求爸爸的協助**
  懷孕後，即使是普通的家事或早已習慣的工作，都可能會帶給身體額外的負擔。可請另一半給予適度的協助。
- **接受身體的變化**
  身體容易產生害喜、嗜睡、便秘、肚子腫脹等症狀，要即早做好因應對策。
- **有慢性病的準媽媽要與醫師做好溝通**
  若長期服用慢性病藥物，應告知該科醫師已懷孕，並詢問婦產科醫師可否繼續服用。
- **小心不要跌倒**
  要養成習慣不要帶給肚子裡的胎兒來自外力的衝擊與壓迫。例如，脫去高跟鞋改穿平底鞋，爬樓梯時務必抓緊扶手等。
- **小心傳染病**
  懷孕期間，免疫力會跟著降低。必須特別當心流感、德國麻疹、麻疹等傳染病。可利用血液檢查確認是否已有抗體。

懷孕初期　媽媽與胎兒的變化

第一個月（0～3週）

媽媽的變化

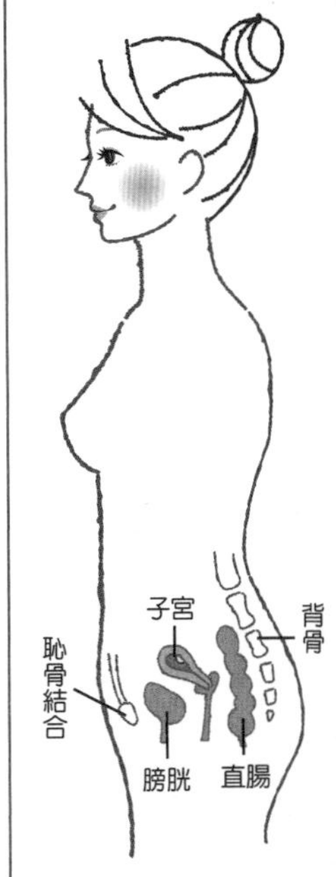

哪些變化？受精卵著床的同時，體內的賀爾蒙也產生了變化。子宮內膜形成絨毛組織，準備提供胎兒必須的養分。

胎兒的變化

身長　約1mm
體重　約1g

哪些變化？受精卵著床後就會出現懷孕症狀。受精卵內部的細胞不斷分裂，形成小而扁平「胎芽」。

第二個月（4～7週）

媽媽的變化

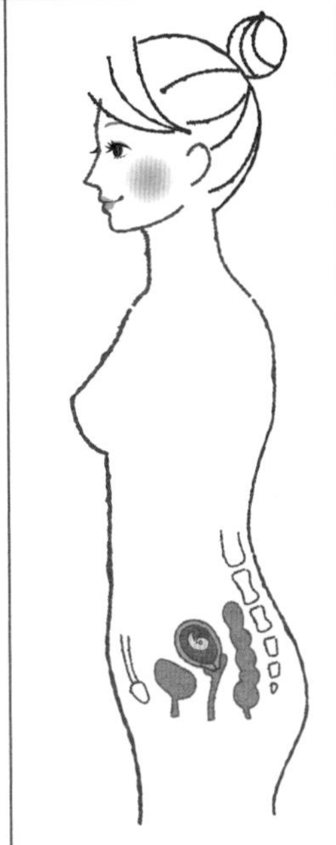

由於月經的延遲，察覺已經懷了身孕。有些準媽媽會在此時出現害喜症狀。可利用超音波觀察胎兒的發展。

胎兒的變化

身長　約10mm
體重　約4g

長出手腕與腳的形狀，心臟開始跳動，成長發育快速。胎兒在這階段仍稱為「胎芽」。

第三個月（8～11週）

媽媽的變化

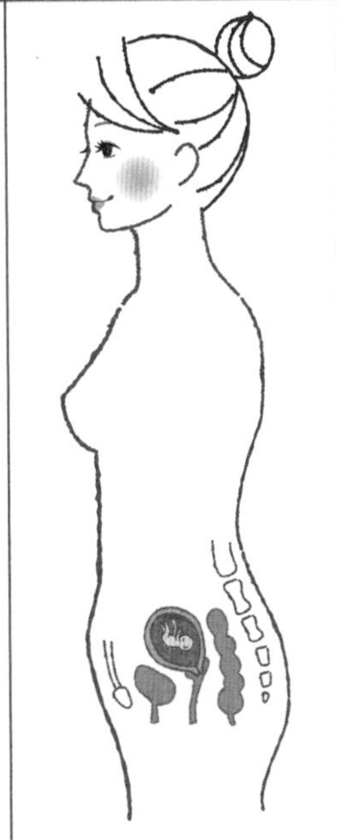

子宮挺出拳頭般的大小。害喜症狀劇烈。新陳代謝良好，經常冒汗、白帶量增加。

胎兒的變化

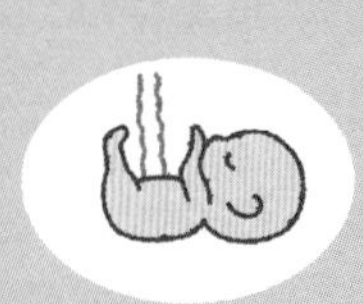

身長　約4.5cm
體重　約20g

能辨識出頭、腳及軀幹。由「胎芽」改稱為「胎兒」。體內長出內臟器官的雛形。

第四個月（12～15週）

媽媽的變化

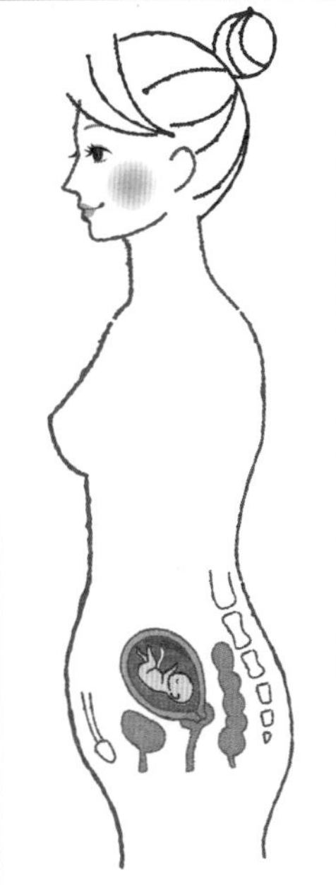

子宮挺出約幼兒頭圍般大小，肚子也逐漸豐圓。形成胎盤，不用擔心流產的危險。

胎兒的變化

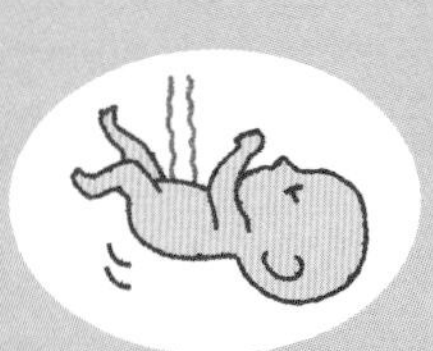

身長　約16cm
體重　約100g

透過臍帶取得來自母體的養素，同時將排泄物及二氧化碳排放至媽媽體內。手腳肌肉發達，開始活動舒展身體。

寶寶什麼時候誕生？該如何計算預產期？

懷胎四十週，約二百八十天

懷孕週數應從上一次月經來潮的第一天開始計算，同時將那天設為「懷孕0週0日」。而預產期也就是上次月經的第一天開始往後數280天。

受精卵著床的日期約為懷孕後第二週，而臨床上承認懷孕成立則從懷孕後第三週起算。若準媽媽發現月經已經一至兩週沒來才去看婦產科，此時，已經被認定為懷孕五至六週了。月經週期越規律，就越能精準計算出預產期的日子。

然而，真正臨盆的時間通常很少乖乖按照計算的日期走，因此懷孕後每隔三個月都應該利用超音波來觀察胎兒的成長速度，必要時跟著調整預產期。

此外，懷孕未滿二十二週就分娩的情況稱為「流產」，二十二週以後未滿三十七週則稱為「早產」。三十七週以後至四十一週內分娩才是所謂的「足月產」。而過了四十二週以後才臨盆稱為「過期妊娠」。一般而言，過期妊娠多半是胎盤功能不佳所引起，若過了預產期仍不見破水或落紅，就應到醫院進行詳細的檢查。

懷孕天數總整理

		懷孕月數	懷孕週數	懷孕日數
初期	流產	1個月	0	0～6
			1	7～13
			2	14～20
			3	21～27
		2個月	4	28～34
			5	35～41
			6	42～48
			7	49～55
		3個月	8	56～62
			9	63～69
			10	70～76
			11	77～83
		4個月	12	84～90
			13	91～97
			14	98～104
			15	105～111
中期		5個月	16	112～118
			17	119～125
			18	126～132
			19	133～139
		6個月	20	140～146
			21	147～153
	早產		22	154～160
			23	161～167
		7個月	24	168～174
			25	175～181
			26	182～188
			27	189～195
後期		8個月	28	196～202
			29	203～209
			30	210～216
			31	217～223
		9個月	32	224～230
			33	231～237
			34	238～244
			35	245～251
		10個月	36	252～258
	足月產		37	259～265
			38	266～272
			39	273～279
		11個月	40	280～286
			41	287～293
	過期妊娠		42	294～300
			43	301～307

＊預產期的計算方式＊

❶

上次月經的那個月－**3**
＝預產期的月份

※或者是

上次月經的月份＋**9**
＝預產期的月份

❷

上次月經開始那天＋**7**
＝預產期的日子

超音波檢查

利用超音波掃描觀察寶寶的成長

透過螢幕跟寶寶見面

想了解媽媽子宮是否健康，並觀察寶寶的成長，可是又不想增加媽媽與寶寶額外的負擔，這時候先進的超音波就派上用場了。

懷孕初期做超音波檢查時，護理人員會將導管從陰道插入母體，觀察胎兒（胎囊）的位置、大小，以及子宮的形狀等等。藉由測量胎兒的大小來修正懷孕週數，同時算出預產期。利用超音波掃描推算預產期不但準確度高且爭議也較小。

中期以後則是做腹部超音波檢查，透過螢幕觀察寶寶的成長過程，檢查軀幹手腳是否正常，同時留意胎盤的位置及臍帶的狀況等等。做超音波檢查時，螢幕及照片上都會顯示胎兒的相關數據。

怎麼看超音波照片？

＋記號是顯示胎兒大小的標記。像游標一樣能自由移動。

產檢的日期與時間

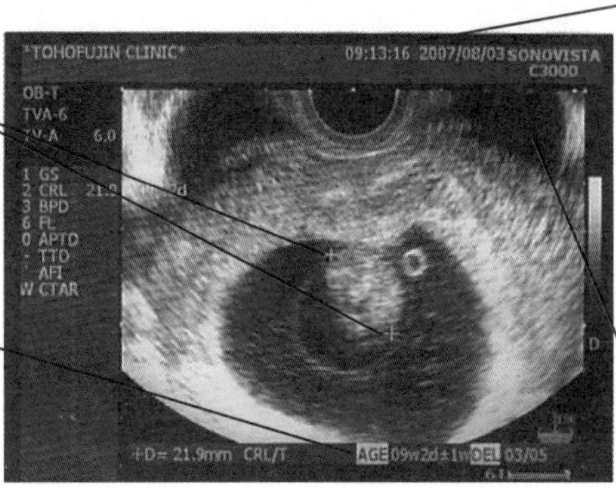

「AGE」是以胎兒的大小推算懷孕週數。以這張照片為例，顯示寶寶成長第9週又2天，正負誤差1週。而「DEL」則是預產日。

畫面上下的刻度間隔約1cm。可藉此了解寶寶的大小。

與胎兒相關的符號

GS

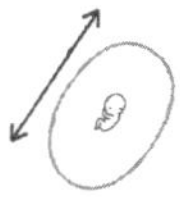

胎囊大小。所謂胎囊是指懷孕初期包覆胎兒的囊袋。

BPD

胎兒頭骨橫徑（雙頂徑）。檢查胎兒的腦部發育。

APTD

胎兒腹部前後徑。肚子前後的寬幅。此數據也是胎兒發育狀況的基準之一。

CRL

胎兒頭頂到臀部的距離。測量從頭頂到臀部的長度及坐高。每個寶寶的數據幾乎相去不遠。

FL

胎兒大腿骨長度。測量大腿股骨（身體裡最長的骨頭）長度。與BFD等數值推算胎兒的體重。

TTD

胎兒腹部橫徑。肚子部分的橫向寬度。是觀察發育狀況的基準之一。

FTA

胎兒腹部橫斷面積。將胎兒肚子橫切後的總面積。推算體重的數據之一。

其他還有

EFBW

預估胎兒體重。藉由BPD、APTD、TTD、FL、FTA等數值推算出來。。

（註：台灣的超音波檢查較少測量APTD、TTD及FTA，而是以測量胎兒腹圍之度為主，以AC來表示。）

孕吐是懷孕初期最明顯的徵兆，要學著克服

雖然媽咪深受孕吐之苦，但寶寶正健康地長大

孕吐幾乎是許多準媽媽們懷孕必經的過程，但至今醫界仍然無法完整解釋原因。可能是懷孕導致HCG（人類絨毛膜性腺促進素）分泌量增加，使母體誤將體內的胎兒判斷為異物入侵，因而產生過敏排斥的現象。

孕吐的時期與程度因人而異，有些準媽媽幾乎不覺得有什麼異樣，但也有些準媽媽劇烈嘔吐連飯都吃不下。有人認為外在環境的變化與對於懷孕產生的不安，都會連帶影響母體的身心狀態，使孕吐症狀更加嚴重。如果因為孕吐完全沒有食欲也不用太擔心，只要遵守一個原則就可以了，「在想吃東西的時候，吃想吃的東西」。由於這時期的胎兒只有幾公分大小，加上母體裡的營養素會優先輸送給胎兒，因此不用太過擔心沒有進食而影響到胎兒的成長。雖說如此，嘔吐次數過多也會使母體缺乏電解質，甚至引起缺水必要時須隨時補充運動飲料或含有糖、鹽的流質食物，藉此平衡流失的水分。

孕吐時容易產生的症狀

●噁心嘔吐、食欲不振

在想吃東西的時候吃想吃的東西、經常補充水分。

●對味道特別敏感

開始對平常沒有感覺的味道過敏，也因此感到噁心想吐。

●疲倦、嗜睡

疲倦無力，特別愛睏。想休息的時候就盡量休息。

●頭痛、焦躁

頭痛劇烈的時候要去看醫生，如果因孕吐而感到心煩氣躁，不妨做些喜歡的事轉換一下心情吧！

●唾液量增加

●嗜好改變

如果有這種情形就要趕快去醫院

1天內吐了好幾次，因為沒有食欲導致嚴重脫水、營養失調，使得母體連帶感到虛弱無力。若孕吐症狀過度激烈，甚至影響到日常生活稱為妊娠劇吐症，應至醫院診治。

5週	開始孕吐	這只是個開始
6		
7		
8	孕吐症狀最為嚴重	會結束的，要忍耐
9		
10	慢慢恢復正常	慢慢習慣突如其來的噁心感，就快結束了！
11		
12		
13	孕吐停止	許多準媽媽在此時都已脫離苦海
14		
15		
16		

克服孕吐的方法

像寶寶長大的樣子，樂觀面對孕吐症狀

孕吐就表示自己現在正懷著身孕，也是肚子裡的寶寶健康成長的徵兆，要樂觀地去面對它。

不要勉強自己，適度休息

越是逞強做事就越容易感到不舒服，想休息的時候就盡量休息吧！

經常外出散心轉換心情

悶在家裡容易胡思亂想。經常出外踏青散步，呼吸新鮮空氣，有助於轉換心情。

埋頭做有興趣的事

做自己喜歡做的事能放鬆緊繃的神經，分散注意力，利用興趣讓自己動起來吧！

脫掉緊身衣

太緊的衣服會束縛腰腹部，反而使嘔吐噁心的症狀更加劇烈，不妨換上寬鬆的孕婦裝吧！

Q&A

Q 我瘦了三公斤……。這樣也沒問題嗎？

A 雖然媽媽體重減輕，但肚子裡的胎兒還是可以持續取得成長必須的營養素，不會受到影響。反倒是媽咪的身體狀況較令人擔心。如果1個月瘦了五公斤以上，一星期掉了兩公斤以上都應該特別注意並到醫院去做詳細的檢查。

Q 我完全沒有孕吐，這樣算正常嗎？

A 孕吐症狀因人而異。有人孕吐得相當嚴重，但也有人完全毫無感覺。有人吐到連飯都吃不下，也有人不吃飯反而想吐。因此，即使沒有出現孕吐症狀也不用太擔心。

Q 過了十六週了還在孕吐。到底什麼時候才會停？

A 孕吐是懷孕的特殊症狀，雖然每個人的反應都不太一樣，但一定會恢復正常的。雖然很難受，還是要繼續保持樂觀的心情去面對它。

懷孕也有可能出現胎兒異常的現象

不正常受孕通常會伴隨著陰道出血

懷孕初期最容易引發的危險就是不正常受孕。

若有受孕的陽性反應但做超音波時卻觀察不到胎囊，甚至經常有不正常出血的狀況，內診時子宮也驗出不正常現象，就稱之為不正常受孕。「子宮外孕」（Ectopic Pregnancy）、葡萄胎（Hydatidiform Mole）等皆屬於此類，母體不適合繼續懷孕，若置之不理將會危及媽咪的生命安全。因此懷孕期間若有腹部異常疼痛或經常性出血的症狀就應立即到醫院接受檢查。

雖然不正常受孕是大家都不樂見的情況，但卻也是自然界中殘酷的天擇結果。只要不過度緊張並及早接受治療，還是有機會能再度受孕的。

子宮外孕

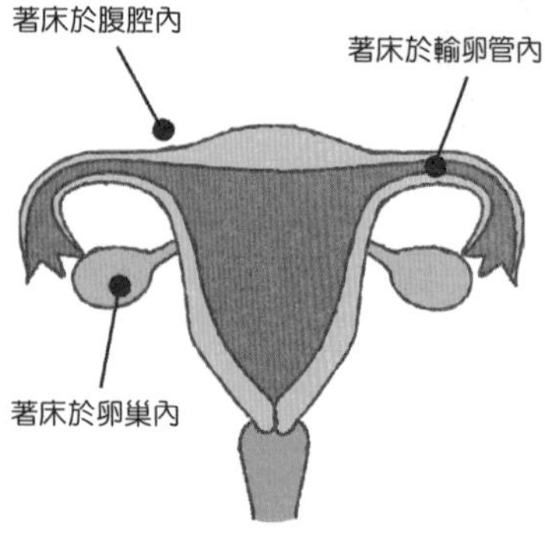
著床於腹腔內
著床於輸卵管內
著床於卵巢內

受精卵在子宮腔以外的地方著床稱之為子宮外孕。其中以著床於輸卵管的案例最多。

症狀

若在輸卵管內著床，不但容易造成流產，也很容易導致輸卵管破裂。主要症狀為陰道少量出血、下腹部疼痛等，但也有孕婦幾乎渾然不覺，因此一旦有任何不適都應該到醫院做個檢查。

治療方法

每個個案處理方式不同，有時醫師會建議切除輸卵管，但也有保全輸卵管的案例。即使切除了不當著床的輸卵管，只要另一條輸卵管功能正常還是有可能再度懷孕。

葡萄胎

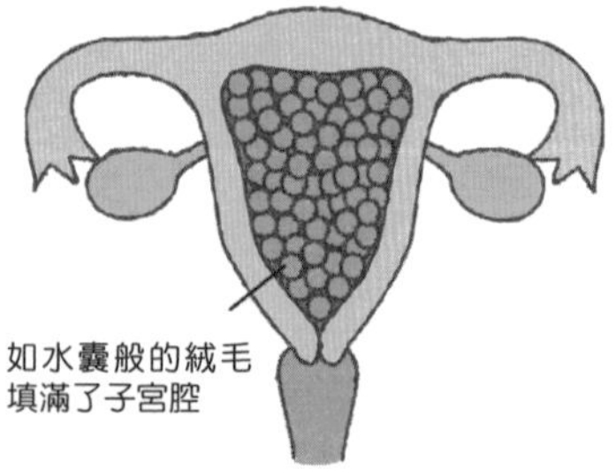
如水囊般的絨毛
填滿了子宮腔

原先要成為胎盤的絨毛組織過度增生，幾乎占滿了子宮腔的空間，導致胎兒無法正常生長。一般會透過超音波及內診來進行診斷。

症狀

幾乎沒有異常症狀。若有劇烈嘔吐且陰道分泌出茶色的白帶就應立刻到醫院檢查。

治療方法

分2～3次切除子宮內絨毛的手術。手術後定期接受健檢，在醫師許可前都應避免再度懷孕（6個月～1年）。

懷孕初期流產往往是因為胎兒異常導致

胎兒未滿二十二週就無法在子宮裡繼續成長流出母體外的現象，稱為「流產」（俗稱小產）。另一方面，超過二十二週後的寶寶即離開了母體，只要給予適度的照顧還是有可能繼續成長，因此稱為「早產」。經常與流產搞混的還有「先兆性流產」與「先兆性早產」兩種。所謂「先兆性流產」是指懷孕期間出現腹部緊繃、陰道見血等流產跡象，但胎兒仍未離開母體繼續在子宮中成長（請參見P88），而「先兆性早產」則是出現早產跡象但胎兒仍在母親體內（請參見P88）。

在臨床上，流產的徵兆形形色色。最普遍的下腹疼痛且伴隨著陰道不正常出血。但也有些孕婦在毫無感覺的情況下就流產了。

除此之外，還有一種類似流產的病徵稱為「化學性懷孕（chemical pregnancy）」。雖然驗孕呈現陽性反應，但卻無法透過超音波檢查觀察到胎囊，同時像月經來潮般出現出血現象。由於這種情況通常發生於受精卵著床後不久，因此醫學上不將此定義為流產。

根據統計，流產的比率約為百分之十五至二十，且多半是未滿十二週的早期流產。這時期流產多半因為胎兒本身體弱的緣故。

而十二週以後未滿二十二週的流產，其原因多半來自於母體。

流、早產的時期

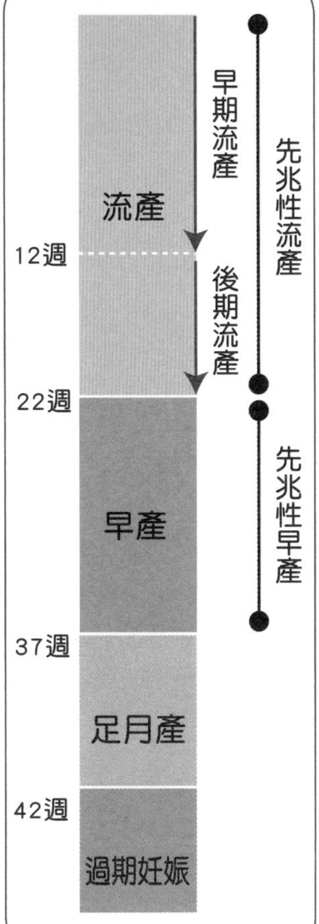
流產
早期流產
12週
後期流產
先兆性流產
22週
早產
先兆性早產
37週
足月產
42週
過期妊娠

不同狀態的流產

完全流產
胎兒及將來要發育成胎盤的組織均完全排出體外。通常伴隨大量出血。

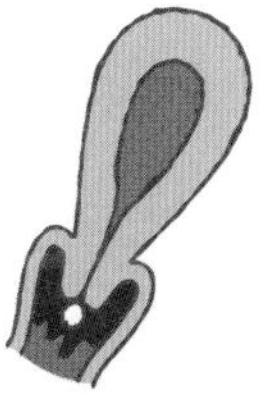

不完全流產
胎兒及將來要發育成胎盤的組織尚有一部分殘留於子宮內。

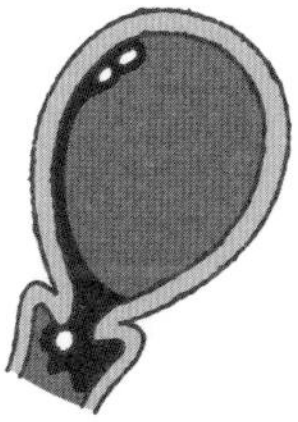

進行中流產
子宮口張大，胎兒及胎盤組織隨著血液正要流出母體外的狀態。

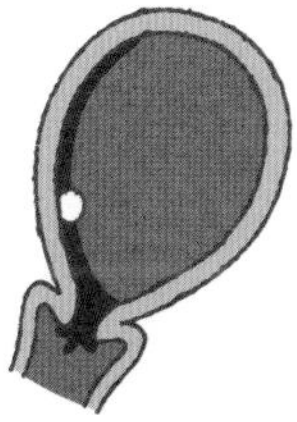

滯留流產（胎死腹中）
已經死亡的胎兒滯留在子宮內，若無特殊狀況多半無法察覺，必須透過超音波檢查進行診斷。

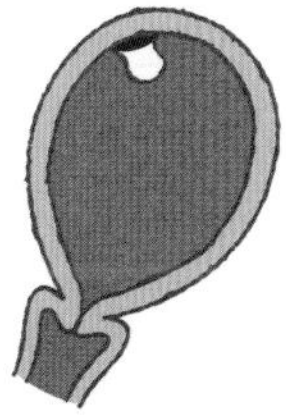

懷孕過程比別人辛苦，但產後的喜悅也加倍

預防早產應於三十週提早入院觀察

肚子裡同時懷了兩胎以上稱為「多胞胎」。雖然每多一個胎兒身心的負擔與不安就會跟著增加，但相對地，產後看到寶寶健康可愛的模樣，喜悅的心情也就跟著加倍。

目前最普遍的情況為雙胞胎。雙胞胎又分為一個受精卵分裂為二的「同卵雙生」，以及二個受精卵同時著床的「異卵雙生」。

懷了多胞胎後則會因胎盤的數量帶給胎兒不同的影響。如果寶寶們共用一個胎盤，容易造成胎兒營養攝取不均衡的問題，為預防萬一建議在三十週左右就提早入院觀察。

（註：台灣《孕婦健康手冊》以準媽媽為基準，故不論是雙胞胎或多胞胎，均領取一本。）

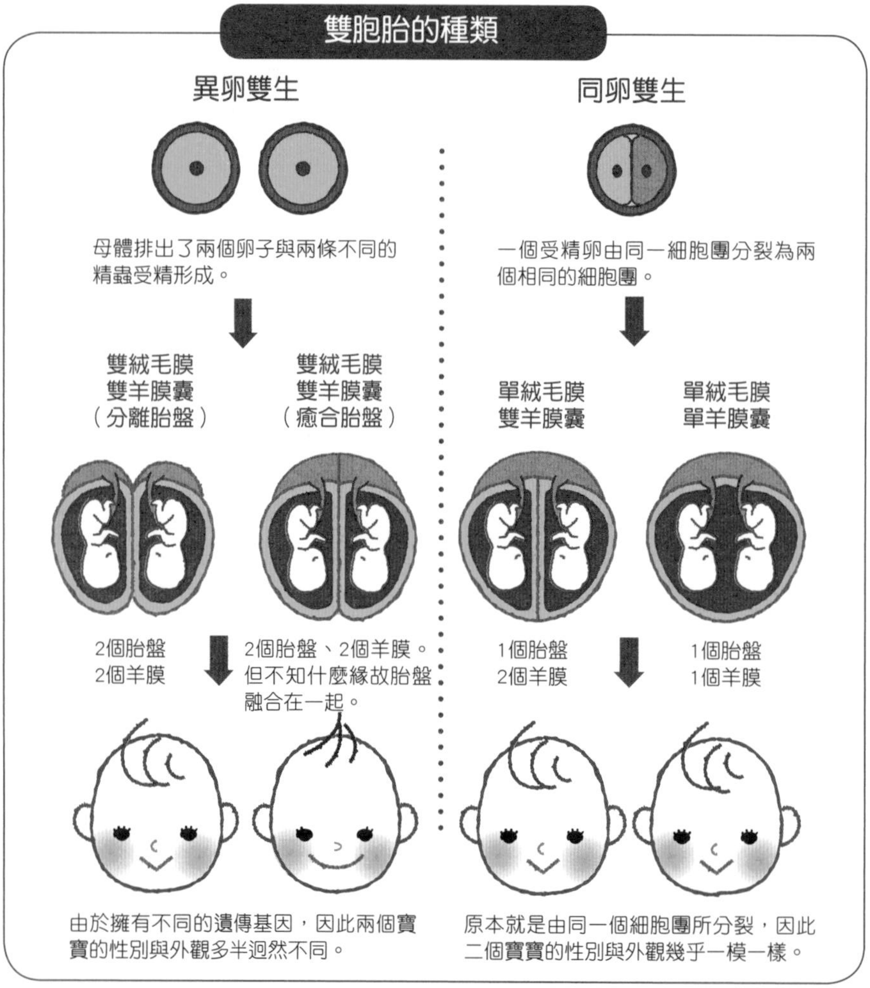
雙胞胎的種類
異卵雙生
母體排出了兩個卵子與兩條不同的精蟲受精形成。
雙絨毛膜
雙羊膜囊
（分離胎盤）
雙絨毛膜
雙羊膜囊
（癒合胎盤）
2個胎盤
2個羊膜
2個胎盤、2個羊膜。
但不知什麼緣故胎盤融合在一起。
由於擁有不同的遺傳基因，因此兩個寶寶的性別與外觀多半迥然不同。
同卵雙生
一個受精卵由同一細胞團分裂為兩個相同的細胞團。
單絨毛膜
雙羊膜囊
單絨毛膜
單羊膜囊
1個胎盤
2個羊膜
1個胎盤
1個羊膜
原本就是由同一個細胞團所分裂，因此二個寶寶的性別與外觀幾乎一模一樣。

※雖然是同卵雙生，如果受精卵很早就分裂為二，也有可能成為雙絨毛膜的兩個胎盤。

分娩的方式依胎頭的方向決定

懷多胞胎最大的隱憂還是生產的時刻。因為子宮腔空間有限不可能無條件擴大，因此在胎兒尚未發育成熟前就出現早產跡象的可能性極高（平均三十五週）。以雙胞胎為例，早產機率約為百分之四十至五十，且新生兒體重大多不滿二千五百克，較足月產的胎兒輕了許多。不管是自然分娩或是剖腹產，都得依胎頭的方向與胎兒大小以及母體健康情況來決定。但是若懷了三胞胎以上就必須以人工剖腹的方式分娩。

若為雙胞胎，只要第一個寶寶是頭位（胎頭朝下）就可以考慮自然分娩。因為第二個寶寶出生時，產道已經較為鬆弛，即使自然分娩也不會增加母體的負擔。然而，如果胎兒共用一個胎盤，為顧及分娩時血液急速流動造成胎兒心臟的負擔，建議採用剖腹的方式。

懷多胎胞應注意預防早產

一般來說，懷了多胞胎的準媽媽比較容易貧血。這是因為必須透過血液輸送兩人分以上的營養素給肚裡的胎兒，使得負責造血的鐵素明顯不足，因此媽咪必須經常補充鐵劑。此外，懷多胞胎的產期平均只有三十五週，極容易早產，應多注意身體保健預防早產的情況更加提早發生。

懷多胞胎的準媽媽要注意！

早產

由於胎兒較多使得子宮空間較狹窄不敷使用，容易因早產造成胎兒體重過輕。為預防早產，建議準媽媽提早住院觀察。

妊娠高血壓

為了輸送營養素給較多的胎兒，血液循環量相對增加，使母體承受更大的負擔。因此也比懷單胞胎的準媽媽更容易罹患高血壓。

分娩方式與胎頭方向的關係

如果兩個寶寶都是胎頭朝上的臀位，幾乎都是以剖腹的方式分娩。

如果較靠近子宮口的寶寶胎頭朝下，也可以考慮自然分娩。

如果兩個寶寶胎頭都朝下，則可以採用自然分娩。

※近幾年為了顧及醫療安全，大多數的醫院接生多胞胎時都建議採剖腹產。

患有疾病的準媽媽

罹患慢性病的準媽媽該如何度過懷孕期？

避免病情惡化，聽從醫師的指示

現在醫學科技進步，大多數的孕婦只要做好妥善的健康管理，幾乎都能平安地產下寶寶。話雖如此，在生產前還是要考量自己的體能狀況是否能承受長時間的分娩，同時應諮詢醫師會不會因懷孕而使病情惡化。有些慢性病的確會增加分娩時的風險。

患有高血壓及糖尿病的孕婦必須注意飲食上的限制，同時配合慢性病主治醫師以及產科醫師的指示，以確保日後能安全地分娩。

除此之外，必須事先了解本身罹患的疾病可能會因懷孕及生產引發什麼樣的病變，同時預想最糟的情況下該如何處置等，做好心理準備也有助於減少臨盆時的不安。

周遭親友的協助，幫助孕婦放鬆心情

有些疾病必須長期接受治療，因此一旦懷了身孕後就應該立刻告知主治醫師，由醫師判斷是否繼續接下來的療程。有時候也可能會因準媽媽病情生變必須忍痛放棄肚子裡的寶寶。在這種情況下，除了聽從醫師的指示外，也應徵求另一半的意見。此外，為了避免病情惡化引發意外，在懷孕期間也可與另一半及親友商量產後如何共同分擔寶寶的照顧。

媽媽心情分享

不管患了什麼疾病，成天愁眉苦臉悶悶不樂，也會對寶寶產生不好的影響。

我有氣喘及貧血的毛病，雖然剛開始很擔心，但在醫師指示下持續服用鐵劑及使用氣喘噴劑，安全地生下一個健康寶寶！

各種慢性病的處置方法

過敏

一般而言，有過敏體質的雙親較容易產下過敏兒。這樣的機率雖然偏高，但並非百分之百，可以以飲食習慣及居住環境控制，不須過度擔心。

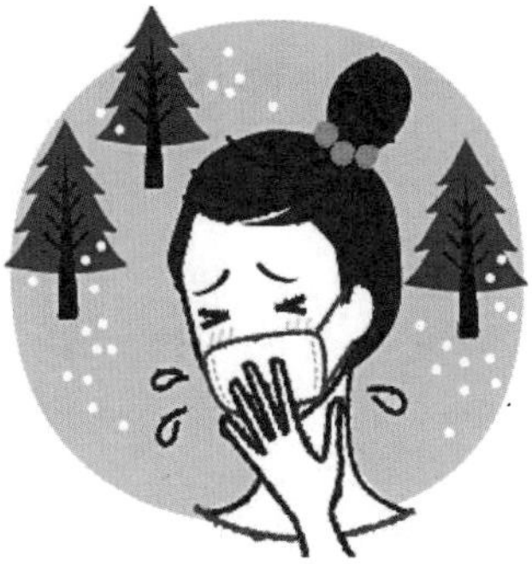

腎臟病

由於母體的腎臟也必須負責胎兒的血壓調節，以及代謝胎兒的排泄物，因此負擔相當沉重。如果媽咪的腎臟產生病變，容易導致胎兒發育遲緩甚至增加早產、流產的可能性。若罹患慢性腎臟病務必在懷孕前先與醫師溝通，由醫師診斷是否適合懷孕產子。

氣喘

氣喘藥的副作用對胎兒的影響遠不及發作時來的可怕。若準媽媽氣喘發作，可能導致胎兒腦部缺氧，因此若氣喘過於嚴重建議還是配合藥物治療。

子宮肌瘤

子宮肌瘤是子宮內部肌肉細胞所形成的良性腫瘤。通常不會產生特殊症狀，可配合產檢觀察其位置、大小的變化。雖然對母體無害，但若形成位置會影響分娩則應考慮切除。

子宮畸形

子宮畸形分為很多種類，病情及影響程度也隨之不同。若以子宮過小為例，則可能導致早產或胎兒過小的問題。可由醫師判斷是否適合採用自然分娩。

心臟病

懷孕期間會透過母體的血液輸送營養給肚裡的胎兒，因此心臟的負擔也就隨之增加。在飲食方面必須注意減少鹽分的攝取，即將臨盆時建議採取剖腹產，以免增加心臟負擔，真空吸引器助產方式對產婦來說較為輕鬆，不須過度摒氣用力。

C型肝炎

即使準媽媽罹患C型肝炎，也不會因懷孕或分娩引發異常病變。然而，C型肝炎極有可能在分娩時傳染給胎兒，因此必須小心提防。一般而言，此疾病經由產道傳染給胎兒的機率僅有百分之五至十左右，若取得醫師的同意也可採用自然分娩的方式。

高血壓

懷孕前就已罹患高血壓的準媽媽，很容易在懷孕期間併發妊娠高血壓症狀，進而導致早產或寶寶體重不足。除了日常飲食須減少鹽分的攝取，更應謹慎留意自己的健康狀況。

卵巢囊腫（卵巢腫瘤）

卵巢腫脹是指水分及黏液等液體聚集於卵巢之中。有不少準媽媽懷孕時因賀爾蒙產生變化引發卵巢囊腫，不過腫瘤多半較小且屬於良性，不用太過擔心。但若腫瘤沒有變小反而日漸增大，則應諮詢主治醫師考慮切除。

糖尿病

若不妥善控制病情極有可能引發流產、早產，或是產下體重過重的巨嬰。罹患糖尿病的準媽媽必須控制飲食、鍛鍊體能，同時在醫師指示下進行藥物治療。

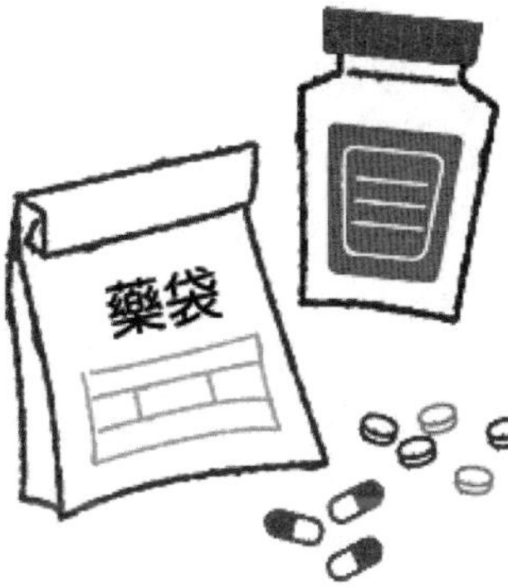

第1個月

第2週

（第14～20天）

月　日～　月　日

調整生活作息，不管受精卵什麼時候著床都不用擔心

胎兒的狀況

精子與卵子結合並開始進行細胞分裂

月經週期為二十八天的準媽媽，在上次月經來潮的第一天就是懷孕第0週0天。由這天算起的二週後，卵巢會排出一個卵子，在輸卵管的前端（靠近卵巢的地方）與一個精子結合（受精），形成一個受精卵。接著，受精卵便在輸卵管中反覆進行細胞分裂的過程，同時慢慢朝子宮腔移動。

＊精子與卵子的結合，是奇蹟的相遇＊

每個女人一生當中平均排放四百至五百個卵子，其內部的細胞在她們還是寶寶的時期就已經在各自的母體裡形成了。這些被排放出來的卵子，平均壽命約為半天至一天。

另一方面，來自爸爸的精子則是每天都被製造生產，平均壽命約為三至五天。這些精子必須順利通過子宮才能具備受精能力。

男人一次的射精量約排出一至四億個精子，但能順利抵達輸卵管的只剩下四百至六百個，其中能夠進入卵子內部受精成功的，僅剩一個。

性別在受精時就已決定了

性染色體分為X、Y兩種。形成卵子的細胞內部擁有二個X，形成精子的細胞內部則X、Y各一。在受精之前，來自母體的卵子裡一定擁有一個X染色體，而來自父體的精子裡則可能有X也可能有Y。若擁有X染色體的精子遇上擁有X染色體的卵子，結合後就形成女娃（XX）。相對地，擁有Y染色體的精子遇上卵子，結合後則會發育為男娃（XY）。

媽媽的狀況

開始準備提供營養素給受精卵

受精後的第六天，受精卵就會抵達子宮腔。與此同時，在媽媽子宮裡的子宮內膜便開始準備提供必要的營養素給胎兒。雖然對胎兒來說，懷孕初期的發育是最重要的。但這段時期裡，媽媽的身體並不會有什麼明顯的變化。因此，為避免不良的習慣影響到胎兒發育，在這段期間裡要避免抽菸、喝酒以及濫用藥物的壞習慣。一旦有懷孕的打算，平時就要注重保健，過著隨時都適合懷孕的規律生活。

尤其是抽菸問題，不能只靠媽媽一個人的努力。吸進別人的二手菸也會影響到肚子裡的胎兒，要說服周遭的人一起戒菸。

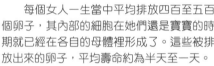

第1個月

第2週

（第21～27天）

月　日～　月　日

受精卵著床後，媽媽與胎兒就融為一體囉！

胎兒的狀況

一旦著床後，就算是懷孕了

抵達子宮腔的受精卵會在子宮黏膜處著床。著床後便形成胎芽，在此階段就算是懷孕成功了。在這段時期裡，胎兒會靠著卵子裡囤積的養分逐漸長大。同時也慢慢形成卵囊、羊膜以及提供胎兒空間的羊膜腔、絨毛膜等組織。

媽媽的狀況

形成與胎兒連繫的組織構造

雖然媽媽感覺不到受精卵已經在子宮內膜著床，但此時就已經懷孕囉！

母體內開始形成孕育胎兒的胎盤、臍帶及絨毛組織。

形成絨毛組織的同時，hCG（人類絨毛膜性腺促進素）便透過血液流入母體。到了第三週後期，就能以坊間販售的驗孕棒檢測出尿液裡的陽性反應。

由於母體的負擔較懷孕前大，容易在此時感到疲倦，建議視身體狀況補充睡眠及攝取充足的水分。

＊母嬰血型不合＊

若胎兒與媽媽的血型不同，胎兒的血液或多或少會流入母體，使得母體為抵抗外物入侵而產生抗體。當這些抗體再透過胎盤流入胎兒體內時就會破壞胎兒的紅血球組織，進而引發溶血性貧血或黃疸等症狀。臨床上將此稱為母嬰血型不合。此病徵依血型種類還可細分為Rh血型不合，以及ABO血型不合兩種。

若是Rh血型不合的情況，為了避免母體產後持續製造抗體影響下一胎的發育，通常會立刻接種疫苗。另一方面，若嬰兒引發溶血病也可以輸血換血的Rh血型不合的例子。

Rh血型不合的例子

若媽媽的血型為Rh陰性，爸爸血型為Rh陽性，產下一名Rh陽性的新生兒；胎兒出生後極有可能出現黃疸等現象。

ABO血型不合的例子

媽媽的血型為O型，肚子裡的寶寶如果是A型或B型；與Rh血型不合相較之下，胎兒黃疸症狀的情況較不嚴重，不須過度擔心。

媽媽心情分享

由於陰道分泌出粉紅色的液體，到醫院檢查後才知道原來是受精卵著床時引發的輕微出血。

一心想要懷孕，平時就很注重養生，幾乎不抽菸也不喝酒。

第2個月

第4週

（第28～34天）

月　日～　月　日

恭喜妳懷孕了！準媽媽開始感覺到懷孕的跡象

胎兒的狀況

形成胎兒組織及內臟等器官，故稱為「器官形成期」

第四至十週這個時期將逐漸形成胎兒的腦、脊髓、心臟、手足等人體主要組織與器官，其中發展最快且最重要的關鍵期則落在第七週，又稱為「胚胎期」。

此時期胚胎會逐漸分為外胚層、中胚層及內胚層，之後這三個細胞團塊會逐次形成循環器官、呼吸器官、神經器官及消化器官等。比如說，腦、脊髓這類的神經器官以及皮膚、指甲、毛髮都是由外胚層所形成。而骨頭、肌肉、心臟、血管等則是由中胚層形成；其他如腸、胃等消化系統則是由內胚層所形成。

另一方面，尚未完全發育的胎盤也啟動了它的功能，開始負起連結母體與胎兒的重責大任，一方面將母體的營養素輸送給胎兒，也同時將胎兒的排泄物送回到母體。

胎兒超音波照片

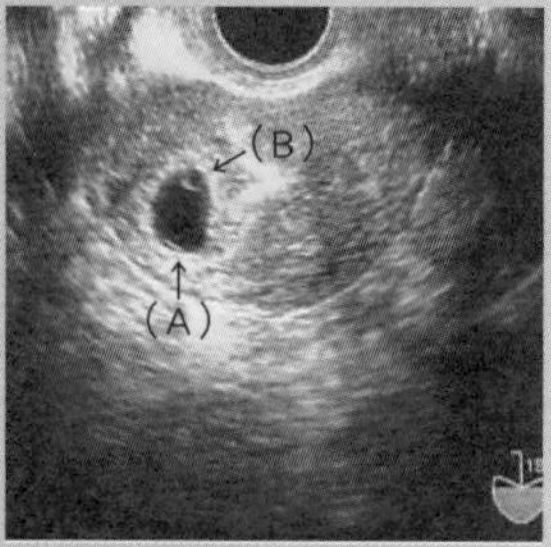

身長／0.1cm

体重／1g

胎兒的頭部到臀部大約長1.5mm。就像黑芝麻般大小，還無法透過超音波觀察到胎兒。照片中橢圓物體中較黑的（A）部分是胚囊，胎兒就是被包覆在胚囊裡面。照片中較白的（B）部分則稱為卵黃囊，是專門儲存營養素的小囊袋。

媽媽的狀況

確實懷孕了！要小心流產喔！

月經整整遲了一個月，身體也出現了不少懷孕的跡象。連續好幾天身體都微微發熱，有些準媽媽會在此時開始孕吐。透過尿液檢查呈現陽性反應，確定自己懷孕。

由於陰道出血的流產跡象有點類似月經來潮，有些粗心的準媽媽根本不以為意。懷孕初期的見紅，一般而言都是因為胎兒染色體異常，導致無法再繼續成長所引起的。

由於這段期間是胎兒身體組織及內臟器官形成的重要時期，若在此時期媽媽慣性服藥或經常接受X光等放射線治療，產下畸形胎的機率會較常人高出許多，必須特別當心。

第2個月

第5週

（第35～41天）

月　日～　月　日

到婦產科驗孕與產檢吧！

胎兒的狀況

從頭部到手腳開始形成許多器官，逐漸成長茁壯

胚胎在第三週所分化成的三層胚層，開始正式運作發育身體的各種主要器官。不但長出手腕與類似腳的突起物，也形成了胃、腸、肝臟、脾臟等消化系統，甚至發育出肺的雛形以及臍帶等組織器官。同時也長出了大動脈，準備將血液從心臟運輸至全身。

媽媽在這時期變得頻尿，這是因為子宮越來越大，壓迫到膀胱的緣故。

到了後面幾天，胎兒的心臟開始將血液輸送至剛剛形成的各個內臟裡。在媽媽還沒確定是不是已經懷孕的時候，胎兒的身體雛型以及主要的器官都已經成形了。

＊胎兒的形體＊

把大人的形體縮小個幾號，大概就是寶寶的樣子了吧？實際上卻不是如此。肚子裡的寶寶要長成大人版的縮小號體型其實是懷孕好幾週後的事了。這個時期的胎兒頭比身體大上許多，像「C」字型一樣曲成一團。大大的頭部有著日後會發育成耳朵與眼睛的凹洞，還有日後會長成手腳的細長體，在屁股的地方甚至有一條像尾巴一樣的突起物呢。

到了第五週快結束時，脊椎與身體內各個器官也逐漸發育成形，屁股上的小尾巴也跟著消失不見了。

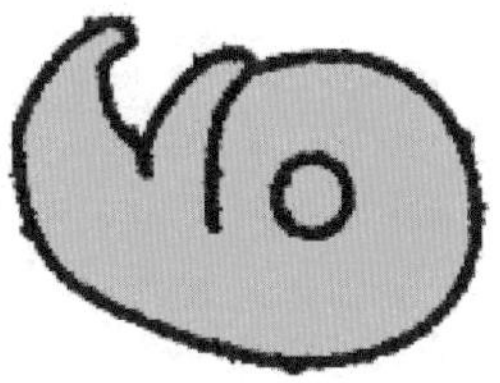

媽媽的狀況

情緒不穩定的時期

月經遲了一個月甚至多拖了一個星期，懷孕的可能性就很高了，抽個空到婦產科檢查一下吧！雖然身體出現不少懷孕跡象，但總也是要到醫院透過內診、尿液檢查、超音波等檢查才能正式確定是否懷了身孕。在這個時期可以透過超音波看到子宮裡的胚囊。但是如果想看到胎兒，恐怕還得再等一個星期。

這個時期的準媽媽們會特別容易多愁善感，無法克制自己的情緒，無緣無故又哭又笑。情緒起伏大，都是因為懷孕所引起的賀爾蒙失調。別太擔心，試著接受這樣的自己吧！

身體的變化除了頻尿之外，乳房也會出現腫脹的感覺。

第2個月

第6週

（第42～48天）

月　日～　月　日

開始孕吐，同時感覺到身體產生了某些變化

胎兒的狀況

持續上週進度，形成內臟器官與腦部成長

雖然已經形成了左右一對的腎臟，但還無法正常排尿。此外，腦部的視神經日漸發達，掌握基本生命活動能力的下視丘也在此時逐漸成形。

另一方面，在外型上已可觀察到手腳及指頭的雛形，同時也開始長肉，並形成神經細胞。

＊照射X光對胎兒的影響？＊

有些準媽媽在懷孕初期並不知道自己已經懷孕，不小心在例行的健康檢查或牙齒檢查時照了X光，事後才後悔莫及，擔心會不會給胎兒帶來不好的影響。雖然照X光多多少少會影響到肚裡的胎兒，但一般例行檢查的放射線劑量並不高，不會使胎兒及母體產生不良反應。目前臨床上還未曾出現只因為照了幾張X光就生出畸形兒的病例，反倒是胡思亂想的壞情緒，才會在無形中刺激到小小的胎兒，與其瞎操心，不如跑一趟醫院跟醫師說出心裡的不安吧！

媽媽的狀況

為了肚子裡的小寶寶，要攝取充足的營養

在這個時期，準媽媽可以透過超音波檢查觀察到胎兒的身形與心跳。

但另一方面，也會覺得比以前慵懶且昏昏欲睡。這是因為肚子裡的寶寶在消耗媽媽的營養及能量。因為這段時期是寶寶成長發育的重要時期，媽媽一定要攝取均衡且充足的營養喔！（有關的孕婦飲食照料，請參見P138）

此外，身體也開始產生些許變化。由於大小腸的收縮運動，使得肚臍下方也跟著有點腫脹。若覺得平常穿的裙子、褲子有點緊了，千萬不要硬穿，選擇寬鬆的衣服不但不會壓迫到肚子裡的胎兒，自己也會覺得輕鬆許多。

在這時期，媽媽們的唾液量會增加，同時經常覺得口渴，味覺也有了點改變。懷孕不但會使媽媽體內的血液比平常增加百分之四十至五十，再加上為了代謝羊水使其保持乾淨並具備包覆胎兒的功能，準媽咪必須補充大量的水分。就算孕吐很嚴重沒有什麼食欲，也一定要記得適時補充大量的水分。

＊這個時期最重要的營養素「葉酸」＊

葉酸有助於進行細胞分裂。

第2個月

第7週

（第49～55天）

月　日～　月　日

隨著胎兒成長，開始意識到將要與寶寶一起生活

胎兒的狀況

越來越人模人樣囉！

在這一週，胎兒還是持續急速成長茁壯。據推測，這段時期平均每一分鐘都有一億個以上的細胞陸續增生中。

雖然胎兒只有十公釐大小，但能控制肌肉組織的小腦已經逐漸發育成形，手跟腳的形狀也越來越明顯，甚至長出關節。有學者認為第七週是長出手腕的關鍵，除此之外，臉上也出現了眼瞼及眼球等五官，至於身體部分則陸續形成心臟、肺等各種內臟器官，且頭部與身體的比例幾乎一樣大。

本週的最後幾天，原本呈現C字形的軀幹也發育延伸出脖子與屁股。同時腎臟也慢慢發揮了功能，開始排尿。

＊胎兒的身體發育有先後順序嗎？＊

肚子裡的胎兒在發育的過程中，身體並不會按照順序成長。可能今天只有腦部在發育，但明天卻又集中於手腕的形成。不過一般而言都是先長頭再長腳，由上而下日漸發展。

本週寶寶最需要的營養素是蛋白質。媽媽所攝取的蛋白質會透過胎盤提供百分之五十給胎兒，促使身體的急速發育。

＊另一半能幫忙什麼？＊

媽媽孕吐的症狀越來越嚴重，就連平常不以為意的買菜與家事都覺得很吃力。在這段時期，媽媽要優先照料自己的身體，請爸爸協助做家事。就算兩個人都很忙沒辦法互相協助，光是向爸爸訴苦，心情上也能得到很大的紓解。偶爾不妨放下家事，上餐廳或叫便當來吃也不錯喔！

媽媽的狀況

由於賀爾蒙分泌產生變化，引發許多症狀

除了孕吐噁心想吐之外，還有其他突如其來的症狀。比如說，會莫名其妙陷入低潮的情緒，無緣無故悶悶不樂。皮膚乾燥發癢，或開始長痘痘。這些症狀都是因為賀爾蒙激素及神經傳導物質的分泌因懷孕產生了變化，導致脂質分泌量大增的緣故。

這一週除了要注意身體不要染上感冒等疾病，不管是在職場或在家做家事都必須面臨孕吐越來越嚴重的生理問題。有些準媽媽因為無法兼顧工作及家事，壓力大增而感到煩躁。但不論如何，這是寶寶發育最重要的時期，千萬不要過度操勞，只要有食欲就要吃點東西，同時補充適度的水分。

第3個月

第8週

（第56～62天）

月　日～　月　日

從胎芽發育成胎兒，孕吐的症狀最為嚴重

胎兒的狀況

長出手、腳及五官

手肘、手腕及膝蓋等關節構造明顯可見，手指頭的形狀也越來越明顯，只是指頭與指頭之間還有著一層像蹼一樣的皮膚膜。

腦神經細胞開始活躍起來，眼睛的構造也越來越發達，但還是無法看見東西。嘴裡長出舌頭，耳朵也出現耳垂的形狀了。

由於胎兒腦部及肌肉、神經已越來越上軌道，若透過超音波掃描觀察，有時還可看到身體、手腳在蠕動。

胎兒開始透過尚未發育完全的胎盤及臍帶攝取母體的營養素。胎盤要發育完整必須在第四個月左右，但從這個時期便開始加速成長。

性別在受精時就已決定了

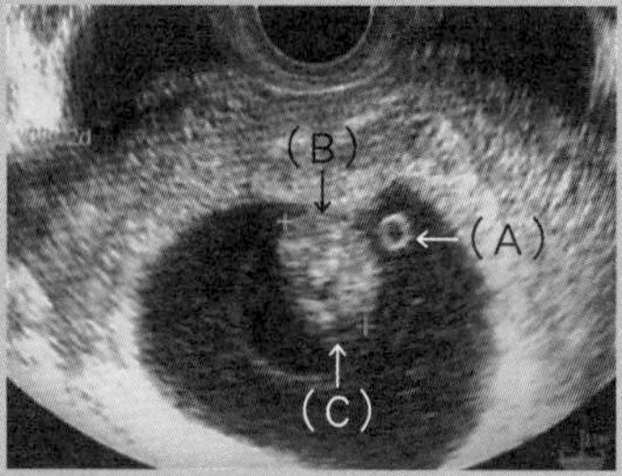

身長／2cm

体重／4g

由於胎盤尚未發育完全，卵黃囊（A）仍持續供給養分。胎兒的頭部（B）及足部（C）也越來越明顯。

到了這時期就可以利用超音波測量胎頭到屁股的長度，藉此推算出預產期。

媽媽的狀況

除了孕吐外，還可能出現這些症狀

母體為了輸送血液給胎盤及胎兒，血液量較平常倍增。加上體重也增加了，使媽媽的腿部必須承受更大的負擔，有些準媽媽的小腿及大腿也因此出現了靜脈瘤（一部分的血管腫大如拳頭般大小）。

＊克服孕吐的小妙方①＊

孕吐最嚴重的時期，有些孕婦甚至因此完全沒有食欲。但是完全不吃東西也會傷害到身體。不妨在家裡準備一些三明治或點心，有時間的話也可以自己動手做一些新鮮的蔬果汁。或是把果汁放進冷凍室成冰沙也不錯。那種冰冰涼涼的感覺，會讓妳從嘴巴涼快到大腦呢！

第3個月

第9週

（第63～69天）

月　日～　月　日

胎兒繼續發育成長，媽媽的肚子也越來越大了

胎兒的狀況

頭部及身體軀幹愈明顯，也長出生殖器雛型

胎兒的頭顱越來越圓，長出脖子區隔軀幹及頭部。之前長在屁股尾端的「小尾巴」也消失了，頭部大小跟身軀幾乎不分上下，成了典型的二頭身。腿部也出現了膝蓋、腳踝、腳跟等部位。手腳的指頭也都能逐一分開了。嘴巴裡也長出齒部構造，肚子也慢慢長肉了。透過超音波能觀察到一個縮小版的人偶娃娃。

雖然生殖器慢慢形成，但還無法得知胎兒的性別。要再耐心等待喔！

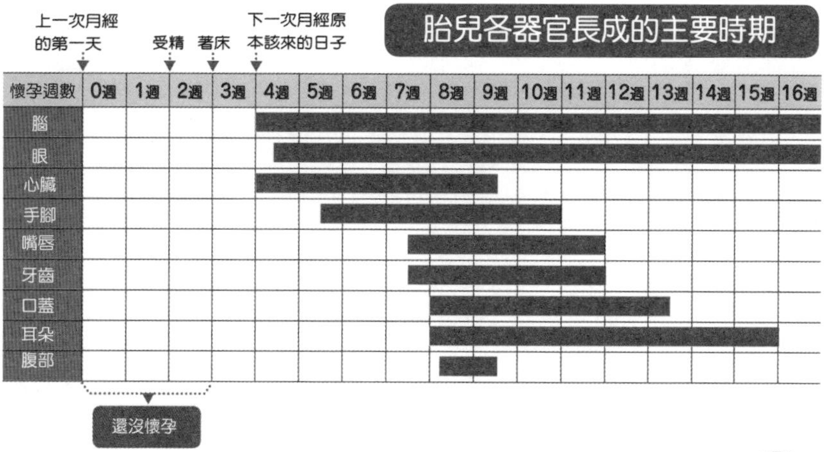
胎兒各器官長成的主要時期
上一次月經的第一天
受精
著床
下一次月經原本該來的日子
懷孕週數
0週
1週
2週
3週
4週
5週
6週
7週
8週
9週
10週
11週
12週
13週
14週
15週
16週
腦
眼
心臟
手腳
嘴唇
牙齒
口蓋
耳朵
腹部
還沒懷孕

媽媽的狀況

有些準媽媽會頻尿、便秘

變大的子宮壓迫到膀胱，使準媽咪產生頻尿現象。此外，分泌量大增的賀爾蒙也會減緩腸胃的蠕動，拉長食物停留在大小腸裡的時間，導致大腸的水分被吸收引發便秘。

＊克服孕吐的小妙方②＊

有學者認為，孕吐之所以在早上會特別嚴重，都是因為睡眠時血糖降低的緣故。因此，建議準媽媽們可以在睡前喝杯牛奶、吃片土司，又或者是在枕頭邊放些小蘇打餅，方便自己一起床就能吃小點心補充葡萄糖含量，藉此壓住孕吐的感覺。

第3個月

第10週

（第70～76天）

月　日～　月　日

胎兒被包覆在羊水中

胎兒的狀況

胎兒學會動手動腳了

雖然每個寶寶成長的速度不盡相同，但一般來說到了這個階段寶寶的身長會長到像單程月台票般的大小，約五至六公分。胎兒身軀開始挺直了起來，乍看之下已經有了人類的雛形。手腳的指爪與毛髮也都在此時陸續長出。

到了這星期的後幾天，胎兒會被包裹在約三十毫升的羊水裡（羊水量最多的時期為第三十二週）。這個像保護層的羊水約每隔三小時就會代謝更新一次。

胎兒的軀體活動較上週頻繁且動作較大，運氣好的話說不定能在超音波掃描時看到寶寶在羊水裡做手部伸展操或是抖動雙腳喔！

此外，胎兒的神經系統也在此時開始發揮作用。

＊胎盤快要完成＊

在這之前，胎兒只能依靠卵黃囊裡囤積的養分成長，而進入本週後寶寶終於能開始藉由胎盤取得來自母體的營養素了。因此，這段期間媽媽吃的每一餐就顯得相當重要。準媽媽們除了要維持自己的身體健康外，還必須替肚子裡的寶寶著想，餐餐攝取均衡且充足的飲食。通常在媽媽吃完飯的兩小時後，就是寶寶吸收母體營養的時間。

媽媽的狀況

終於度過孕吐高峰期

子宮在還沒懷孕前就只有雞蛋般的大小，但到了這個時期也擴張成拳頭一樣大了。雖說如此，這樣的大小也還能收藏在恥骨內部的空間裡，所以準媽咪也不會感到自己的肚子變大了。此外，建議還在為孕吐所苦的媽咪還是要盡量攝取一些低脂肪的食物。

第3個月

第11週
（第77～83天）

月　日～　月　日

可以聽到胎兒的心跳聲囉！

胎兒的狀況

心跳聲越來越清晰，脊椎與內臟也逐漸成熟

到了第三個月的尾端，胎兒的內臟幾乎都已逐漸成熟，也可以透過超音波觀察到脊椎與胃等內臟器官。

雖然透過超音波能看到寶寶活潑好動的樣子，不過由於胎兒還小，準媽媽還無法感覺到胎動。

可以藉由胎心音監視器聽到寶寶強而有力的心跳聲。

媽媽的狀況

孕吐症狀逐漸平息

即使在前幾週孕吐得頻頻噁心嘔吐，甚至嚴重到食不下嚥，到了本週也會慢慢歸於平靜。或許還有少數孕婦還會有孕吐症狀，但也差不多快要脫離苦海了。

到了第三個月後期，身心方面也慢慢能適應「懷孕了」的事實。但有些準媽媽們反而因此開始擔心自己先前抽菸、喝酒的壞習慣會影響到肚子裡的胎兒。一般而言就算是懷了身孕才開始戒菸戒酒也不算太晚，但如果還是擔心菸酒史會影響胎兒，不妨在產檢時詢問一下醫師。

＊來寫懷孕日記吧！＊

懷孕日記是一本從發現懷孕那天就開始記錄的生活筆記，內容包括身體狀況或其他與懷孕生產有關的事項。如此一來不但有了一本胎兒成長過程全紀錄，更能確切掌控自己的情緒與身體變化。有不少準媽咪很開心得透過寫日記來留住懷孕時的喜怒哀樂呢！

媽媽心情分享

終於聽到寶寶的心跳聲了。看到寶貝活動手腳的樣子，還有第一次聽到他的心跳聲，都讓我感動了好久好久！

這段時期對媽媽與寶寶都很重要，每次做全身健檢時我都會照醫師指示徹底執行。

第12週

（第84～90天）

月　日～　月　日

媽媽也開始腰痛、頻尿

胎兒的狀況

胎兒的消化器官發揮作用

胎兒的腸子收復於下腹部，同時肝臟、脾臟等消化器官也開始發揮了各自的作用。

喉嚨裡長出了聲帶，嘴裡也出現了形成乳牙的基本結構，下顎發展也日趨成熟。雖然能看到耳朵的形狀，但其實胎兒還是毫無聽覺。

此外，也能觀察到胎頭裡的右腦構造，腦部功能發達。

與胎兒一起發育的胎盤也逐漸增厚，跟胎兒的成長速度相較之下，胎盤的成長較為緩慢，總重也僅有三十公克左右。到了生產的時候，胎盤則會長到四百五十到九百公克。在這個階段，臍帶的長度也長到與胎兒身長不相上下。

胎兒的超音波影像

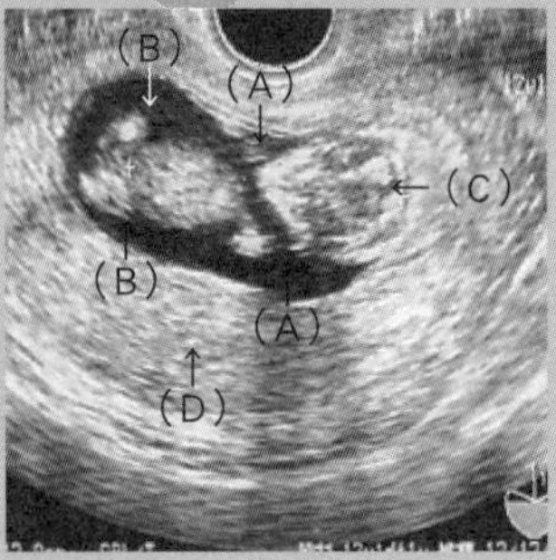

身長／15cm

体重／50g

這是十二週大小的胎兒。可以清楚看到他的手（A）、腿（B）與頭部（C）。這張照片裡，胎兒的腿是捲曲著的。當看到寶寶活潑亂動的模樣，很多準媽媽才真正有了當媽媽的感覺。
從這張照片可以看到，胎盤（D）的發育幾乎快完成了。十二至十五週之間是胎盤發育成熟的時期。

媽媽的狀況

由於子宮越撐越大，開始覺得腰痠

肚子越大，腰部的負擔就越沉重。為了方便懷孕分娩，背部與腰部的關節逐漸鬆緩，骨盆腔也慢慢地撐開。懷孕前就經常腰痠的孕婦，或許會更加疼痛不堪。建議配合腰帶或拖腹帶協助支撐。

＊具有療效的臍帶血＊

臨床證實，從胎盤採集出的臍帶血，確實擁有治療白血病的療效。因此，以往幾乎被當作醫療廢棄物處理的臍帶及臍帶血，近年來卻備受醫界矚目。日本及台灣各地成立了不少臍帶血銀行。而這些被冷凍保存妥善管理的臍帶血，將為那些因白血病所苦的病患帶來一線生機。

第4個月

第13週
（第91～97天）

月　日～　月　日

可以看到胎兒在羊水中狀似呼吸的樣子了

胎兒的狀況

開始吞吐羊水

寶寶會吸吮拇指，也能將拇指與其他指頭分開。此外，興起時還會彎曲手腕，做出握拳的動作。腿部活動也很發達，會用腳背做拍水的動作，也會把腳趾頭彎起來。

嘴巴裡，在齒齦的下方長出小乳牙，同時也形成了食道、氣管與喉頭。有時候寶寶還會吞吐羊水，乍看之下還以為他正在呼吸。胎兒吞食的羊水，日後將成為尿液排出體外。

媽媽的狀況

雖然適應了懷孕生活，卻開始便秘

之所以會便秘除了因為賀爾蒙分泌減緩了腸道的收縮運動之外，另一方面，逐漸變大的子宮也因此而壓迫到大小腸。

雖然便秘很痛苦，但千萬不要自己妄下判斷隨便服用成藥。想改善便秘，應該從多攝取食物纖維方面著手。

＊形成雙胞胎的時期＊

同卵雙生的寶寶，是在受精卵分裂的同時，因故分裂為兩個細胞團而產生的。

異卵雙生的寶寶，則是由於母親的體質或遺傳等原因，本來卵巢應該只排出一個卵子，卻同時排出了二個卵子，而這兩個卵子又同時與兩個精子受精所產生的。

＊特別小心照顧牙齒＊

懷孕期間唾液量減少會使口中酸化，加上有些準媽媽因為孕吐嚴重而無心刷牙，造成了許多產婦在這段期間蛀牙或罹患牙周病。如果不想或無法經常刷牙，也應該勤用漱口水來保持口腔衛生。

第4個月

第14週

（第198～104天）

月　日～　月　日

身心平靜，愈來愈有當媽媽的感覺

胎兒的狀況

胎盤成熟，胎兒動作頻繁

胎盤到了這個時期終於日趨成熟，媽媽與寶寶也透過臍帶正式合為一體了。

雖然還沒有皮脂肪，但皮膚慢慢有了厚度。胎毛也逐漸長出。手部、腿部的肌肉開始形成，會在羊水裡轉身。

胎盤成熟後，手腕與身體的比率也越來越接近出生時的比率。胎兒的內臟器官開始發揮各自的功能，連結腦細胞的神經系統也慢慢發揮了作用。

這時期是大腦功能發育、成熟的重要階段，若媽咪承受於沉重的壓力之下會給胎兒帶來不好的影響，無論身心方面都不要勉強自己。

胎兒的呼吸與嘴部運動

嘴巴經常開開合合，也學會了緊閉雙唇。
雖看似用嘴巴在呼吸，其實並不是真的。這個看似呼吸的運動是為了能在出生後順利呼吸的練習動作。換句話說，小寶寶在媽媽的肚子裡就已經做好了出生後的準備了。

媽媽的狀況

從現在開始預防妊娠紋

雖然孕吐與乳房腫脹的症狀消失了，但白帶等分泌物卻有增加的傾向，且容易流汗感到不舒爽。加上羊水量與體內血液增加，使著媽媽體重上升，腳背、腳踝也出現了腫脹的現象。

此外，有不少準媽媽會在此時發現妊娠紋。由於體重增加使著皮膚也跟著鬆弛，形成了看似肥胖線的妊娠紋，這是懷孕期間特有的困擾。很多人以為妊娠紋只會出現在體型臃腫的懷孕後期，其實不然。在這個時期反而容易因孕吐症狀消失，身體狀況穩定，使得體重直線上升，應該提早做好預防妊娠紋的保養。

第4個月

第15週

（第105～111天）

月　日～　月　日

肚子越來越明顯

胎兒的狀況

身體加速成長，手腳也長出了指甲

這個星期也延續上星期的進度，持續急速地成長。緊閉的眼瞼下，可看到瞳孔緩慢的移動。

接下來的幾週都是寶寶從頭到腳的急速成長期。腳慢慢變長，也跟著長出手與腳的指甲。

原本透明的皮膚轉變成半透明色，皮層增厚，臉頰上也長出了細微胎毛。

到了第四個月後半，內臟功能成熟，胎兒的心臟能在一天之內將二十五毫升左右的血液輸送至身體的各部組織。出生那天，甚至能在一天內輸送近二百八十五毫升的血液量。

從第十四週的第一天到第十五週的最後幾天，僅僅兩個星期，胎兒的體重與身長都成長了將近兩倍。若是男寶寶，前列腺功能也逐漸發達。

頭部與脖子慢慢挺直

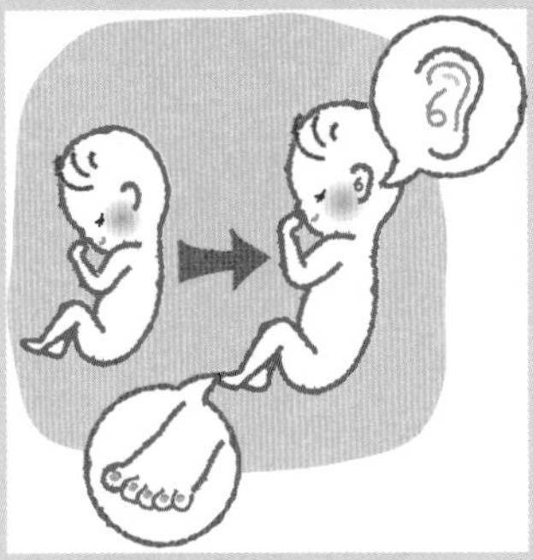

以前胎兒的頭部看起來就像直接裝在肩膀上一樣，總是垂著頭。但隨著脖子與後背的肌肉發達，也逐漸撐起了胎頭。脖子與頭部也慢慢挺直了起來。這種變化是因為頭蓋骨在第十四至十七週時開始變硬且快速地發育。

媽媽的狀況

子宮改變了方向，頻尿症狀暫時舒緩

由於子宮開始由骨盆往腹部拉提，減緩了膀胱的壓迫感，使得頻尿、便秘與漏尿的狀況得到暫時的紓解。此外，或許有些準媽媽會察覺乳房莫名地分泌出透明液體，這不是所謂的初乳，而是乳腺受到賀爾蒙影響所分泌的液體。

＊如果身體狀況不錯，也可做點運動＊

從這時期開始進入穩定期，如果覺得身體狀況還不錯，不妨讓自己活動筋骨。運動可以預防孕胖與便秘，同時能改善腳踝水腫的症狀，也有助於轉換心情。在做運動前要詢問醫師，配合做一些孕婦伸展操，但還是要小心不要太過勞累。若覺得腹部硬硬的，就應該立刻停止運動做適度的休息。

第2章
初期
中期
後期

懷孕中期 5～7個月（16～27週）

身心平靜，越來越有當媽媽的感覺

開始更換衣服的尺寸，改穿孕婦裝，越來越有當媽媽的感覺了。已經脫離容易流產的危險期，身心也歸於安穩平靜，不過還是得每隔四週去做一次產檢喔！

不要一個人瞎操心，上「媽媽教室」找人聊聊吧！

到了懷孕中期，肚子裡的寶寶成長速度也越來越快，到了十六～十九週左右已經學會吸吮姆指了呢！進入二十週後，媽媽也可以慢慢感覺到胎動了。

生第一胎的媽咪心情一定會很緊張。如果感到不安或有任何疑問，都可以參加「媽媽教室」找人聊天。媽咪們不但能在那裡詢問懷孕及生產的過程，還可以跟其他媽咪交換育兒資訊，多認識一些有著同樣處境相同經驗的媽媽們，也是個減輕壓力轉換心情的好方法喔！

懷孕初期的安心小叮嚀

●貧血

懷孕中容易缺鐵導致貧血。可以多補充豬肝、加州梅（Prunus）等富含天然鐵質的食物。

●便秘

子宮越撐越大，壓迫到膀胱，容易造成便秘。可以藉由適量的運動及攝取高纖維的飲食加以改善。

●尋找娘家附近的婦產科醫院

如果選擇回娘家待產，應該在這時告知平時看診的主治醫師。請醫師準備以往的產檢資料，並詢問是否可推薦娘家附近的婦產科醫院。

●旅行

到了懷孕中期身心狀況也較為安穩平靜了，想要出外旅遊散心也無妨。但還是不可掉以輕心。如有旅行計畫還是要告知醫師。

●體重管理

要注意不可暴飲暴食，注意均衡飲食。盡量避免高熱量的食物或零食。

●靜脈瘤

子宮壓迫到下半身的靜脈，容易形成凸出狀的靜脈瘤。促進下半身的血液循環是最好的因應對策，睡覺時可試著把腳抬高。

●妊娠紋

在腹部、胸部、大腿一帶開始出現略帶紅色的線，稱之為妊娠紋。這是由於皮膚過於乾燥或急速地體重增加所造成，可以搭配按摩、控制體重來預防。

小心傳染病

為了日後有充足體力順利生產，同時也讓自己保持適當的體重，可以在這時期多多活動筋骨。但若感到肚子鼓脹不適，就應該停止運動好好休息。

懷孕中期　媽媽與寶寶的變化

第七個月（24～27週）	第六個月（20～23週）	第五個月（16～19週）	
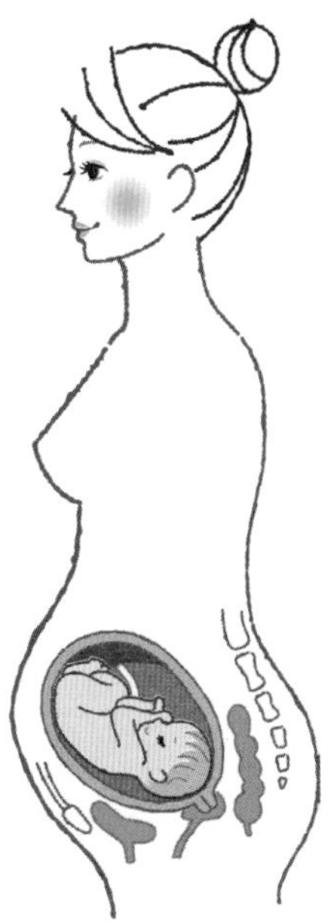	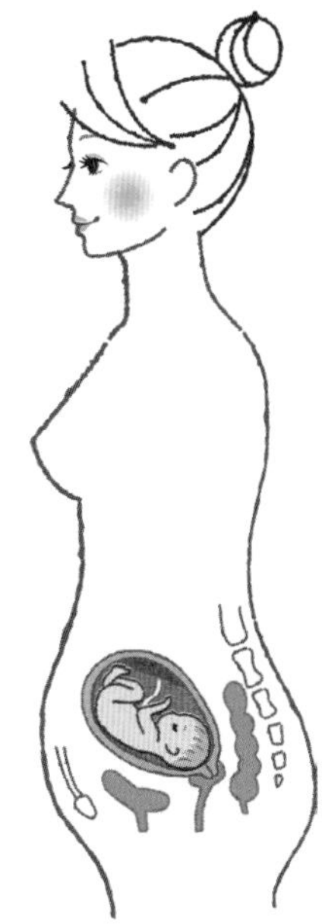	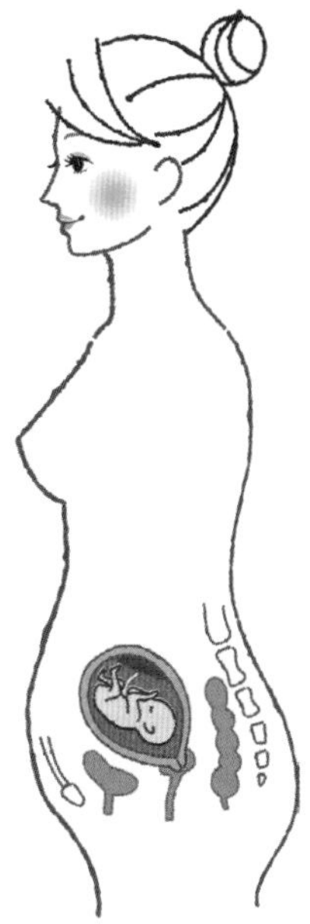	媽媽的變化
肚子常常覺得腹部繃繃的，也能明顯感覺到胎動。球狀大的肚子成了沉重的負擔，有些媽媽會出現水腫、腰痠背痛、靜脈瘤等症狀。	乳腺發達，開始準備分泌母乳。身體狀況穩定。子宮底下拉至肚臍附近，肚子也微微向前傾，同時身體重心也跟著往後移，有些孕婦會感到腰痠背痛。	肚子和胸部都變大了。子宮擴大到約成人頭部的大小。產檢時會測量子宮底部的長度以及腹圍來了解子宮大小。	哪些變化？
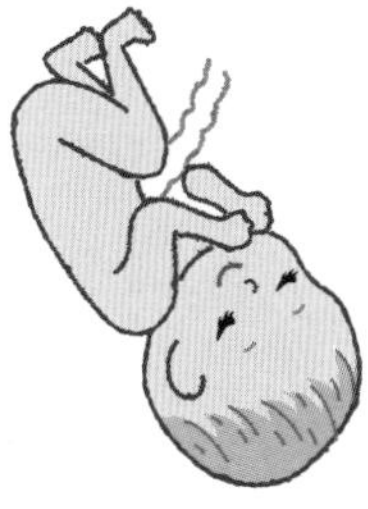 身長　約30cm 體重　約1000g	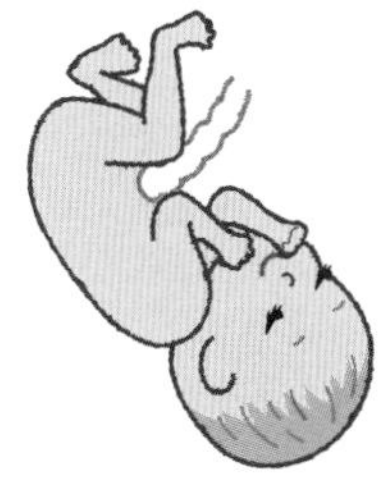 身長　約25cm 體重　約350g	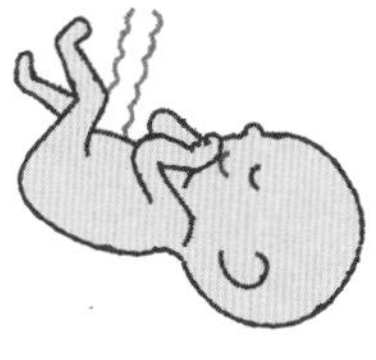 身長　約20cm 體重　約150g	胎兒的變化
可以自己控制並活動身體，運動神經發達。學會眨眼。鼻孔也不再阻塞了，臉型五官都與出生時沒什麼兩　樣。	開始長出睫毛、眉毛與頭髮。聽覺發達，能聽到外界的聲音。可以透過超音波清楚觀察到胎兒的臉型。腦細胞發育成熟。	可觀察到耳朵、鼻子、嘴巴的形狀。手腳的活動也越來越頻繁。體型變成均衡的四頭身。	哪些變化？

胎動

在媽媽感覺胎動之前，寶寶早就活蹦亂跳了

這個時期，很多準媽咪都能明顯感覺到胎動

胎兒揮動自己身體的動作，稱為胎動。其實胎兒在第八週左右，運動神經就已越來越發達，慢慢學會揮動自己的身體了。只是因為那時胎兒體積很小，很多媽媽都無法察覺。

直到第六個月左右，媽咪才開始感覺寶寶似乎在肚子裡拳打腳踢。寶寶在肚子裡會保持一個很短的固定週期反覆睡眠與起床，這個週期到了懷孕後期會調整為每隔三十分鐘一次。當寶寶醒著的時候會不時舔咬拇指或揮動手腳，甚至在羊水裡翻轉，有些活潑好動的寶寶還會用腳踢媽媽的子宮。

如果過了第二十二週還沒感覺到明顯胎動，就應該去醫院做超音波檢查。

感覺胎動的時期因人而異

一般而言，生第一胎的媽媽平均會在十八至二十週之間感覺到胎動，而生了一胎以上的媽媽們則多半在十六至十八週就會感覺到。此外，每位媽媽對於胎動持續了多久也有不同的體驗。

此外，對於胎動強弱以及寶寶所做的動作，每個人也都有不同的感覺。有些寶寶天生就比較安靜不太亂動，又或者即使同樣都是好動的寶寶，當寶寶用同樣的力道做同樣的動作時媽咪的感覺也不見得就一樣。也因此，每位準媽咪詮釋胎動也各有巧妙，比如說「像魚在游」、「好像肚皮被電到」等。不管寶寶怎麼動，只要媽媽能明顯感覺到胎動，就是小寶貝活潑健康最好的證明。

有的時候寶寶的身體會被臍帶

＊容易感覺胎動的時候＊

泡澡的時候

放鬆心情泡澡時，多半可以感覺到肚裡胎兒的活動。甚至有些準媽媽表示，伸手撫摸還能感覺到寶寶在亂踢呢。

睡覺的時候

晚上要鑽進棉被之前，還有剛躺上床到睡著前的那段放鬆時刻，幾乎都可以很明顯的感覺到胎動喔。

纏住，這時為了掙脫不舒服的感覺，寶寶會動得更加劇烈。不過即使如此也不須太過擔心，不管寶寶的胎動再怎麼激烈都不會因此早產。

到了懷孕後期，約二十八至三十一週時，隨著羊水量增加，寶寶的動作也越來越大。也有些準媽媽會因為寶寶的拳打腳踢而感到不舒服。過了三十一週，當胎兒體型變大後就會因活動空間受限漸漸減少揮舞手腳的動作，但仍會持續翻轉身體在羊水裡上下游動。

若察覺胎動突然停止時，應該再多觀察幾次

第一次感覺到胎動時，可以將日期與感覺記錄下來，在產檢時告知醫護人員。當寶寶背對著媽媽的肚子，或是寶寶在睡覺的時候，媽媽都會感覺不到胎動。若覺得寶寶太過安靜可以稍微等一等，只要過一陣子再度感覺到胎動也就不礙事了。

寶寶在肚子裡的健身操

翻轉

大動作改變體位，有時甚至會旋轉一圈半。

呼吸狀運動

像是讓胸部、肚子呼吸般，做出伸展動作，有助於出生後的呼吸練習。

拳打腳踢

將手腳伸直彎曲，隨意揮舞。準媽咪最初感覺到胎動時，寶寶多半都是在做這個動作。

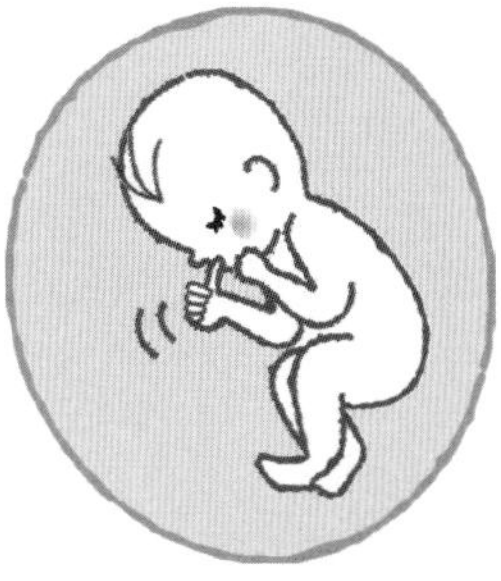

吸吮拇指

吸吮拇指或吞吐羊水，將嘴巴附近的東西都放進嘴裡。

顫抖打嗝狀

雖然不時會出現這種動作，但不是痙攣不用太擔心。

打呵欠

寶寶有時也會打呵欠，轉動雙眼，但媽媽通常不會感覺到。

胎教

爸媽能幫助寶寶活化五感神經喔！

寶寶在懷孕初期就已具有五官感覺

我們常常聽到「胎教」，但我認為其實不應該用教育的心態來對待肚裡的寶寶。最好的胎教，其實是讓寶寶感受到爸爸、媽媽、爺爺、奶奶打心底透露出來的訊息——「小寶貝加油，我們都很愛你，都等著你出生喔！」

從媽媽得知懷孕後沒多久，胎兒的五官感覺也就逐漸發達。第三個月左右就能從超音波檢查看到胎兒揮動手腳，吸吮拇指的動作，有不少準媽咪看到這個情景都感動到不能自已。寶寶吸吮拇指，伸展手腳，其實都代表著他的觸覺神經已經啟動了。

等到了第五個月寶寶就有了聽覺，可以清楚聽到媽媽的聲音、血液流過的聲音，甚至是來自肚子之

十個月胎兒的五感神經表

月數	1	2	3	4	5	6	7	8	9	10
聽覺		位於耳朵處的凹洞在第六週左右逐漸形成		大腦神經發達，慢慢能聽到聲音，能聽到媽媽和子宮外的聲音	大腦記憶體發育完成，一點一點記住媽媽的聲音	能聽到媽媽動脈血液流過的聲音				能聽到爸爸的聲音，並且能區分不同的聲音
視覺		位於眼睛處的凹洞在第四週左右則逐漸形成	大約在七至十週左右，眼部刺激開始傳達到腦部	運氣好時能透過超音波觀察到寶寶眼睛看向旁邊的樣子			大約在第七個月左右形成眼睛內的視網膜，腦部能感覺到光線與黑暗			
觸覺			大約在第八週時，皮膚開始有感覺	手指、嘴唇的感覺神經發達，會做吸吮拇指的動作	活潑好動揮舞手腳	第六個月以後觸覺神經發育完成，若媽媽用手撫摸肚子，寶寶也會有感覺				
味覺		長出舌頭	形成舌頭表面的味蕾	從第十五週後，味蕾開始發揮作用			能感覺出甜味與苦味			
嗅覺		在第六週左右，鼻子的輪廓大致成形		第十五週左右，鼻子形狀發育完全	從第二十週開始，形成「嗅毛」（幫助分辨味道）					醫學上認為在臨盆前，嗅覺功能已經開始作用
與爸媽之間的關係					媽媽的精神狀態會帶給寶寶很大的影響					

外爸爸的聲音。雖然感覺胎動時寶寶或許還沒辦法聽到聲音，但可以從現在就開始經常撫摸肚子，試著跟寶寶說說話。

輕鬆自在地孕育寶寶，就是最好的胎教

不僅僅是媽媽的飲食習慣，就連精神壓力也會帶給胎兒不良的影響。很多懷第一胎的媽媽會因為不安或緊張，而陷入突如其來的壞情緒裡，這種莫名的情緒起伏不但造成身體無形的壓力，精神上也會產生不少負面能量。

如同前面所言，每個媽咪的懷孕生產過程都不相同，因此即使陷入這種莫名的情緒裡，也沒有任何專家或醫師能夠對症下藥，用同一套方法來消除每個媽咪的情緒黑洞。當心情又莫名其妙陷入憂鬱不安時，只要記得一點，懷孕時會產生這種負面情緒是很正常的，只要順其自然接納自己，放輕心情面對就可以了。

各種胎教方法

按摩肚子

將雙手放在肚子上，以畫圈圈的方式慢慢地按摩。

幫寶寶取名字，跟他說說話

寶寶還在肚子裡時可以給先給他取一個「乳名」。可以是綽號，也可以是小名，經常叫他跟他說說話吧！

念童話故事給寶寶聽

不管是什麼故事書都無所謂。當自己開始挑選故事書，輕聲細語念給寶寶聽時，是不是更有當媽媽的感覺了呢！念故事的時候就像在跟寶寶聊天一樣，輕鬆自在。

聽音樂唱歌

最好是媽媽喜歡又能放鬆心情的歌曲。雖然音量太小寶寶不見得能聽到，不過只要是讓媽媽感覺到舒服的音量，就能把高興的心情傳達給寶寶。

撫摸肚子、聽喜歡的音樂都是很好的胎教。只要媽媽放鬆心情，在沙發上發呆放空也是不錯的胎教喔！

＊媽媽眼裡的東西，寶寶也看得到？＊

不知道有沒有人有這樣的經驗。跟剛學會說話的寶寶一起看電影或散步時，明明是他第一次看到的景象，寶寶卻說：「我好像有看過喔！」也因此，有人認為胎兒在媽媽的肚子裡時，就已經看過這些景象了。雖然這種說法尚未經過證實，不過說不定肚子裡的寶寶真得能看到媽媽看見的東西！

一旦出現先兆性流產、早產的徵兆就要安靜休養

若發現可疑現象要趕緊諮詢醫師

懷孕未滿二十二週時陰道出血或下腹部疼痛，極有可能就是先兆性流產或流產的徵兆。若疼痛感越發劇烈，則應該特別注意，趕緊到醫院接受詳細檢查。

出現這些類似流產的徵兆但寶寶還在母體腹中尚未流出，就是所謂的先兆性流產（Threatened abortion，亦稱為切迫性流產）。若經過檢查能聽到穩定的胎心音，就表示寶寶還在持續成長，安全生育的機率相當高。

若想延長孕期就應該安心休養

另一方面，二十二週以後未滿三十七週就出現腹部緊繃轉硬，子宮口張開，子宮頸縮短等早產徵兆，就應該靜養安胎並配合治療。雖然有早產的跡象，但只要配合休養與治療就能延長孕期讓寶寶繼續在腹中成長，這種狀態稱之為先兆性早產。

早產的原因大多是子宮受到病毒及細菌感染，引起發炎。除此之外，其他的子宮異常症狀或母體過度勞累等，也都是造成早產的原因。

治療先兆性早產最根本的方法就是安靜休養。若準媽咪想在家裡休養，可先行製作一張表格，註明哪些事可以做，哪些事應該盡量避免，當做療養時的參考依據。

若無法在家裡安心養病，則建議住院安胎。

Q&A

Q 醫師說我先兆性早產，這樣還能回娘家待產嗎？

A 若經診斷為先兆性早產則表示隨時都有可能會分娩，建議還是留在較清楚病情的原醫院接受後續檢查及療養。最好不要舟車勞頓回娘家。同時，也要留意尋找能照顧早產兒的醫療院所，配合接手新生兒的專業照料。

Q 是不是有了先兆性流產的跡象，就比較容易先兆性早產或早產？

A 請放心，雖然經診斷為先兆性流產，但不表示可能造成先兆性早產或早產。只要能觀察到胎心音就表示胎兒在母體內依然持續地在成長。只要安心休養治好先兆性流產，就不會引發先兆性早產或早產的現象。

關於先兆性流產、先兆性早產

被醫師診斷為先兆性流產或先兆性早產

若胎兒尚未足月（懷孕三十七至四十二週以內）就出了母體，可能對胎兒的身心健康產生不良影響。雖說得了先兆性流產、先兆性早產並不會直接導致流產或早產，但也應該遵守醫護人員指示安心養胎。

先兆性早產的原因

目前尚無法得知確切的原因，但一般認為是細菌或病毒導致絨毛膜羊膜炎所引起。此外，家族遺傳及懷多胞胎、羊水過多、過度勞累等因素也都可能導致先兆性早產，必須小心靜養。

先兆性流產的原因

雖然胎兒尚在母體內，但若母體出現陰道出血或下腹疼痛的跡象，就是所謂的先兆性流產。原因大多是製造胎盤的新生血管異常出血。只要能聽測到胎心音，這種症狀多半可以受到控制。

先兆性流產、先兆性早產的治療方法

控制病情最好的方法就是靜養安胎。依症狀輕重還可細分為在家療養或住院安胎。對於靜養，每個人的認知都略有出入，選擇在家療養的媽咪們應事先向醫護人員詢問哪些事可以做，哪些事最好盡量避免。

靜養的種類

靜養的程度：高 → 低

住院安胎

●絕對靜養

飲食或大小便都在病床上完成。一整天絕大多數的時間都在臥床休息。

●視情況可下床走動

根據症狀輕重，有時可在醫師許可下自行在廁所或院內走動。不過大多數時間還是要臥床休息。

在家療養

● 除非必要盡量不要走動

可以自行料理如廁、洗臉、飲食等基本生活。但還是要多多在床上靜養，不可做家事或外出。

●簡單的日常生活

只要不覺得疲累，可以適度做些日常家事，但還是要盡量在床上休息避免外出。

須徵得醫師同意的動作

- ☐ 可以下床走動嗎？
- ☐ 可以自行走到洗手間嗎？
- ☐ 可以淋浴嗎？
- ☐ 可以泡澡嗎？
- ☐ 可以煮飯嗎？
- ☐ 可以掃地洗衣服嗎？
- ☐ 可以繼續工作嗎？

自費產檢

若想接受自費產檢，應事先與家人溝通商量

即使做了自費產檢，也不代表就能高枕無憂

在懷孕過程中可選擇接受自費產檢，初步了解胎兒是否有遺傳性疾病、畸形胎或染色體不正常等現象。除了定期產檢中所做的超音波掃描之外，可付費加做以下產檢項目：脊髓性肌肉萎縮症篩檢、母血唐氏症篩檢、羊膜穿刺、高層次超音波。這些產檢項目大多在第九至十八週之間進行，準媽咪可與家人商量是否願意自費檢查。

但必須注意的是，現在的醫療技術僅能完全掌握如唐氏症這種因染色體異常所導致的疾病，若是基因突變的各種先天性疾病依然無法透過檢查得知。

寶寶是上天的禮物，要以健全的心態接受檢查

此外，選擇接受自費產檢項目，還得面對一個難關。如果經診斷證實胎兒患了唐氏症，準爸爸準媽媽還得被迫在短時間內再做一個沉重的抉擇，生還是不生。在接受自費產檢前夫妻倆應多多溝通，不管最後結果如何都要先想好後續的處置方法。

自費檢查的項目

● **羊水檢查（羊膜穿刺）**

懷孕十五至十八週左右會從母體裡以穿刺方式取出少量的羊水進行篩檢。由於羊水裡含有大量的胎兒皮膚細胞，篩檢這些細胞有助於了解胎兒的性別與染色體是否異常。

● **母血唐氏症篩檢**

懷孕十五至十七週左右會採集母體的血液，以三種成分分析神經血管及染色體異常的機率。臨床上也曾發生過篩檢過程中一切正常，但寶寶卻患了唐氏症的案例。

（註：台灣的唐氏症篩檢以第一孕期的頸部透明帶篩檢及第二孕期的四指標母血唐氏症篩檢為主。）

● **絨毛檢查**

懷孕八至十二週時，以器具由陰道插入子宮內，透過超音波影像觀察子宮的狀況。同時取出部分的絨毛膜進行採樣檢查。此檢查可以在早期就發現染色體是否異常，但目前許多醫療院所都不提供這個檢查項目了。

（註：台灣的媽媽尚可自費做脊髓性肌肉萎縮症篩檢、高層次超音波、妊娠糖尿病篩檢、B型鏈球菌篩檢等檢查。）

＊關於先天異常＊

先天異常，是指剛出生的胎兒有身心方面異於常人的疾病。據說每二十個新生兒之中，就有一個寶寶可能罹患先天性異常。至於為什麼會產下先天異常的寶寶，就連專家也很難給個清楚確切的答案。

這個殘酷的機率也讓每對準父母有了心理準備，即使新生兒先天異常也要有將他養育成人的決心。而懷孕這個非常時期，或許也可以讓準父母們切身體認這個社會對於行動不便的人有多少包容的力量。

媽媽教室

提供關於懷孕、生產及產後調養的正確觀念

可以學到從懷孕到生產的一系列知識

所有跟懷孕生產有關的知識與疑問，都可以在媽媽教室裡得到最好的解答。懷孕五至六週後就能報名參加了。一般而言，各大醫院婦產科、婦幼醫院、嬰童用品廠商、民間做月子中心等都可以得到這方面的資訊。準媽媽可以從媽媽朋友、報章雜誌得知或是上網查詢喔！

參加媽媽教室有很多好處。最有幫助的莫過於可以模擬分娩過程，消除生產及育兒方面的不安。此外，還可以跟居家附近的媽媽們交朋友，了解彼此的狀況相互照應。

最近有不少媽媽教室也鼓勵爸爸一起來參加。有些醫院甚至建議，如果爸爸想進入產房參與分娩就必須先到媽媽教室上課。

第2章
初期
中期
後期

媽媽心情分享

一起參加媽媽教室的爸爸，上課時綁了十公斤的布在身上體驗懷孕，竟然吃不消的大喊「懷孕真辛苦！」。

因為爸爸也想參與分娩過程，醫師要他先參加醫院開設的媽媽教室。

在網站上得知附近的嬰兒用品店有舉辦週六的媽媽教室。因為平常都要上班，總算找到適合的教室了。

媽媽教室的學習項目

懷孕生活與牙齒護理
醫護人員與營養師會依照懷孕週數提供懷孕期間要攝取的營養。此外，由於懷孕期間很容易蛀牙，因此也有牙醫師來講授如何照顧牙齒的課程。

介紹新生兒用品及幫寶寶洗澡的方法
講師會用新生兒娃娃示範教學，爸媽也要跟著做練習。介紹育兒產品的課程也不妨邀爸爸一起來參加。

照顧乳房及哺餵母乳
了解乳房如何分泌乳汁的相關知識，同時學習哺餵母乳的方法。為了讓日後哺餵母乳時更加得心應手，課程中也會教導如何照顧自己的乳房。

看錄影帶了解分娩過程
學習陣痛、分娩是如何進行的，了解小孩的出生過程。一邊看錄影帶一邊配合呼吸法做模擬練習。

與小寶寶及產後的媽媽交流
課程中也會請來已經生產過的媽媽，和新手媽媽分享育兒生活，也讓可以練習抱抱小貝比。有些醫療診所願意配合提供參觀交流。

產婦運動
學習能幫助孕婦減緩水腫及腰痛的拉筋動作，還有幾個在家也能做的簡單產孕婦運動。

第5個月

第16週

（第112～118天）

月　日～　月　日

胎盤變大，胎兒越來越有新生兒的樣子

胎兒的狀況

胎盤變大，身體器官也發揮了各自的功能

十六週以後，在幾個星期之內胎兒就會長到跟胎盤差不多大小。胎兒還會持續長大，胎盤與臍帶在此時會協助發展胎兒身體機能的作用。雖然心臟還處於發育階段，但在一天裡已經能讓二十七毫升的血液正常循環。反射神經更是非常發達。

臍帶裡有大量的血液流通，鼓鼓地就像充滿水的水管一樣。雖然胎兒在活動時偶爾會被臍帶纏住身體，但通常都能自行解脫。

此時胎兒的身軀開始挺直，原本被迫擠肚子裡的腎臟也會回歸到正常的位置。

胎兒的超音波照片

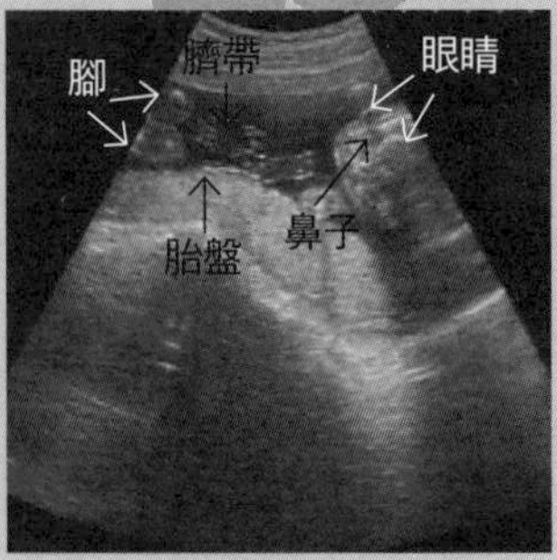

身長／20cm

体重／150g

到了第五個月，媽媽慢慢可以感覺到胎兒在子宮內的胎動。
全身會長出胎毛，但由於皮脂肪少，看起來都是皺紋。可以在超音波照片中看到胎兒的眼睛與鼻子。也能清楚看到胎兒與媽媽之間心血相連的臍帶。

媽媽的狀況

開始為分泌母乳作準備，食欲大增

進入第五個月後，媽媽的身體就會開始產生分泌母乳所須的賀爾蒙。胎盤則開始調節賀爾蒙以便日後負責分娩的重責大任。

孕吐症狀消失，許多準媽咪因此食欲大增。但還是要注意攝取均衡的飲食。

＊不要長時間維持同一個姿勢＊

雖然坊間流傳電腦的電磁波會帶給胎兒不好的影響，但這沒有科學根據，不要瞎操這個心。反倒是長時間維持同一個姿勢坐在電腦前，容易造成腰痠背痛或肚子緊繃不適，所以要適度的休息起來動動身體喔！

第5個月

第17週

（第119～125天）

月　日～　月　日

胎兒的骨頭變硬，可以從超音波影像中清楚看到

胎兒的狀況

骨頭變硬，連超音波都掃描得到

雖然寶寶還沒辦法呼吸，但肺部裡除了能代謝二氧化碳與氧氣的肺泡之外，大部分的組織都已經形成了。

手指指腹出現類似指紋的紋路，皮膚也慢慢隆起有肉了。骨頭變硬，能透過超音波清楚看到。骨骼是觀察胎兒是否持續成長的重要依據。此外，也要看看心臟、胃、膀胱等器官，留意胎兒是否健康成長。

此時在胎兒的體內正進行著高度複雜的身體機能。

腎臟、肝臟、胰臟、子宮、精巢也開始分泌賀爾蒙了。

寶寶學會吸吮拇指

胎兒的發育從頭部，尤其是嘴巴開始。此時，寶寶已經學會吸吮自己的拇指了。吸吮拇指的同時也會順帶吸進一點羊水，作為日後呼吸及吸母奶的練習。

媽媽的狀況

心臟的負擔增加，要特別補充營養

媽媽的心臟比懷孕前還要努力工作四倍，才能應付懷孕期間的體能負擔。這個時期必須重點攝取能增加熱量的碳水化合物，媽媽進食後的兩小時就是寶寶吸取營養的時間喔！

媽媽心情分享

把白米換成胚芽米（玄米），學會細嚼慢嚥，胸悶的老毛病也消失了。

開始吃有機食物，慢慢品嘗出蔬菜本身的味道，口味也變清淡了。

第5個月

第18週

（第126～132天）

月　日～　月　日

雖然進入穩定期，但還是不可太過勞累

胎兒的狀況

長出能保護皮膚與細胞的胎脂

胎兒的皮膚表面長出胎脂，能保護胎兒的細胞與皮膚。胎脂是一種膏狀的物質，由胎毛及皮脂腺所分泌，胎毛能維持胎脂的分泌量。

胎毛布滿胎兒的全身及頭部，在出生後幾乎完全消失，取而帶之的是頭髮的生長。但出生後長出的頭髮也會在兩個星期之後掉光，緊接著長出更堅硬的頭髮。

此外，若胎兒是個女娃，則會在子宮裡的時候就已具備將來成為卵子的雛形，稱之為原始生殖細胞。在這個階段，就已經開始為日後孕育新生命做好準備了。

胎兒的急速成長

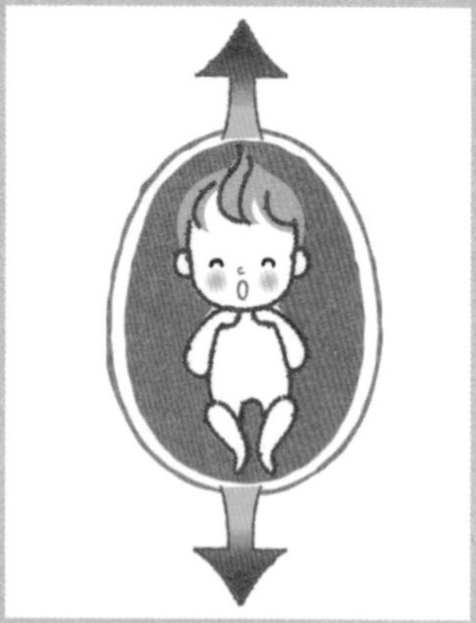

在這一個月之內，胎兒的身體會從十五公分到約二十公分，算是相當急速地成長。
之後生長速度會減緩，到下一個月只會長到二十三公分左右。

媽媽的狀況

體重增加，容易感到疲倦

由於胎兒正在急速地成長，媽媽的心臟、腎臟、肺器官負擔大增。容易感到疲倦、全身無力。

還在上班的準媽咪，會不會覺得很累呢？如果很疲倦動不動就想休息，千萬別以為身體在耍任性不做事喔。不管做什麼事，都要特別留意自己的身體狀況。

＊不造成腹部負擔的小叮嚀＊

隨著肚子越來越大，要小心別讓外力衝擊到下腹部。避免提重物，爬樓梯時也要記得扶住把手，一定要趁現在養成習慣喔！

第5個月

第19週

（第133～139天）

月　日～　月　日

原本三頭身的寶寶長成四頭身了

胎兒的狀況

不停地睡睡醒醒，女寶寶的子宮也發育完成

肚子裡的胎兒成長到體重約三百公克，身長約十六公分的大小。若是個女娃，體內的子宮也發育完成了。

到了這週，在胸骨、脖子、尿道附近會出現褐色脂肪細胞。這些褐色脂肪細胞主要為了讓胎兒在出生後能維持體溫，保護寶寶的生理機能；等寶寶長大後幾乎都會消失，僅留下少數細胞在體內。

這個時期的胎兒會不時把頭往上仰或縮起下顎貼近脖子，以自己舒服的姿勢入眠。同時，胎兒的活動量變大，加上子宮也變大了，有些準媽咪會在此時感覺到胎動。

＊寶寶的活動＊

翻筋斗

大幅度的改變身體方向，來回翻轉。

打呵欠

轉動雙眼，張口打呵欠。

媽媽的狀況

為了方便日後生產，骨盆慢慢鬆弛，偶爾伴隨腰痛

這個時期，骨盆為了便於日後生產以及配合越來越大的子宮會慢慢鬆弛，使腰部感到疼痛。

懷孕時期的腰痛，好發於腰部偏低的位置。

預防腰痛最好的方法是以腹筋為中心，將腹部的肌力向上拉提。過了十六週後可以從事較輕鬆的散步及游泳，鍛鍊肌力，也可以配合拉筋，伸展筋骨消除疲勞。

生產過程、產後抱小孩以及哺餵母乳，都會加重腰部的負擔，要及早做好腰部護理喔！

第6個月

第20週

（第140～146天）

月　日～　月　日

寶寶越來越人模人樣了，媽媽的身心狀態也歸於平靜

胎兒的狀況

睡眠週期有了規律

胎兒的腦神經系統發育成熟，心臟鼓動強而有力。

腿的長度跟一般新生兒不相上下。雖然跟身體軀幹比起來，手跟腳相形短了許多，但出生後腿部還會繼續成長直到學習走路的階段。

此外，這個時期胎兒的睡眠也慢慢有了固定週期。活動的時間、打瞌睡的時間、睡眠時間開始輪流交替。有時候也會被外界的聲音驚醒呢！準媽咪可以從寶寶的胎動推測他的睡眠時間。

胎兒的超音波照片

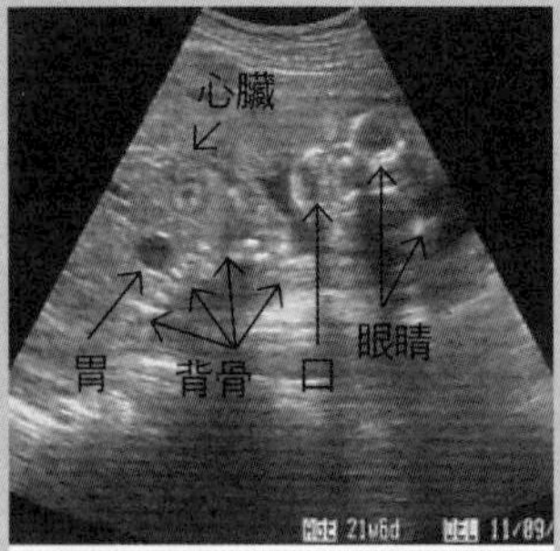

身長／25cm

体重／350g

臉的輪廓五官逐漸成形。也能觀察到心臟及背部的骨骼，這正是骨骼及肌肉發達的最好證明。
這個時期，胎兒的全身皮膚上開始覆滿一層白色膏狀的胎脂。羊水量增加，寶寶的活動力也越來越強了。

媽媽的狀況

身體與心情歸於平靜，安心享受懷孕的喜悅

進入懷孕第六個月後，身體狀況及精神狀態也會逐漸穩定。趁這個時期好好享受懷孕生活，感受一下當媽咪的幸福滋味吧！媽媽的喜悅肚子裡的寶寶也能感受到，對於將來小孩的發育也有很好的影響。

乳頭凹陷或扁平的媽媽，可以開始做乳房按摩為將來哺育母乳做準備。

＊懷孕時要更照顧頭皮＊

由於懷孕時期皮脂分泌旺盛，容易阻塞頭皮產生頭皮屑或造成頭皮搔癢。此時頭皮會變得比較敏感，應該選用低刺激性的洗髮及護髮產品。

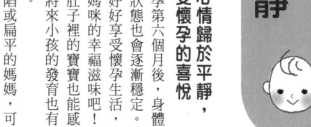

第6個月

第21週

（第147～153天）

月 日～ 月 日

來到懷胎的中間點囉！

胎兒的狀況

可透過超音波，得知寶寶的性別

此時外生殖器已形成，透過超音波就能照出來。但是，若胎兒姿勢剛好遮到外生殖器就沒辦法做出判別。此外，位於體內的內生殖器（男娃是精巢，女娃是卵巢）則開始分泌性賀爾蒙。

這個階段，胎兒全身呈略暗的血紅色，體脂肪也僅有百分之三點五。但體脂肪會陸續長出，慢慢發育成小嬰兒該有的樣子。

肌肉及骨骼越來越發達，羊水量也慢慢增加，子宮內的胎兒活動量也跟著變大。手指開始能抓住東西了。

寶寶在子宮裡時有記憶嗎？

有些人認為剛出生的小嬰兒能分辨出媽媽的聲音；如果讓他聽媽媽懷孕時常聽的音樂，甚至還會停止哭泣。

雖然目前沒有任何科學根據能證實胎兒的母體記憶，但可以確定的是胎兒的腦部、神經系統以及聽覺在母體裡都已大致成形。因此，也可以說真正的育兒階段應該是從懷孕時期就開始了。

媽媽的狀況

隨著體型的變化，要多注意身體安全

此時媽媽的肚子及胸部都會急速變大，成為孕婦的體型。但有許多準媽咪一時之間還不習慣自己身體的變化，常常不小心就摔倒或失去平衡感。要多加留意居家附近的危險場所。

在這個時期，由於肚子越來越大導致皮下組織也跟著改變，身體開始出現妊娠紋。可以配合塗抹專用乳液來預防。

此外，黑色素生長速度加快容易沉澱，要做好防曬工作。黑色素雖然會在皮膚上留下斑點，但同時也能使皮膚組織更加穩固，預防產後哺乳時因寶寶吸食拉扯造成磨擦破皮。

第6個月

第22週

（第154～160天）

月　日～　月　日

聽覺發達，可聽到來自外界的聲音

胎兒的狀況

長出眉毛與睫毛，臉的輪廓及五官明顯

胎兒體內產生肺泡，可交替二氧化碳與氧氣。身體各內臟器官也大多發育成熟，開始各自的組織運作。

臉上長出眉毛、睫毛以及上下眼瞼。臉的輪廓五官算是發育完成了。

雖然寶寶已經有了聽覺，能將聲音刺激傳送至腦部，但還無法分辨出「這是誰的聲音」、「那是什麼動物在叫」。

但是由於已經能聽到來自外界較大的聲響，說不定聽到聲響寶寶還會立即反應產生胎動喔！

寶寶很有精神地活動身軀

骨骼及肌肉神經發達，寶寶的活動量也越來越大。不時在羊水裡揮動手腳，甚至翻筋斗。當手腳碰撞到子宮壁時，媽媽就會感覺到胎動。

每位準媽咪對於胎動都有不同的感受，「像魚在悠遊跳躍」、「像腸子繞著圈圈翻轉」，描述得非常生動。

媽媽的狀況

為了讓寶寶健康長大，要多攝取蛋白質

比起任何時期，媽媽在此時最需要的就是蛋白質；但若攝取過多的肉類蛋白質，過量的磷反而會造成腳背及腳踝水腫、抽筋。

因此除了肉類，也應該多多選擇魚類或大豆等植物性蛋白質。

＊喝湯補充蛋白質＊

蔬菜湯（Minestrone）或肉湯（Pork and Beans）都富含豐富食材，一碗就涵蓋了各種營養素以及優質的蛋白質，最適合在懷孕期間享用。

第6個月

第23週

（第161～167天）

月　日～　月　日

隨著寶寶的急速成長，媽媽的體重也直線上升

胎兒的狀況

規律成長發育，肌肉、骨骼、內臟日漸發達

寶寶很穩定地照著一定的規律持續成長。體重明顯增加，到了這星期的最後幾天大約會長到約六百公克左右。這可是比一瓶五百毫升的寶特瓶還重了喔！這時期增加的體重，幾乎都是來自於肌肉、骨骼以及內臟組織的重量。

寶寶在子宮裡能聽到很多來自媽媽的聲音

胎兒在母體裡能聽到很多聲音。比如說媽媽的心跳聲、肺部充滿空氣的聲音、呼吸聲、肚子咕嚕咕嚕的聲音還有血液流過的聲音、羊水的聲音等等。幾乎媽媽體內所有的聲音都會被寶寶聽得一清二楚呢！

媽媽的狀況

隨著寶寶的成長，體重也直線上升

撐大的子宮會將橫膈膜往上推擠，壓迫到媽媽的心臟。此外，血液量大增也帶給心臟很大的負擔，有時甚至會導致心悸、上氣不接下氣的現象。

開始能在不同的時間感覺到胎動，可以試著跟肚子裡的寶寶說話。

＊跟寶寶說說話＊

輕聲細語跟寶寶說話，是親子關係中的第一步。

有部分學者認為寶寶在出生之前就已經有記憶，能記住爸爸媽媽的聲音，甚至還會在聽到爸媽說話後跟著做反應。

第2章 初期 中期 後期

第6個月

第24週

（第168～174天）

月　日～　月　日

為了鍛鍊反射神經，寶寶動得更勤快了

胎兒的狀況

為了鍛鍊反射神經，開始大動作練習

反射神經可以幫助寶寶在子宮外的世界本能地保護自己，因此必須經常鍛鍊反射神經的動作。就像受到驚嚇時會做出保護動作一樣，當寶寶聽到外界傳來較劇烈的聲響時，也會本能地跳起來。此外，也因為這時期胎兒動作較大，成了觀察性別最好的時機。

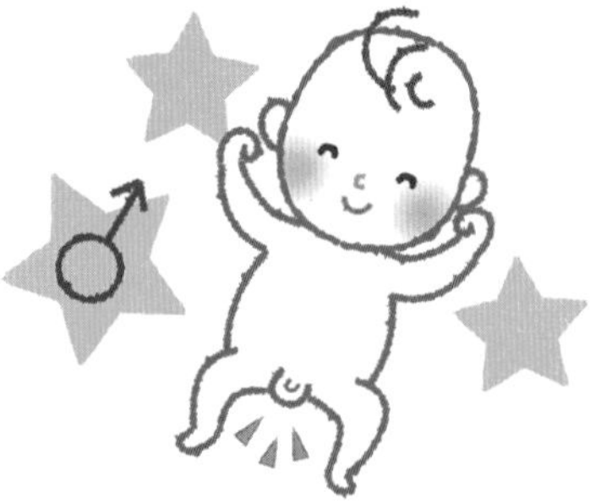

胎兒的超音波照片

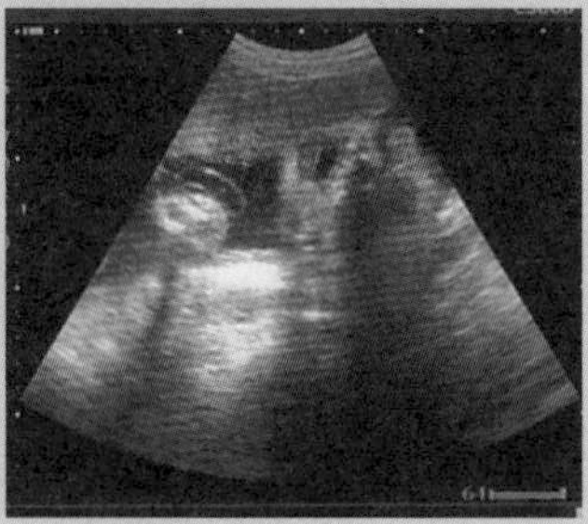

身長／30cm

体重／700g

懷孕二十一至二十七週裡，胎兒的外生殖器就大致發育成熟了。此時由於胎兒活動量較大，可以清楚透過超音波影像觀察到外生殖器確認性別。但是也有可能像這張超音波照片一樣外生殖器若隱若現看不清楚，或是不小心看錯誤判，無論診斷結果如何都只能僅供參考。

媽媽的狀況

子宮變大，行動不便

子宮上部較寬呈三角形，即子宮體。子宮體的頂部突出，稱為子宮底，而此時子宮底的位置會高於肚臍，同時腹部向前挺出，使得孕婦不容易直接往下看到自己的雙腳。加上肚子變大且沉重，行動會顯得較遲緩，要特別小心不要因為重心不穩而跌倒。

＊睡眠時採左側臥＊

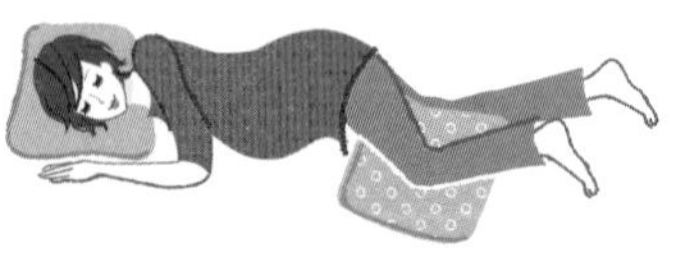

睡覺時採取左側臥不但能減輕腹部腰部的痠痛，也不會壓迫到脊柱血管降低心臟排血量，有助於血液流暢地輸送至胎盤及胎兒體內。側躺時要將上方的膝蓋略微彎曲，並且在腿與腿中間夾一個枕頭軟墊。

第7個月

第25週

（第175～181天）

月　日～　月　日

開始吞食羊水，練習呼吸

胎兒的狀況

鼻孔開通，呼吸器官發達

眼睛瞳孔開始做眼球運動，能看到物體。大腦皮質發達，能隨意改變身體方向或是伸展手腳，學會控制全身的肌肉神經，同時有了記憶與情緒。

鼻孔開通，開始吞食羊水練習「呼吸狀運動」。吞食羊水是為了讓肺部鼓脹，藉此刺激氣管及肺泡，使肺（呼吸系統）更加發達。這並不是真的在呼吸，而是在為出生後做預演練習。

受到刺激會出現腦波反應

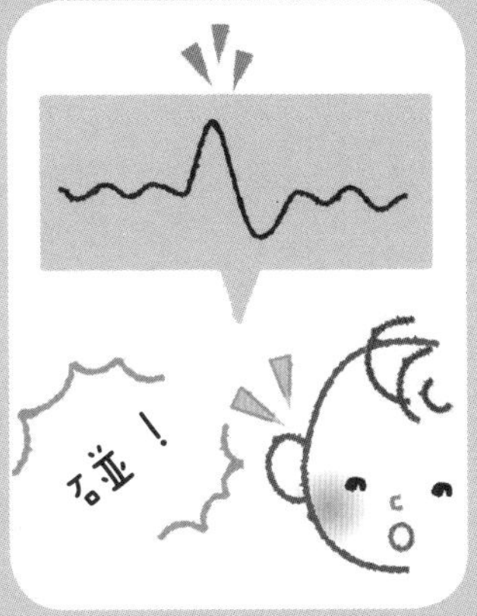

寶寶的腦波會隨著視覺及聽覺有所反應。這是腦部及感覺神經發達的最佳證明。在此時，胎兒已經能靠眼睛感覺到亮光，靠耳朵聽取聲音了。

媽媽的狀況

要小心控制體重，維持理想狀態

只要減少脂質的攝取，選擇性補充須要的營養素維持最理想的懷孕體重。

雖然肉類的動物性脂肪含有維生素A及維生素D，但還是不可攝取過量。烹調時也盡量不要用炒的，改用蒸煮方式，醬料也應該選擇少油低熱量的調味醬。

少吃脂肪量多的動植物性奶油、油炸物、薯條、漢堡等垃圾食物及沙拉醬及甜點等高熱量食物。

第26週
（第182～188天）

月　日～　月　日

隨著寶寶的成長，媽媽的體型也跟著改變

胎兒的狀況

腦部與肺部的快速成長期

胎兒以驚人的速度持續成長，特別是腦部在這個時期的變化最為顯著。另外，由於腦部的成熟發展，也產生了腦波能處理透過耳朵、眼睛傳來的訊息。

在這幾週內，位於額頭的前腦會逐漸變大，胎兒慢慢能隨著自己的意識控制身體機能，也能做到伸長或綣起身軀、彎曲手指握拳等細部動作。

此外，感覺神經也很發達，慢慢有了嗅覺與味覺，此時，胎兒已經能分辨甜味與苦味了。

寶寶的無影腳

如果細數胎動會發現二小時內寶寶至少會踢肚子十次左右。
晚上七點至十點是胎動最頻繁的時間帶。在這段時間裡，即使白天很忙碌的爸爸，也可以抽空摸摸媽媽的肚子感覺一下寶寶的活動。

媽媽的狀況

為了寶寶，要攝取大量營養

到了這個時期，媽媽消耗的熱量較懷孕前多出三百五十卡。根據統計，未懷孕的成年女性一天必須攝取二千卡以維持健康。因此，懷孕中的媽媽則必須在一天內攝取二千三百五十卡才行。

為了寶寶的健康，媽媽要特別注意飲食均衡喔！

媽媽心情分享

懷孕中期，雖然擔心吃太多會過胖，但也還是乖乖照三餐進食。
建議多攝取鈣質含量高且低熱量的羊栖菜等海菜類。

第7個月

第27週

（第189～195天）

月　日～　月　日

懷孕中期結束，寶寶的五種感官開始發育成熟

第2章
初期
中期
後期

胎兒的狀況

眼皮微張，會眨眼睛了

到了第二十七週，胎兒的眼皮會微微張開，偶爾也會眨眨眼睛。在這短短幾天裡，胎兒的眼睛就發育完成了，睫毛也長出來了。有些發育較快的寶寶也開始長頭髮了。

人類的五種感覺器官之中，發育最慢的就是視覺了，但到了這個時期，寶寶也能感覺到光亮明暗了。聽覺的發展更是成熟快速。由於胎兒在此時已長大到幾乎可以碰觸到子宮壁，因此也慢慢能聽到許多來自外界的聲音。

在這個星期結束前，胎兒的身長會長到約三十八公分，體重約一千二百公克。

能感覺明暗

可以敏感地感覺到光線明暗。雖然子宮內部很暗，但寶寶的視覺已經相當發達了。即使在媽媽的肚子裡也能分辨現在到底是白天還是晚上了。

媽媽的狀況

就算媽媽在睡覺，寶寶偶爾也會有精神地亂動

寶寶活動量變大，胎動力道也越來越明顯，有時候還會吵到已經睡著的媽媽。因為寶寶大約每隔三十分鐘就會睡睡醒醒，隨著這樣的週期維持睡眠和清醒的時間。

但是，就算寶寶很活潑，媽媽也必須保持適度的睡眠。不要因為胎動而失眠。

在這段時期裡，大腿內側和胸部下方容易積汗而引起發炎。可以經常以毛巾擦拭，或泡澡淋浴保持清潔衛生；灑點爽身粉或擦些乳液也多少有幫助喔！

懷孕後期 8～10個月（28～41週）

肚子變大不舒服的症狀增加了，但只要再忍耐一下就能寶寶見面囉！

懷孕生活終於接近進入後期了。到了這個階段，媽媽的肚子又更大了，雖然比以往承受更沉重的負擔，還是要放寬心面對。

在生產之前享受緩慢生活放鬆心情

進入懷孕後期，寶寶成長的腳步又更快了，幾乎已經具備出生後還能繼續維持生命的所有基本能力。由於寶寶的聽、視覺已經很發達，媽咪可以聽聽音樂或跟寶寶說話，透過胎教交流來促進親子關係。

上班族的媽媽可以開始留意休產假期間能暫時接手工作的人選，維持良好的職場人際關係。此外，產後也不應該過度節食，維持穩定的生活規律繼續做好營養管理。

每隔二週就要去醫院定期檢查（到了第十個月則每個星期檢查）。為了以防萬一，懷孕後期的準媽咪們出門都要隨身攜帶健保卡及衛生棉墊。

（註：台灣的媽媽建議隨身攜帶《孕婦健康手冊》，以方便隨時入院生產。）

懷孕初期的安心小叮嚀

- **胎位不正**
若遇上胎位不正的問題，可以試著做些體操來改變胎兒的體位。

- **做好產假及離職的準備**
上班族的媽咪若有休產假或離職的打算，應事先通知上司同事，問妥相關手續。

- **回娘家待產**
有打算回娘家待產的媽咪應該在進入三十四週前回家。過了三十四週，不管是長時間的舟車勞頓或適應環境都會造成身心極大的負擔，反而提高早產的可能性。

- **到醫院做定期檢查**
越接近預產期健康檢查的頻率就越高。懷孕八至九個月時隔週一次，進入第十個月後則每個星期都要去醫院檢查一次。

- **手腳水腫**
黃昏或感覺勞累的時候都特別容易水腫。只要抬腳睡一個晚上就能改善了。此外，也可控制鹽分的攝取量，同時搭配腿部按摩。

- **腰痠背痛**
腰部及背部為了支撐變大的肚子，必須承受驚人的壓力。盡量避免增加腰部負擔，可以做些簡單的瑜珈或運動，或是偶爾泡泡澡來減輕疼痛。

- **早產、先兆性早產**
如果發現肚子緊繃轉硬且伴隨疼痛、陰道出血甚至破水等現象，都要第一時間前往醫院接受檢查治療。

- **準備分娩的準備**
整理住院時要攜帶的衣物及隨身物品。購買出院後要用的嬰兒用品。快要臨盆前可以再複習一下呼吸法及生產流程。

懷孕後期　媽媽與寶寶的變化

第十個月（36週～）	第九個月（32～35週）	第八個月（28～31週）	
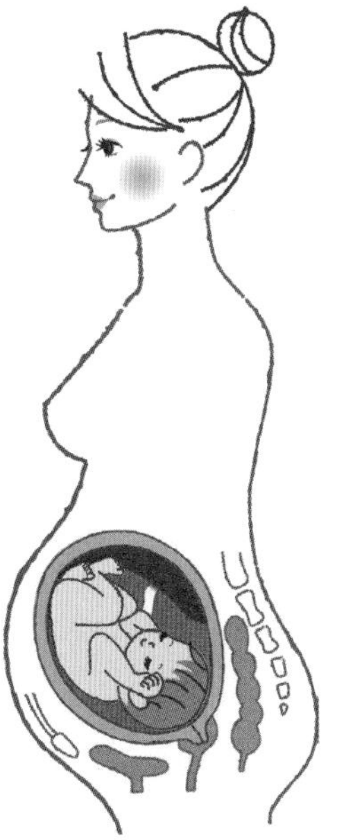	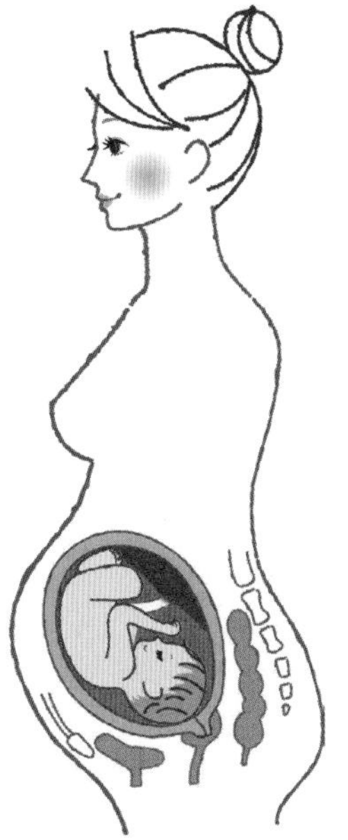	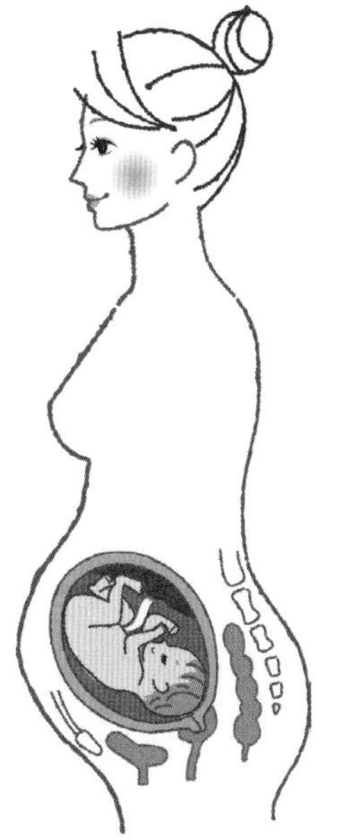	媽媽的變化
原本拉提到胸骨上方的子宮，此時會開始慢慢往下沉。胃部及心臟的壓迫感消失，原先胸悶噁心的毛病不再，食量也跟著大增。但相對的，下沉的子宮開始擠壓膀胱，造成頻尿、漏尿等新症狀。	由於子宮頂到胸骨下方，將胃部向上推擠，有不少準媽咪在此時又會出現像孕吐般胸悶噁心或胃食道逆流的現象。同時子宮也會壓迫到肺部及心臟，產生心悸或喘不過氣的毛病。	子宮拉提到肚臍至胸骨下方之間，腹部也跟著越來越圓潤挺出。手腳容易水腫，腹部腸胃毛病多，如果症狀嚴重就應該就醫改善。	哪些變化？
 身長　約50cm 體重　約3100g	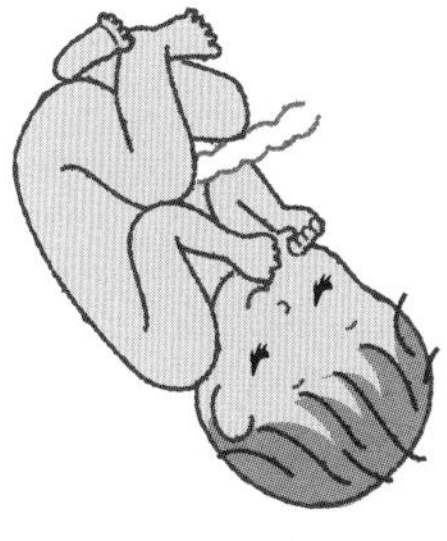 身長　約45cm 體重　約22000g	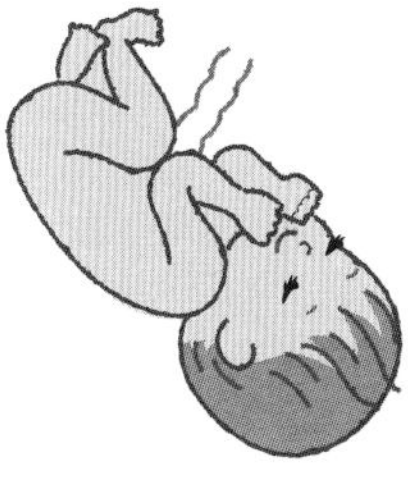 身長　約43cm 體重　約1800g	胎兒的變化？
一般而言胎兒的頭部會轉而朝下，以「頭位」的姿勢固定於骨盤腔內，胎動減少。過了36週後就不用再擔心會生下體重不足的早產兒了。	皮下脂肪增加，身體圓滾長肉，原本透明的皮膚也變成帶有彈性的粉紅色。從外表看起來幾乎跟新生兒沒有什麼兩樣。	心臟、肺部、腎臟等內臟器官，還有腦部的中樞神經都已發育完成。就算寶寶胎位不正也不會影響他的活動力，多半都能自己回轉身體調整成適合分娩的「頭位」。	哪些變化？

會感到不安是很正常的，要把握和寶寶相處的時間

珍惜寶寶還在肚子裡的時間

懷孕生活進入尾聲，有不少媽咪開始對生產過程感到不安與緊張。不過，雖然說生產是件人生大事，但是倒也不必為此特別做什麼準備。想想看，這懷胎的十個月寶寶不也是自己順其自然的長大了嗎？所以，當肚子裡寶寶準備好要出來時，媽媽的身體自然也會有所感應自己做好準備。

在這個階段，媽咪們只管好好享受這段人生中最特別的時間，珍惜小生命還在肚子裡的最後時光。畢竟在漫長的人生中，又有多少個懷胎十月的機會呢？

消除緊張與不安，放鬆心情

關於生產這件事，寶寶才是最辛苦的主角，而媽咪要做的就是幫他用力使勁。雖說講起來很簡單，不過對於生頭一胎的準媽媽而言，一定還是會擔心陣痛到底有多痛，又要使出多少勁？

不管是頭胎還是有過經驗的媽媽，說到要生產一定都會擔心害怕。所以也不須要勉強自己用盡全力。大多數的準媽咪們一進了產房就能憑著本能知道該什麼時候用力，出多少勁。等回過神來，才發現原來寶寶已經出生了，所以現在就只管放鬆心情吧！

消除緊張的小方法

- 與媽媽朋友聊聊天

在跟人聊天當中，不安的情緒就會不知不覺地減緩或消失。可以多跟一些婆婆媽媽們聊天，問問他們的生產經驗。聽了之後就會發現，原來自己的擔心緊張都是多餘的。

- 轉換心情做做運動

一個人悶在家裡想東想西，只會讓心情更焦躁不安。三不五時出外走走或做些孕婦運動，多少能幫助轉換心情，放下掛在心裡頭的大石。

- 幻想產後的幸福家庭

不管再怎麼辛苦，只要一想到不久後就能跟肚子裡的小寶寶見面，就會頓時感到很幸福。這種冥想有助於減輕緊張不安的負面情緒，讓心情跟著亮起來。

- 將不安的念頭轉化成文字

搞不懂自己究竟在擔心害怕什麼，反而無形中助長心底莫名的恐慌。不如將這些不安的念頭通通化成文字清楚地寫下來，如此一來才能找出消除緊張的源頭。

檢視生產計畫

根據現況重新規劃原訂的生產計畫

不要執著於生產計畫，優先考量適合的規劃

重新檢視懷孕初期排定的生產計畫也很重要。就算一開始對於在哪裡生產、要不要陪產、剖腹還是自然產都有強烈的想法，但到了後期情況也可能有所改變，不一定都能順心如願。

比如說，有些媽咪堅持產後親子同室，但也必須考量到胎兒的身心狀況。甚至有些媽咪希望能自然分娩，但到了後期，醫師卻認為剖腹產才能減低醫療風險。說穿了，生產這種事不到最後關頭就連醫師也說不準，進了產房就必須視當時的情況隨時做最完善的調整。

寶寶能夠安全出生才是最重要的。不要過於執著最初排定的計畫。

如果真得必須轉診，該怎麼辦？

重新規劃生產計畫後，有時候也會面臨必須轉診的情況。比如說，經診斷必須採無痛分娩，但原醫院卻沒有麻醉醫師能支援相關的醫療技術。此外，與原醫院醫師溝通不良理念不和等私人因素，也都可能是轉診的原因。生產攸關人命，選擇一個最好的環境做最妥善的準備，也沒有什麼不對。

不過如果必須在懷孕後期轉院，最好還是請原醫院提供每次產檢的紀錄，或是代為介紹能提供資源共享的其它醫療院所。

可能發生的變數

●希望有人陪產
→沒辦法陪產
若是早產等必須緊急開刀的情況，或是爸爸臨時有事無法前來，種種突發狀況都會讓產婦無法一圓陪產的願望。

●不想催生
→必須打催生劑
通常分娩跡象不明顯或者是必須配合催生的情況下，醫師都會建議打催生劑。如陣痛頻率及強度太弱，或過了預產期卻始終依然沒有生產跡象，通常都會打針輔助。

●想自然產
→緊急剖腹產
在自然分娩的過程中若發生臨時意外，經診斷將危及母子性命，醫師就會改採緊急剖腹的方式取出胎兒。

●不想做會陰切開
→必須會陰切開
若分娩時胎兒狀況不佳無法等到陰道口全開，此時醫師就會進行會陰切開提早將胎兒取出。

胎位不正

即使胎位不正也不用過度緊張

胎位不正幾乎都會自然改善

一般來說，到了懷孕後期快臨盆時，胎兒都會自己將頭部翻轉朝下，形成所謂的「頭位」姿勢。但有時候也會發生胎頭朝上的臀位姿勢，稱為胎位不正。

懷孕中期左右，胎兒多半會呈現臀位，所以在三十週前發現胎位不正也不必過度緊張。只有極少數的胎兒會持續保持臀位，通常到了懷孕後期胎兒就會自己翻轉身體調整成正常的頭位。

但是三十二週後，胎兒的活動量會受到體型長大及羊水量減少等因素逐漸轉弱，因此若過了三十二週胎位不正的問題仍未獲得改善，就應該與醫師商量因應對策了。

臀位的類型（左至右）

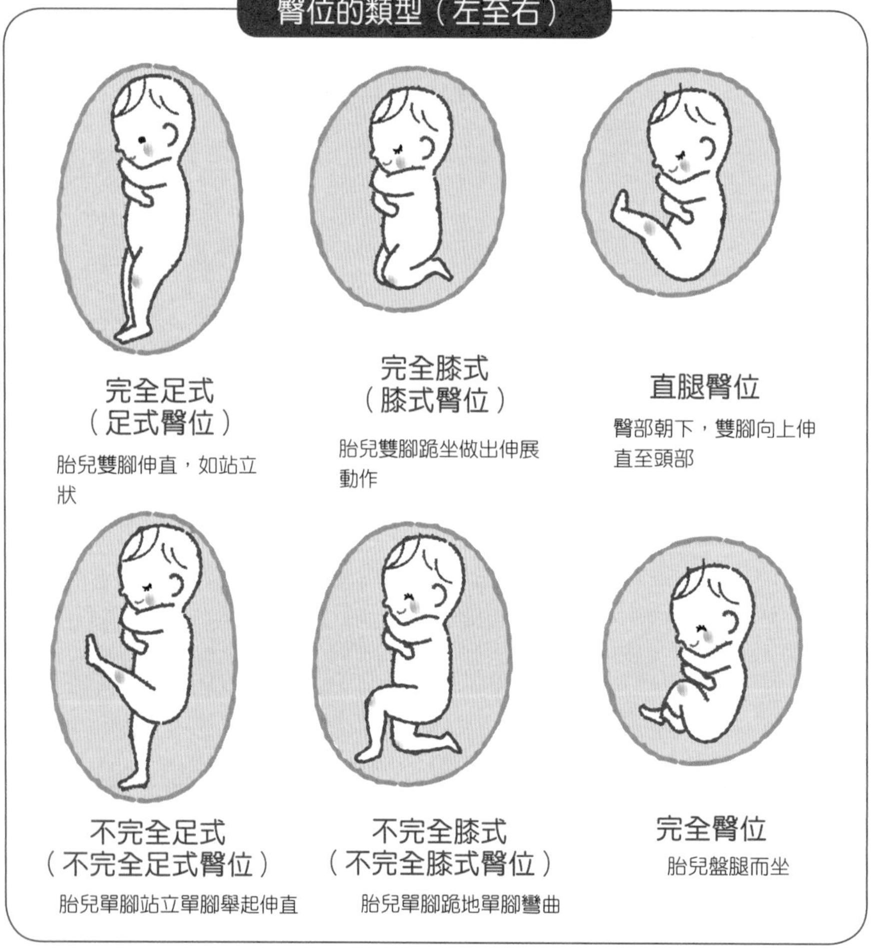
完全足式
（足式臀位）
胎兒雙腳伸直，如站立狀
完全膝式
（膝式臀位）
胎兒雙腳跪坐做出伸展動作
直腿臀位
臀部朝下，雙腳向上伸直至頭部
不完全足式
（不完全足式臀位）
胎兒單腳站立單腳舉起伸直
不完全膝式
（不完全膝式臀位）
胎兒單腳跪地單腳彎曲
完全臀位
胎兒盤腿而坐

想矯正胎位不正 一定要先詢問醫師

矯正胎位不正的方法有胎位矯正運動、針灸及體外旋轉按摩法等等。但不管哪種方法都不能百分之百保證它的效果。如果想進行胎位矯正，一定要事先徵求醫師的同意。

產前胎位矯正運動又分為雙腳膝蓋與胸部平貼於地板的「膝胸臥式」，以及臉轉向側面枕手半躺的「側臥式」兩種。而針灸療法則主要以艾草點火灸內腳踝上三寸的三陰交，及位於腳指頭的至陰穴。

此外，體外旋轉按摩法則是醫師以畫圓的方式輕輕按摩產婦腹部。但由於此方法風險較大，若一不小心恐怕引起早產或胎盤早期剝離的危險，醫療院所多半不積極推廣此療法。

無法改善胎位不正的問題，就必須選擇剖腹產

分娩時，若胎頭先露出來將有助於撐開產道，使身體軀幹更容易滑出。但胎位不正，較頭部體積小的腳或臀部雖能順利通過產道，但容易導致頭部卡住出不來或臍帶被擠壓夾在產道裡的危險。因此若臨盆時依然胎位不正，為了母子性命安全，多半採取剖腹產的方式。

胎位不正注意事項

想要避免胎位不正，就要從日常生活做起

● **舒服的姿勢**
媽媽坐臥舒適，對胎兒就是最舒服的姿勢。

● **不穿緊身衣褲**
不要穿戴過緊的塑身衣或腰帶，以免增加腹部的束縛。

● **放鬆心情**
精神太過緊張也會帶給身體無形的壓力。經常深呼吸放鬆一下心情。

● 改善胎位不正的方法 ●

● **胎位矯正運動**

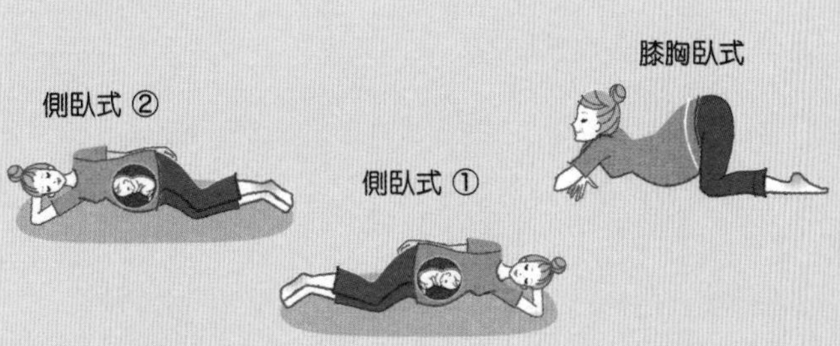

膝胸臥式：採俯臥姿勢，雙腳膝蓋打開與肩同寬，膝蓋及胸部平貼於地板，臀部盡量抬高。

側臥式 ①：若胎兒的背骨位於媽媽腹部右側的話，則將左半身側躺於地板上。

側臥式 ②：若胎兒的背骨位於媽媽腹部左側的話，則將右半身側躺於地板上。

● **針灸**
以針或灸的方式刺激穴道，促進血液循環，改善腹部緊繃不適的問題。適度的針灸可促進胎盤的血流，使胎兒活動量變大。

● **體外旋轉按摩法**
專業醫師將手置於母體腹部，以畫圓的方式促使體內的胎兒旋轉身軀。由於伴隨著胎盤剝離的風險，現在普遍不鼓勵採用。

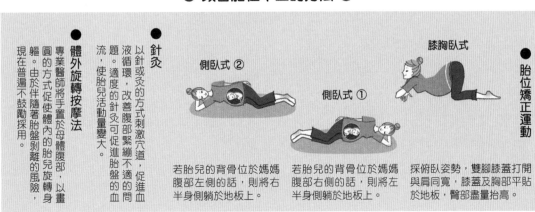

準備好了嗎？住院之前要先做好哪些準備？

打造一個適合的育兒環境

為了能在出院後就立刻把小寶寶帶回家照顧，應該在住院前就事先打造一個優質的育兒環境。雖然還不須要特別為寶寶準備個人的房間，但也必須把房子改造成適合寶寶活動生長的空間。尤其要特別留意安全與衛生考量。

記得將室溫保持在二十五度上下。由於剛出院的寶寶還沒辦法自行調節體溫，嬰兒床應避免安置於陽光直射或冷氣口下方。濕度則應維持在百分之五十至六十之間。可以在房間裡準備一個溫濕度計。

此外，嬰兒床的周邊也不可以放置重心不穩容易傾倒的東西。

打造一個優質的育兒空間

為了讓寶寶安心成長，打造育兒空間時要謹守三個原則。舒適、衛生、安全。把握這三個原則後，就能依個人喜好或房子大小量身訂做一個優質嬰兒房了。

不要讓寶寶直接照射到陽光，在窗邊安裝窗簾。
要注意冷氣口送出的風是否會直接吹到寶寶。
要經常保持嬰兒床的清潔，床底下也別忘了打掃喔！
將寶寶的衣物放置於不易沾染灰塵的抽屜裡。

列清單選購住院物品及嬰兒用品

除了打造優質的育兒環境外，也可陸續添購嬰兒用品與媽媽住院時所需的物品。但準媽咪挺著大肚子上街買東西很辛苦，貼心的準爸爸也可以主動開口幫忙。

首先先列出採購清單，看看有哪些東西可以跟親朋好友借用。之後再將那些借不到的物品分成購買或是跟店家租借兩種選項。比如說嬰兒床使用期間較短，又有傳統式、遊戲床等多樣選擇，光是床要買哪種，尺寸大小適不適合家裡的空間等等細節就足夠讓爸媽討論半天了。這時，不妨可以考慮到店家先租。

此外，親友們也通常會買些嬰兒用的小禮物當做送給寶寶的見面禮。不必一次買足所有嬰兒用品，先準備比較急需的部分，其他的可以等出院後再看情況購買，這樣也可以節省不必要的開銷喔！

隔離寵物與寶寶的活動空間

基於衛生考量，有養寵物的家庭要分開規劃寵物與寶寶的活動空間。選用較高的嬰兒床，或在房間門口加裝柵欄等，只要做一點小改變就能防止寵物與寶寶的近距離接觸了。

此外，由於貓的糞便裡偶爾會有弓漿蟲的幼蟲或蟲卵，一不小心恐怕導致新生兒先天性弓蟲症，影響寶寶的智能發育。處理貓糞便時一定要帶上手套，並徹底清潔。

媽媽心情分享

因為怕吵到寶寶睡覺，刻意選了離客廳最遠的房間當做嬰兒房。

嬰兒房裡不堆放雜物，方便打掃。

家裡有養貓，寶寶剛出生時都用柵欄隔離，現在寶寶長大了反而成天黏在一起感情很好。

養寵物的家庭必讀

如果只顧寶寶會引起寵物忌妒，有時候甚至會故意闖禍吸引飼主關心。

寵物身上的毛還有塵蟎都是新生兒過敏源，要經常打掃。

寵物的飼料與大小便盆一定要放在寶寶碰觸不到的地方。

不讓寵物進入嬰兒房。

住院出院前、後必備的用品清單

院前要攜帶的物品

- ☐ 孕婦健康手冊
- ☐ 健保卡
- ☐ 醫院診療卡
- ☐ 現金（住院後再付也行）
- ☐ 印章／身分證
- ☐ 毛巾（羊水破時可用）

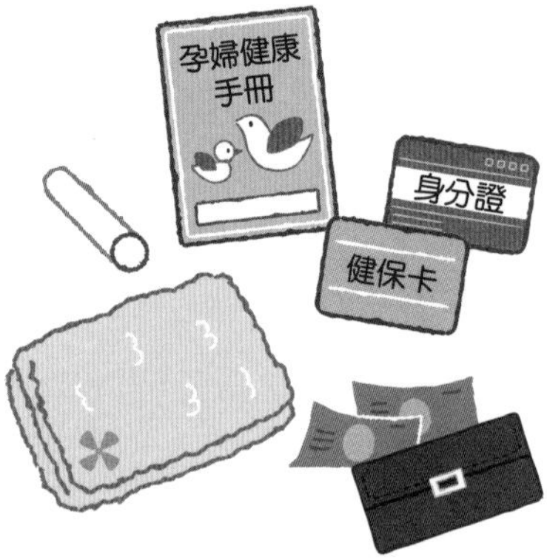

住院期間的必需品

- ☐ 睡衣（上下分開且前開釦，以方便哺乳）
- ☐ 厚外套或薄外套
- ☐ 拖鞋或涼鞋
- ☐ 襪子
- ☐ 哺乳用內衣
- ☐ 產婦內褲
- ☐ 盥洗用品
- ☐ 浴巾、毛巾
- ☐ 化妝水、乳液等保養品
- ☐ 護唇膏、護手霜
- ☐ 零錢、手機、電話卡
- ☐ 茶杯、馬克杯
- ☐ 面紙

出院時的必需品

- ☐ 嬰兒包巾
- ☐ 嬰兒衣物、帽子
- ☐ 玩偶
- ☐ 嬰兒汽車安全座椅（若家人開車接送）
- ☐ 媽媽哺乳衣（最好是前開扣式的上衣，方便哺乳）

住院期間有了會加分的東西

- ☐ 手機、攝錄影機
- ☐ 個人衛生用品（牙膏牙刷、乾洗頭粉）
- ☐ 鬧鐘（最好是有秒針的，可以計算陣痛頻率）
- ☐ 暖暖包（減緩陣痛）
- ☐ 糖果（減緩陣痛）
- ☐ 溼紙巾
- ☐ 紙盤子、紙杯
- ☐ 曬衣架、曬衣夾
- ☐ 指甲刀
- ☐ 筆記本、紙跟筆

媽媽心情分享

吸管也很好用，不必改變姿勢就能喝飲料。

陣痛的時候熱到流了一身汗，幸好家人用帶來的扇子幫我搧風降溫。

住院期間，隨身聽讓我心情放鬆許多。

還好我有帶眼罩跟耳塞，讓我每天都睡得很香甜。

第8個月

第28週

（第196～202天）

月　日～　月　日

孕期接近末期，媽媽的身心靈都要開始準備分娩

胎兒的狀況

寶寶的聽覺與觸覺很敏感囉！

進入二十八週後，皮下脂肪增加體型圓潤，乾扁扁的皺紋不見了，看起來越來越像可愛的小寶寶。原先長滿了全身的胎毛也慢慢消失了。

為了適應出生後的環境，基本的生命機能也開始運作。隨著腦部的指令，呼吸狀運動次數也越來越頻繁。雖然還不是很成熟，但體溫調節的機能也啟動了。

在這一週裡，對於光線、聲音、味覺、氣味有了較敏感的反應。眼球開始轉動，學習慢慢分辨光線明暗。聽覺與觸覺的反應也慢慢上了軌道。

此時的寶寶開始為了因應誕生後的環境正在悄悄做準備了。

胎兒的超音波照片

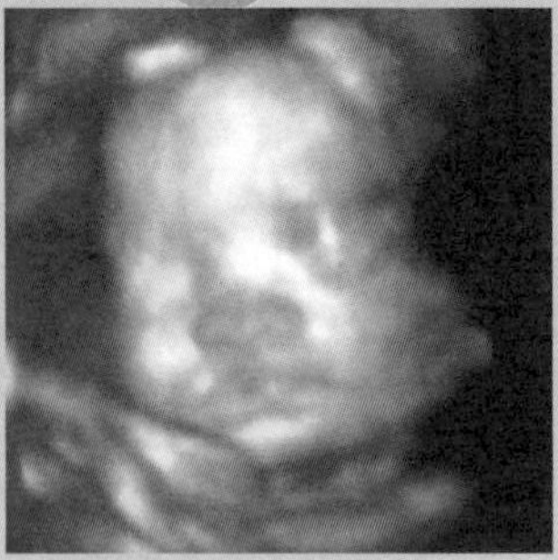

身長／40cm

体重／1500g

臉的五官輪廓清晰可見。好像睡著了，雙眼眼瞼緊閉著。除了外型之外，身體機能也逐漸發育成熟。已經可以在媽媽肚子裡聽到來自外界的聲音。雖然能看見東西，可惜媽媽的肚子裡沒有什麼好看的，應該覺得很無聊吧！

（照片提供：東峰婦產科診所）

媽媽的狀況

為了方便分娩，身體產生了變化

隨著預產期逐漸接近，媽媽的體內也慢慢起了變化。子宮肌肉的收縮擴張運動較先前明顯，使得腹部經常感到緊繃不適。

由於肚子越來越大，身體得一邊支撐子宮的重量一邊取得平衡，不知不覺中就形成了雙肩重心往後的姿勢。雖然這個姿勢對天生腹肌較弱的媽咪們來說會感覺比較輕鬆，但也容易引起腰痠背痛或肩膀痠痛。應該盡量使用腹部的力量讓身體不往後傾。

此時配合簡單的運動有助於減輕壓力及運動不足的煩惱。不管是邁開步子走路或輕鬆地出外散心，運動時都要視身體情況稍作休息。

第8個月

第29週

（第203～209天）

月　日～　月　日

寶寶的身體機能正常運作

胎兒的狀況

即使在這一週就出生也能平安長大

寶寶已經學會眨眼睛，也能自行張大或緊閉雙眼。張開眼睛的時間較以前長。肌肉與神經細胞活動量大，也可以自由揮動手指。

透過超音波可以清楚看到腳趾頭的指甲，頭頂也長出了毛髮。

腦部順利地成長發育，大腦變厚且越來越大，凹凸有型，慢慢形成皺摺。

到了這個時期，即使早產，只要做好完善的醫療處理寶寶也能健康地長大。

腦部發育

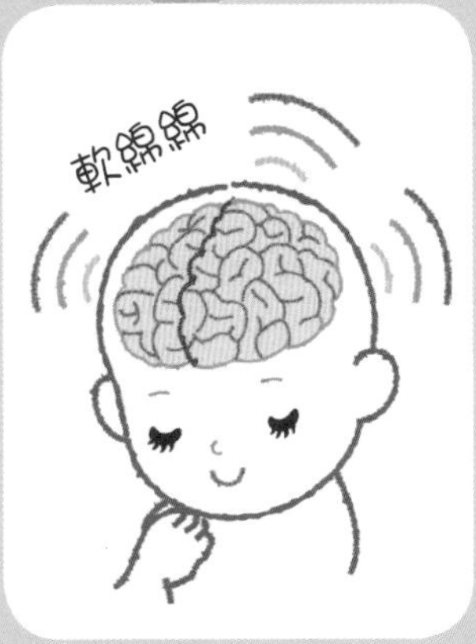

這個時期寶寶的腦部發育速度相當驚人。不但頭顱面積變大，就連大腦表面皮質層也產生了皺摺。可以多跟寶寶說話，或是放音樂刺激他的腦部發育。有學者認為，在寶寶三歲之前腦部百分之八十早已發育成熟了。

媽媽的狀況

聽聽身體的警訊，經常休息補眠

有些準媽咪會頻繁地出現前驅陣痛（相較於臨盆前陣痛，來得期間較早且不規則）現象。被胎兒撐大的子宮壓迫到膀胱，引起頻尿或失眠的症狀。也可在白天補眠適當休息，調整成最佳的身心狀態。

第8個月

第30週

（第210～216天）

月　日～　月　日

學著習慣大肚子，休閒舒適地過生活

胎兒的狀況

子宮變狹窄，轉為胎兒姿勢

胎兒持續成長，體型越來越大。以前還能自在活動的子宮，現在也越來越狹窄了。但是寶寶在子宮的保護下偶爾還是可以動動身體、翻翻觔斗、踢踢腿。內臟的形狀與機能在此時也幾乎與成人無異。

能隨著外界刺激有所反應，感受到光源時也會眨眼，有些寶寶還會打嗝呢。用心的媽咪們也能察覺到喔！

此時寶寶會經常咬著自己的大拇指，即使還在媽媽肚子裡就已經會做新生兒的招牌動作了。

胎兒姿勢

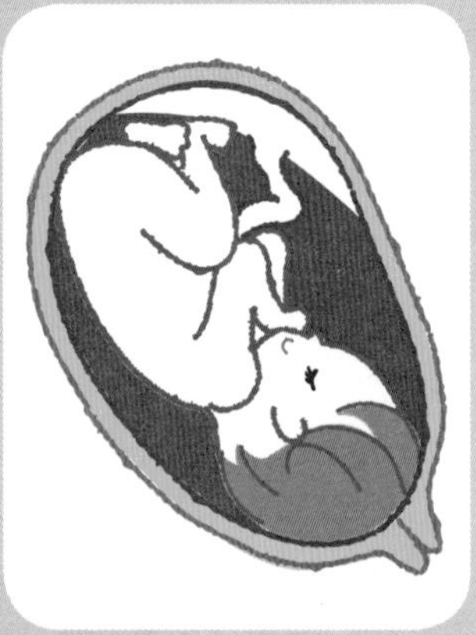

一般而言，胎兒的體位大致分為胎頭朝上的臀位，以及胎頭朝下腿部在上的正常頭位。進入懷孕後期，由於子宮越來越狹窄，胎兒會將雙腳抱於胸前，這種捲縮的姿勢稱為「胎兒姿勢」。

媽媽的狀況

肚子大而豐腴，媽媽們開始擔心妊娠紋

懷孕後期，肚子急速撐大，體型圓潤豐腴，胸部與大腿也容易出現妊娠紋。

懷孕期間所形成的妊娠紋，通常在生產後顏色會慢慢變白，漸漸不再那麼明顯。但並不會完全消失。依個人體質不同，有些準媽咪即使勤擦乳液保養依然躲不過這些惱人的妊娠紋。

媽媽心情分享

可能是因為我很注意不讓自己突然發胖，做好體重管理，所以幾乎看不到什麼妊娠紋。

每天洗完澡一定會擦乳液保養，這是我擊退妊娠紋的方法。

第8個月

第31週

（第217～223天）

月　日～　月　日

胎兒的五官感覺發育成熟，胎動也越來越頻繁

胎兒的狀況

維持最基本的生存機能

到了第八個月後期，寶寶的五官感覺及肺機能都已發育成熟。只是還沒有什麼機會能測試這些身體機能。例如，子宮內的寶寶不是靠鼻子用肺來呼吸，因此嗅覺還不算發達。相對地，觸覺與聽覺使用頻率較多，發育的速度也比較快。

＊勤練無影腳＊

由於寶寶活動量變大，踢媽媽肚子的次數也跟著增加。這個時期，寶寶踢肚子的力道比以前更有力了。有些寶寶還會在狹窄的子宮裡翻轉身軀。

瞳孔對光反射（pupillary light reflex）

寶寶的雙眼會在黑暗時張開，遇到強光則緊閉，隨著外界的光線強弱做眼部反應。
但隨著光的強弱調節瞳孔大小的反射動作（「瞳孔對光反射」）功能還不是很成熟。

媽媽的狀況

懷孕後期要學會慢動作

挺著大肚子，即使做一些日常的動作也都感到很吃力。

一天內經常感覺肚子繃繃的。雖然不會痛，但肚子摸起來硬硬的。這種不舒服的感覺只要躺在床上稍為休息一下多半都會消失。進入懷孕後期不管做什麼事都要放慢動作，養成動一下就休息一下的習慣。

第9個月

第32週

（第224～230天）

月　日～　月　日

羊水量最豐沛的時期

胎兒的狀況

媽媽能明顯的感受到胎動

羊水量達到高峰，在32週左右約高達八百毫升；此後，羊水量會隨著胎兒的成長逐漸減少，使得子宮裡絕大多數的空間都能用來孕育胎兒，體積越來越大的胎兒，也會逐漸緊貼著子宮壁發育。從39週以後，羊水量會以極快的速度減少。

＊約兩本文庫本大小＊

媽媽的肚子越來越大，寶寶出生的時間也進入倒數計時的階段，此時，肚子裡的胎兒應該也開始覺得子宮越來越狹小了吧！身長45ｃｍ的胎兒，若將他直起身站立的話，會比兩本直式排列的文庫本長度還高喔！

（註：文庫本的大小約105mm ×148mm）

子宮變小了！

到了第32週，相較於日漸長大的胎兒，子宮相形之下也越來越狹小了，困在裡頭的寶寶幾乎動彈不得，而準媽咪們也會發現，寶寶踢肚子的次數減少了。此時雖然偶爾才能感覺到寶寶的胎動，但力道和強度似乎都比之前來得猛，那是因為儘管子宮空間變得狹小，但寶寶還是很活潑的在裡頭活動筋骨、練身手呢！

媽媽的狀況

被撐大的肚子壓迫到腸胃

準媽媽被撐大的子宮會頂到胸骨的下方，有不少人會因為胃部不適，無法一次大量進食，或因為腸子受到擠壓，而導致便秘或長痔瘡。建議準媽媽可以做適度的運動，或攝取各類蔬果，並且多補充水分來加以改善。此外，由於單寧酸（Tannin）容易引發便秘，應盡量避免飲用紅茶類等富含丹寧酸的飲料。

＊攝取水分和蔬果有助改善便秘＊

第9個月

第33週

（第231～237天）

月　日～　月　日

分娩倒數計時中，要確實做好健康管理

胎兒的狀況

寶寶開始為出生後的排泄功能做準備

此時羊水量豐沛，與其說寶寶浮在羊水裡，倒不如說是浸在羊水中，緊貼著子宮壁成長。

子宮裡的寶寶開始學著將喝進肚子裡的羊水，轉化成尿液排放出來，而這個動作也是為了出生後喝母乳、排尿的準備做練習。

與一般人一樣，寶寶會在醒著時張開雙眼，睡覺時將眼睛閉起來；此外，寶寶的臉上已經能做出幾種不同的表情囉！

寶寶成長到這個階段，若準媽媽意外染上較輕微的疾病，除了媽媽本身的免疫能力能抵抗外，寶寶自己也會啟動免疫系統來防禦唷！

肺部發育成熟

胎兒體內最晚發育成熟的器官就是肺部了！此時，寶寶的肺部終於發育成熟，即使誕生到這個世界上，他也能自力生存了。在母體內的胎兒，肺裡多多少少都含有羊水，等分娩時出了產道，就該讓他吐出來。

媽媽的狀況

累的時候就用最舒服的姿勢休息吧

過度疲勞或子宮壓迫到下半身的血管，都會導致腳踝、恥骨一帶感到痠痛，或發生抽筋、水腫等現象。媽媽一旦感覺下腹部腫脹緊繃，就該臥床休息，同時以自己最舒服的姿勢放鬆心情。

若水腫或血液循環不良的症狀不趕緊加以改善，恐怕還會引起手腳麻痺的症狀喔！

媽媽心情分享

聽人家說腳抽筋可能是因為鈣質不夠，所以我現在每天都會吃一些小魚乾。

我才在想自己是不是工作太久了，結果馬上就覺得腳踝隱隱作痛。懷孕期間還是別太拼啦！

第9個月

第34週

（第238～244天）

月　日～　月　日

為了順利分娩，媽媽的身體也開始產生變化

胎兒的狀況

胎兒的發育出現了個別差異

此時胎兒的自律神經發達，交感神經與副交感神經的機能啟動，心跳與呼吸也正常運作，外表看起來就像個新生兒一樣，並且有著圓潤的手腳唷！

但不是每個胎兒都有同樣的成長進度，發育較快的寶寶會開始下移至媽媽的骨盆處，以便日後分娩。

此外，各個胎兒的身長發育、體型大小，也開始出現了差異性。不過即使胎兒的體型較小，媽媽們也不用過於擔心他的健康狀態與發育進度。

這時寶寶的肺部機能發達，內臟器官幾乎已全數發育完成。

媽媽的狀況

體內血液增加的時期

由於分娩時胎盤會從子宮剝離，引起大量出血，因此這個時期的媽媽，體內會開始積極造血。雖然血液量會一口氣提升到平時的1.5倍左右，但紅血球的量卻不會跟著增加這麼多，也因此許多準媽咪會感到貧血或頭暈目眩。

臍帶

臍帶是由臍動脈與臍靜脈這兩種血管，所呈現的螺旋狀排列，看起來就像毛細血管旋轉束在一起般。臍帶會透過胎盤，將氧氣及養分輸送給胎兒，即使寶寶的脖子被臍帶勒住了也不用太過擔心，因為胎兒還是可以用自己的肺來呼吸。

＊幫助造血的食材＊

含鐵量高且富含維生素K的菠菜、鈣質豐富的羊栖菜，以及含有高單位的銅，能幫助身體攝取鐵劑的牡蠣、芝麻等，都是懷孕期間可以多多攝取的食物。

第9個月

第35週

（第245～251天）

月　日～　月　日

圓潤有肉的臉龐與軀幹

胎兒的狀況

圓潤有肉的臉龐與軀幹

到了發育的最後階段，胎兒的皮下脂肪量達到一定的程度，這些脂肪能協助新生兒維持正常體溫，而胎兒在這個階段，也已經開始為出生後做準備了！

也因為這些豐厚的皮下脂肪形成，胎兒圓潤的體型看起來已經與新生兒不相上下嘍！胎兒的膚色也轉為淡粉紅色，同時長出頭髮與指甲；男寶寶肚子裡的睪丸，也開始往下移至正常位置。

隨著身體機能、外觀都已慢慢上了軌道，胎兒先前驚人的成長速度也終於緩下了腳步。雖然胎兒體溫調節的功能依然尚未完成，但肚子裡的他，已經越來越接近能夠出生見爸媽的狀態囉！只要再努力一下下，就能來到這個世界了。

胎兒的超音波照片

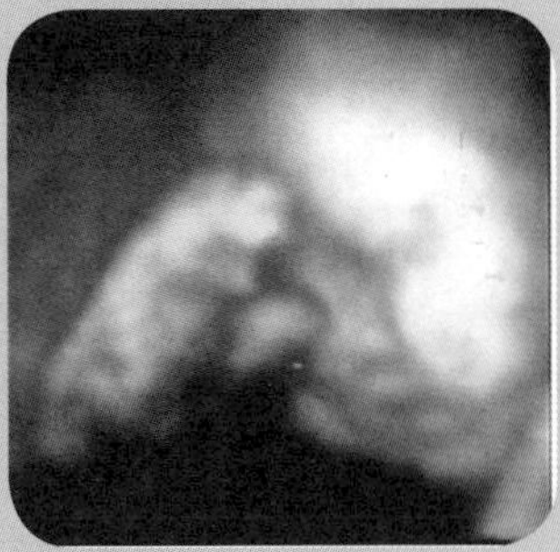

身長／45cm

体重／1800～2400g

可以清楚看到寶寶的側臉，同時也能觀察到寶寶伸到臉頰旁的手。即使肚子裡的寶寶在這個時期出生，也能很快適應這個世界，健康的長大。（照片提供：東峯婦產科診所）

媽媽的狀況

基礎代謝率（BMR）提升20%

所謂基礎代謝率，是指一個人為了維持最基本的生理活動所消耗的熱量。一般來說，女性的基礎代謝率較男性低，但懷孕後期的女性基礎代謝率則會提升20%左右。提升基礎代謝率是為了體重增加的媽媽，也是為了肚子裡的寶寶，而使身體更有效率的消耗熱量。

第10個月

第36週

（第252～258天）

月　日～　月　日

每週都要產檢，快要跟寶寶見面囉！

胎兒的狀況

隨時準備出生

胎兒的呼吸系統、心臟、肝臟、消化系統等身體內臟器官，都已成長到一定程度的大小，且維持正常的運作；神經系統與肌肉組織也相當發達，即使在現階段出生，也能呼吸及調節體溫。

胎兒的腎臟功能啟動，能自行代謝體內多餘的水分，使得水腫狀況消失，皮膚潤澤富有彈性，並持續長出大量的皮下脂肪，形成四頭身的體型；原本包覆全身的胎脂陸續消失，表皮肌膚轉為水嫩的淡粉紅色，外觀上看起來與新生兒無異。

一般而言，懷孕超過36週後，胎兒的身體機能也都發育完成了。因此若胎兒的體重超過二千五百公克，又可稱為成熟胎兒。

胎兒的超音波照片

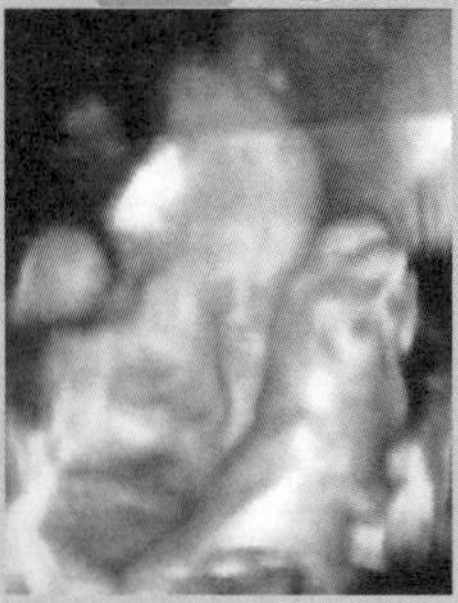

身長／50cm

体重／3000g

可清楚看到寶寶熟睡時的臉部表情，手部輪廓也清晰可見。這個階段的腎臟功能成熟，能代謝體內水分，改善原本看似水腫的肌膚狀況；寶寶的皮下脂肪豐厚，臉部及手腳的肌肉則豐潤有彈性。

（照片提供：東峰婦產科診所）

媽媽的狀況

身體狀況好轉後，更要持續均衡的飲食

從第36週起，產檢頻率增為每週一次，醫生會藉此觀察子宮口的開合狀態，同時確認寶寶是否開始向下移動，準備出生。在這個階段若用手輕撫腫脹的肚子，還可以感覺到寶寶的手跟腳喔！

由於子宮逐漸下降，心悸、喘不過氣的症狀減緩，準媽媽也開始胃口大增，如果之前因身體不適，導致毫無食欲的準媽媽，更應該趁此時把營養補回來喔！

這個階段是寶寶最需要營養能量的時期，千萬不要覺得自己太腫、太胖，就過度控制攝取熱量喔！在此時節食，反而會影響到寶寶的成長。

第10個月

第37週

（第259～265天）

月　日～　月　日

若有破水或陣痛現象，就要立刻就醫

胎兒的狀況

對疾病產生免疫力

到了第37週，胎兒會將背部捲縮成球狀，兩手置於胸前，彎曲雙腳縮貼著肚子，頭朝下準備進入骨盆腔。

雖然子宮裡沒有太多空間讓寶寶活動手腳，但在出生之前，寶寶依然會漸歇性的動一動身體，找到一個舒服的姿勢，然後就這麼迫不及待的，等著出生的那一刻。由於寶寶的動作較以前小且緩慢，有些敏感的媽媽會以為怎麼沒有胎動了呢！

此時，胎兒會透過媽媽的胎盤得到消滅病菌的免疫能力，即使在本週出生，也不必擔心會被外來的病菌擊倒嘍！還差一點點，寶寶就要誕生啦！

胎兒的免疫力

由於胎兒在懷孕期間，總能源源不絕得到來自母體的抗體，所以在這個階段的免疫能力，反而比成人來得強，即使出生後，這樣的免疫能力依然會持續好一陣子，然後才逐漸消失。
通常媽媽們產後4～5天內都會分泌母乳，這些初乳裡含有大量與懷孕期間相同成分的抗體，能藉此增加新生兒的免疫力。

媽媽的狀況

有些媽媽容易感到焦躁或敏感亢奮

此時，媽媽一方面期待著與寶寶相見，另一方面卻又因為即將臨盆，而感到不安緊張。到了晚上肚子腫脹得更為嚴重，再加上寶寶漸歇性的胎動，反而使許多準媽咪夜不成眠。但這種睡睡醒醒的睡眠習慣，其實也是在為產後的育兒生活做預演。

或許有些緊張的媽媽會開始擔心，過了預產期還看不見分娩的徵兆，而讓自己焦躁心煩。但媽媽們不用太過擔心，相信再過不久，就能跟寶寶見面了。

媽媽們只要放鬆心情，保持體力與耐力，盡可能讓自己安閒舒服，並且享受即將結束的懷孕生活吧！

第10個月

第38週

（第266～272天）

月　日～　月　日

掌握分娩徵兆，準備住院待產

胎兒的狀況

內臟器官成熟，長出肥厚脂肪

內臟器官發育完成，接下來的幾天內，胎兒的皮膚將越來越厚實。

從這個階段開始，肚子裡的寶寶每天會大約長出14公克左右的脂肪；此外，寶寶的手指甲也會在2～3天內，長到超過指尖的長度。

快要出生了

到了第38週，胎兒的內臟、肌肉組織及神經系統，為了順應出生後能立即呼吸、調節體溫、喝到母乳，都已做好萬全的準備。
寶寶隨時都有可能出生。媽媽可以先把生產流程再複習一次喔！

＊哭不出眼淚＊

新生兒出生後的幾個星期裡，淚腺的功能還不算發達，因此絕大多數的新生兒雖然哭得很大聲，但幾乎滴不出一滴眼淚。

媽媽的狀況

恥骨及腳踝感到疼痛

媽媽體內的賀爾蒙開始促使恥骨接合處日漸鬆弛，因此越接近產期，恥骨一帶與股關節便越常感到疼痛。這些不適症狀全是為了讓媽媽生產更順利，使寶寶的頭顱更容易通過產道。

腹部腫脹的次數增加，且不規則的持續著，建議媽媽可以配合自己的身體狀況，維持適度的運動來加以改善。

第10個月

第39週

（第273～279天）

月　日～　月　日

越接近臨盆，胎動也越來越少

胎兒的狀況

頭顱變軟以便通過產道

為了讓生產時能順利通過產道，胎兒頭蓋骨的接合處，並未完全閉合、變硬。

接下來的幾天內，胎兒的胸部會較以往隆起、突出，這是受到來自母體動情素的影響，所以即使是男寶寶，胸部也會有隆起的現象。

胎兒的肝臟為了製造血液細胞，逐漸成長變大，因此新生兒的肚子通常看起來又大又圓滾滾。

此時羊膜中除了有發育成熟的胎兒外，也充滿了約八百毫升左右的羊水，因此胎兒只能將手腳捲縮成球形，勉強擠在裡頭，相對的胎動次數也跟著減少。

新生兒的頭蓋骨

若我們用手撫摸新生兒的額頭及頭頂附近，會發現寶寶的頭顱較成年人柔軟、薄弱，這是因為新生兒頭蓋骨的前囟門及後囟門部分尚未完全結合，僅靠5根骨頭支撐著頭形，如此一來，柔軟的頭顱才能順應狹窄的產道推擠做調整，使生產過程更為順利。

媽媽的狀況

開始出現陣痛

子宮下移後，胃部的壓迫跟著減緩，不適的症狀也消失了。

算一算時間，也差不多該出現見紅等分娩徵兆（有些產婦沒有見紅便開始陣痛了）。雖然見了紅，但並不表示馬上就會生產，若腹部每隔10分鐘，便感覺到有規律的腫脹疼痛感，才算快要進入分娩的陣痛期。

第10個月

第40週

（第280～286天）

月　日～　月　日

臨盆當天，媽媽與寶寶終於見面囉！

寶寶決定，若寶寶覺得就是今天、就是現在，便會送出陣痛的徵兆給媽媽。

在等待的過程中難免會感到緊張不安，但寶寶終究會發出「準備好了！媽～我要出生囉！」的訊息，所以媽媽們只管放鬆心情，耐心等待寶寶想出生的那一刻吧！

胎兒的狀況

寶寶跟媽媽終於見面了

這個星期是寶寶的預產期，肚子裡的寶寶在此之前，都已完成所有的身體發育。

媽媽或許滿心期待著要跟寶寶見面的那一刻，雖說如此，照表操課、乖乖在預產期出生的寶寶，僅有百分之五而已。

什麼時候開始陣痛，完全由

① 初步階段
每隔20～30分鐘，便出現假性陣痛，是進入10分鐘間隔真產痛之前的階段。準備入院待產。

② 加速階段
陣痛頻率縮短為2～5分鐘，且疼痛強度轉強。可以請爸爸幫忙按摩腰部、腹部及肛門，舒緩陣痛。

③ 轉移階段
子宮收縮時間拉長為60～90秒，陣痛間隔2～3分鐘。移動至產房的階段。

④ 胎頭娩出期
胎頭若隱若現。配合陣痛頻率使勁用力。

⑤ 身體完全娩出期
頭顱先鑽出陰道，接著是肩膀、身體、腳依序娩出。

⑥ 分娩後期
寶寶出生後仍會有輕微的陣痛，這是為了娩出遺留在子宮裡的胎盤。至此才算分娩完成。

第10個月

第41週

（第287～293天）

月　日～　月　日

「慢半拍」也是寶寶的個人特質，即使出生較晚也不用擔心

胎兒的狀況、媽媽的狀況

預產期不過只是推算的日子，不用太過在意

即使過了預產期也不用太擔心，寶寶一定會準備好出生的。要記得，預產期不過只是一個推算的日子罷了。

胎兒在出生前，幾乎所有的發育都已完成，因此每個寶寶也都養成了自己的步調與個性。有人天生慢條斯理，有人就是個急性子，但無論如何，寶寶最後都會照自己想出生的時間出生。

事實上，百分之八十五左右的新生兒出生的日子，都較預產期快或慢兩週。

因此，只要醫師診斷後認為「媽媽跟寶寶的身體狀況都很好」，那就不用太緊張了。繼續保持平常心，耐心等待慢半拍的寶寶吧！

媽媽的狀況

怎樣才算過期妊娠？

一般而言，預產期都會落在懷孕第40週左右，雖說懷孕36～41週之內出生都算足月產，但每個媽媽子宮的健康情況不同，每個寶寶也都有自己的個性，很少會準確的按照計畫出生，預產期只不過是一個推算的日子罷了。

但若超過42週依然沒有出現任何分娩徵兆，持續著懷孕的狀態，就稱為過期妊娠。雖然不至於引發什麼後遺症，但由於此時母體的胎盤已逐漸老舊，功能減退，恐怕無法繼續輸送養分及氧氣給肚子裡的胎兒。

若有過期妊娠的現象，可以選擇小心謹慎的等待胎兒出世，或採用一般常用的方法施打催生劑引產。

知道賺到

準媽媽情緒小錦囊❷

關於懷孕、生產的傳聞，是真是假？

那些流傳已久的傳聞，到底有沒有根據？

自古以來，總是有許多關於懷孕與生產的流言蜚語，有些一聽就知道是個無稽之談，但也有些聽起來似乎煞有其事。這些傳聞的來源大致上可分為兩種，一部分是為了保護即將（或已經歷過）懷孕生產這件人生大事的媽媽，更有一部分則是周遭人們過度期待所產生的穿鑿附會。

也該是時候來好好想想，那些老阿嬤口耳相傳下來的禁忌傳言，背後究竟隱含了什麼樣的意義。

比如說從古至今，坊間總是流傳許多包生男或包生女的偏方，這些流言其實沒有任何醫學根據，但是在以前那個無法事先得知寶寶性別的年代裡，不只是爸爸、媽媽，就連周遭所有的親朋好友，也都非常好奇肚子裡的寶寶究竟是男胎還是女胎，而這樣的過度期待，就會產生那些所謂包生男、包生女的無稽流言。

不管是真是假，從那些與懷孕、生產有關的流言禁忌裡，或多或少都能感受到大家對於即將出世的寶寶，所賦予的滿心期待吧！

＊關於寶寶性別的傳說＊

- 肚子比較尖就是懷男胎。
- 媽媽表情嚴肅就是懷男胎，溫和愉悅就會生女娃。
- 害喜嚴重一定懷女娃（也有一說認為是男娃）。
- 如果懷孕期間偏愛吃鹹的，就是懷了男寶寶。
- 如果爸媽長時間使用電腦，就會生女娃。
- 媽媽多半會生下與產墊上面寫的性別相反的寶寶。

（註：台灣的產縟墊上未標註性別。）

吃了鮑魚就會生出大眼娃娃？

吃鮑魚＝養眼，這種想法根本沒有科學根據；但由於鮑魚裡含有優良的蛋白質，懷孕期間經常攝取也是有益無害。

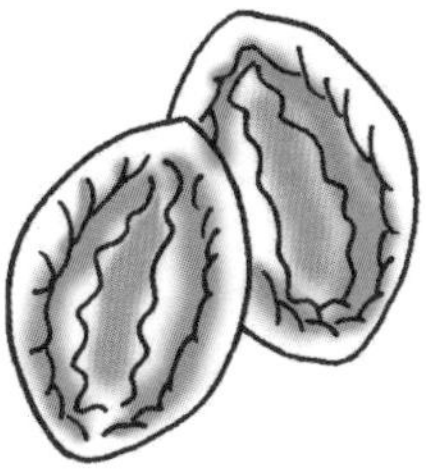

懷孕期間看到火災，會生出有傷痕胎記的寶寶？

這則禁忌裡或許有著這樣的訓誡——看到火災容易令人緊張亢奮，對孕婦不好。但關於會生出有傷痕胎記的寶寶這部分，則是完全沒有根據的無稽之談。

把衛浴整理得非常乾淨、清潔，一定會生下漂亮的寶寶？

這件事雖然沒有科學根據，但這則傳言背後，或許也有著這樣的意涵——懷孕期間仍然經常清潔衛浴，維持做家事的習慣，其實也能適度活動筋骨、運動健身。

孕婦不能出席喪禮？

懷孕是個大喜之事，這則傳聞或許源自於喜事、喪事會相忌、相沖的宗教觀吧！

懷了身孕就要吃兩人份的飯菜？

這個傳說在早期那個營養不良的時代裡曾被奉為圭臬，但現在的孕婦如果照做，反而會在產檢時因為體重過重，而被醫師要求控制食量喔！

爬高拿東西，臍帶會纏住寶寶的脖子？

這件事並沒有科學根據，但卻可藉此警惕孕婦盡量避免爬上爬下，以免跌倒，發生危險。

產後忌水？

做家事幾乎都得碰水，所以這則禁忌讓孕婦有了合理的藉口，可以在產後暫時休養，不做家事，而這也是為了保護剛生完寶寶的媽咪喔！

產後看細小的文字，視力會變差？

這則流言的背後，或許隱含著這樣的訓誡吧——剛生完寶寶體力較差，若在此時用眼過度，勉強打起精神留意東、留意西，反而對身體不好。

不要在產前縫製寶寶的衣服？

若萬一遇到流產或死產，可以將產婦的精神創傷減到最低。

從孕育生命開始學習面對生命

子宮是能包容任何人的偉大象徵

人類的身體會本能的分出敵我關係，並藉由免疫系統阻斷與自己不同的物質。但是，只有子宮能包容不同國籍、民族性、人種的受精卵，並將其孕育成人；此外，姑且不論是好、是壞，現今醫學也證實了一點，即使停了經的婦女，她的子宮仍然具有孕育新生命的力量。

不管科學技術再怎麼先進，至今仍無法成功培育出人工子宮。過去，子宮一直被貼上令女人歇斯底里的壞標籤，但事實上，現在應將子宮正名為「充滿偉大母愛的象徵」。

像被捧在掌心般的觸感

或許有人會以為寶寶擠在狹窄的子宮裡，一定很委屈，事實上剛好相反，待在子宮裡的寶寶，就像隨時隨地被人捧在掌心般舒適自在呢！當寶寶精力旺盛時，子宮會與胎盤一起努力製造羊水，提供寶寶一個安全的活動空間；當寶寶感到身體不適時，則會減少羊水，以便縮小空間，包覆寶寶。子宮總是配合寶寶的狀況，保持適度的距離守護著寶寶。另一方面，若寶寶感受到自己受到百般呵護時，就能更安心成長。長大後，我們也曾有過像寶寶一樣鑽到被窩裡，將身體捲縮起來的經驗吧！這種捲成一團的姿勢，又稱為胎兒姿勢。即使長大成人，我們的身體始終忘不了在生命原點——子宮裡的安全感，而那種所謂的「生命原點」，就是被捧在掌心般的溫柔觸感。

子宮小將

我們能透過子宮學到許多神祕的生命力量，比如說，每個小孩都期待父母是能無限包容自己的安全港，只要擁有這份安心、安全的感覺，即使在成長過程中歷經叛逆期，繞了點遠路，終究還是會走回原點，讓自己成為孕育下一代的安心所在。這條世代相傳的生命鏈是生生不息的，而「子宮小將」就是傳達我這個抽象概念的親善大使。孕育生命的子宮與孕育萬物眾生的地球，其實相輔相成，自成一體，讓我們共同打造一個「愛惜子宮（生命）的地球」吧！

妳，只管開心做自己就好。

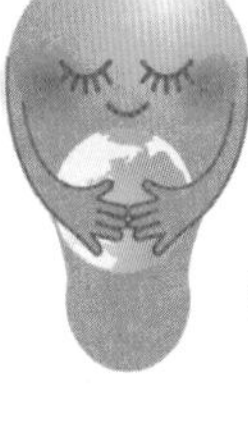

編註：此為竹內醫師診所的吉祥物

第3章

懷孕期間的健康生活

為了健康、舒適的度過漫長的懷胎10月，
本章特地網羅了許多與食衣住行相關的生活祕訣。
只要媽咪們能充分掌握身體的變化，
就能安心等待寶寶的誕生囉！
「順其自然」是唯一的原則。

自在面對因為懷孕而產生變化的身體

懷孕後，身體姿勢與皮膚都起了大變化

懷孕期間，肚子、胸部與屁股都會開始囤積脂肪，一旦進入懷孕後期，子宮更會像吹氣球一般越撐越大，使肚子向前挺出，隨著這樣的身體變化，整個人的重心也會往前挪。許多媽咪為了保持平衡，也不知不覺改變了站姿，因此加重了腰部與背部的負擔，產生腰痠背痛的困擾。

此外，臉上開始長出黑斑，乳暈、外陰部、腋下也同時出現黑色素沉澱的現象，醫學上認為，這是身體為了因應寶寶吸乳時的拉扯，自行產生麥拉寧色素，以藉此強化肌膚的拉力。不過此時產生的黑色素沉澱，在產後會略為淡化。

懷孕期間的身體變化

懷孕期間由於賀爾蒙分泌量的改變，身體也會跟著產生子宮越撐越大，以及長出皮下脂肪等變化。

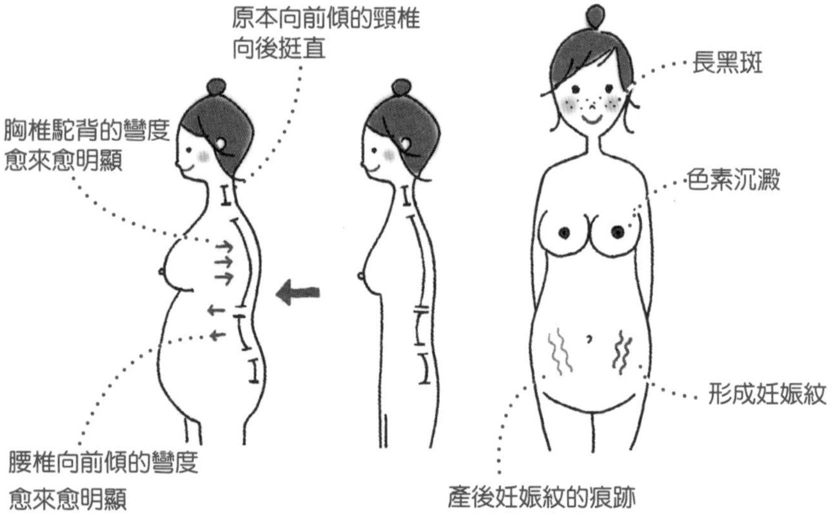
原本向前傾的頸椎
向後挺直
胸椎駝背的彎度
愈來愈明顯
腰椎向前傾的彎度
愈來愈明顯
長黑斑
色素沉澱
形成妊娠紋
產後妊娠紋的痕跡

變大的子宮逐漸進入骨盆腔，身體為了保持平衡，遂將重心往後挪，使得腰椎的彎度增加，胸椎隨之往後傾斜，同時將原本向前傾的頸椎往後拉直。

乳頭、乳暈、外陰部、腋下等部位會出現色素沉澱的現象，臉頰也跟著長出黑斑、雀斑等斑點。絕大多數的準媽咪會因皮下組織跟不上脂肪增加的速度，而形成妊娠紋。

想要產後依然美麗動人，就要及早預防妊娠紋

當脂肪在短時間內急速增加時，雖然表皮組織能跟著急遽擴張，但真皮層內的彈性纖維，卻可能因跟不上肌肉生長的速度而斷裂，而在皮膚表層產生一條條若隱若現的紋路，稱為妊娠紋。

通常妊娠紋會發生在腹部、胸部、腋下、臀部與大腿這些脂肪大量堆積的地方。雖然懷孕後期才是妊娠紋形成的主要時期，但仍有不少準媽咪會在懷孕中期發現妊娠紋，因此及早預防才是上上策。

目前雖然還沒辦法完全預防妊娠紋的產生，但準媽咪可以藉由控管體重，防止體重急速爆增來預防；此外，塗抹保濕乳液（妊娠霜），配合適度的按摩，也頗有效果。妊娠紋好發於乾燥的皮膚表層，因此常保肌膚潤澤有彈性，就能有效杜絕妊娠紋纏身的問題。

一旦有了妊娠紋，就不太可能完全消失，但產後顏色會逐漸轉淡，看起來比較不會那麼明顯。

預防妊娠紋的按摩方法

選擇高保濕、油量純度高，且低刺激的乳霜，以輕柔的力道在肌膚表面按摩，尤其以泡澡後、皮膚表面溫度較高時，按摩效果最佳，但若過程中感到肚子轉硬、變得緊繃，就應立刻停止。

腹部

1 從肚子內側推向外側，接著由下往上推。

2 以肚臍為中心，用畫圓的方式按摩。

胸部到腋下

先從胸部下方推外側按壓，以手掌包覆乳房的輪廓，往乳頭部位上推；接著舉起手臂，從腋下往手臂的方向按推。

大腿到臀部

從大腿下方推向臀部。此時可將單腳置於浴缸或小椅子上，同時伸展按摩部位的皮膚，效果會更好喔！

減輕懷孕期間不舒服的症狀，試著愉快的度過

感覺到不舒服，但不代表生病了喔！

媽咪在懷孕期間，身體會產生各種不舒服的症狀，有些是因為體內荷爾蒙失調所引起，也有些是因為越來越大的肚子壓迫到內臟所引起。在這段時期裡，體內、體外都會產生各種不同的變化，大多數的變化都屬於正常的生理現象，僅有一小部分被視為臨床上的疾病，其中會直接影響到母體或胎兒性命的極為稀少。即使如此，這些不舒服的症狀對每位媽咪而言，都是三千煩惱絲的源頭。

這些不舒服的症狀在生產後多半都會消失無蹤，準媽咪可以參考以下的舒緩方法，努力再撐一下下，試著愉快的度過這段特殊的懷孕期吧！

不適症狀紓解小妙方

腰痛

做做健身操吧！

腰痛是大多數準媽咪的煩惱，伸展僵硬的筋骨，有助於紓解腰痛。

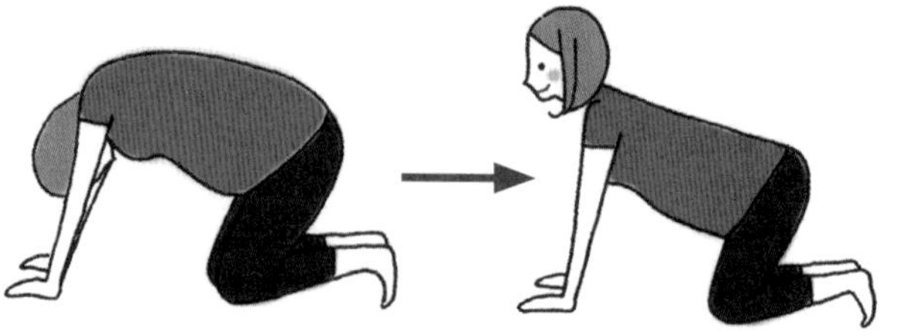

1 雙手、雙腳打開，與肩同寬，貼於地板。一邊吐氣，一邊看向自己肚臍的方向，將背部拱起呈半圓形。

2 接著一邊吸氣，一邊慢慢放鬆背部肌肉，將重心往下挪；同時眼睛看向天花板，抬起下巴。

靜脈瘤

抬腿休息

促進下半身靜脈血液循環，有助於減緩靜脈曲張。

【對策】

上床休息前準備一塊軟墊，將腿置於軟墊上。腿的位置若高於心臟，則有助於促進血液循環，預防靜脈瘤，並且也應避免長時間站立。

軟墊

白帶增加

勤換內褲或護墊

長時間穿著沾滿白帶的內褲，容易引起過敏、紅腫。

【對策】

選擇透氣的棉質內褲，並搭配使用護墊；護墊一旦髒了，就要換新的。

不適症狀一覽表

腰痠背痛　中期 後期

隨著肚子越來越大，身體為了保持平衡會很自然的挺起腰桿。到了懷孕後期，由於荷爾蒙分泌的影響，骨盆的關節處會越來越鬆弛，引發腰痠背痛。

對策 利用健身操將筋骨拉開，即可有效改善。此外，也可將暖暖包放在腰部，促進血液循環，減輕疼痛。

陰道分泌物增加　初期 中期 後期

由於荷爾蒙改變的關係，會導致陰道分泌物增加，這是正常的生理現象，不須太過擔心。但若伴隨紅癢或顏色異常、惡臭等現象，則有可能是陰道念珠球菌感染，應立即至醫院檢查治療。

對策 若工作場所無法經常更換內褲，可配合使用衛生護墊，但還是要記得勤換洗。

腿部抽筋　中期 後期

由於腿部必須支撐變大的子宮重量，加上膨大的子宮易壓迫下腔靜脈，造成下半身血液積滯而抽筋；此外，運動不足或缺乏鈣質，也都是腿部抽筋的原因之一。

對策 建議在泡澡時按摩雙腿。若抽筋狀況嚴重時，可坐在床上，然後抓住疼痛的那隻腿的腳趾，保持膝蓋伸直，同時盡可能的貼近床鋪，將腳趾朝身體方向拉，慢慢伸展腳脛的肌肉。

頭暈目眩　初期 中期 後期

引發頭暈目眩的原因是缺鐵性貧血與低血壓。由於子宮裡有大量的血液循環流動，若突然起身，血液來不及回到腦部，就會導致頭暈目眩的情況，有時也可能是因為壓力過度，引發自律神經失調，進而導致低血壓的徵兆。

對策 多攝取含鐵量豐富的食物來根治貧血。此外，起身時應放慢動作，不要一下子就站起來。

心悸、喘不過氣　中期 後期

由於懷孕期間血液循環量大增，使心臟負擔跟著增加，若變大的子宮壓迫到心臟、肺部，容易導致心悸或喘不過氣，嚴重時甚至可能會冒冷汗。

對策 出門在外或在家裡做家事時，都要經常休息。若心悸引起呼吸急促，可試著蹲下，同時多做幾次深呼吸來改善。

胸悶　初期 中期 後期

除了孕吐會引起胸悶之外，也可能因荷爾蒙變化的影響，導致腸胃不適；到了懷孕後期，子宮會將胃往上推擠，引起飯後胃酸過多或胸悶的情況。

對策 避免過度油膩及刺激性強的食物，進食時要多咀嚼幾次再吞下去。可減少每次的飯菜量，採用少量多餐的方式。

● 除此之外還有……

- 頻尿・滲尿 中 後　P145
- 嗜睡 初　P143
- 噁心想吐 初　P60、61
- 便秘 初 中 後　P142、144
- 痔瘡 初 中 後　P144
- 黑斑、雀斑 初 中 後　P153
- 腹痛 初 中 後　P88、89
- 皮膚紅癢 初 中　P153

水腫　中期 後期

水腫最主要的原因，來自於懷孕期間體液增加，加上變大的子宮壓迫到下半身的血液循環所致。水腫的症狀在傍晚或晚上最明顯，嚴重時甚至可能引發妊娠高血壓症候群。

對策 避免攝取過多的鹽分，同時注意下半身溫度，不要有手腳冰冷的情況。若身體狀況較好時，也可適度做些運動來改善。

靜脈瘤　中期 後期

當子宮壓迫到下腔大靜脈，導致下半身血液循環不良，迫使靜脈血管浮出表層皮膚，以肉眼即可觀察到明顯鼓起彎曲的血管，即為靜脈瘤。若靜脈瘤發生於外陰部，恐會引發破裂出血的現象。

對策 避免長時間站立。可選購市面上販售的防靜脈曲張褲襪，藉此改善靜脈血管的血液循環。

孕吐結束後，就要注意體重控管

過胖、過瘦都NG！要維持適當的體重增加

由於懷孕期間，身體會將熱量的來源——葡萄糖（糖分）優先輸送給胎兒，因此媽媽的體內容易屯積脂肪。孕婦若體重過重，容易引起妊娠高血壓症候群等各種慢性併發症，不過，現在最困擾醫師的，反而是那些「胖不起來的媽媽們」。這些準媽咪多半擁有苗條的身材，或是吃再多也不胖的特殊體質，但為了肚子裡的寶寶，媽媽還是應該多攝取營養的食物。

所謂適度的增加體重，其實依每位準媽咪們懷孕前的身材而異。媽媽可以利用下面的算式，算出懷孕前的BMI值，了解自己的體型後，再依照下圖的目標體重，逐月增加自己的體重。

CHECK！BMI值與體重增加的參考值

※ BMI（Body Mass Index）是判斷肥胖與否的身體質量指數。

懷孕前的體重 [　　] kg ÷（身高 [　　] m × 身高 [　　] m）＝ BMI [　　]

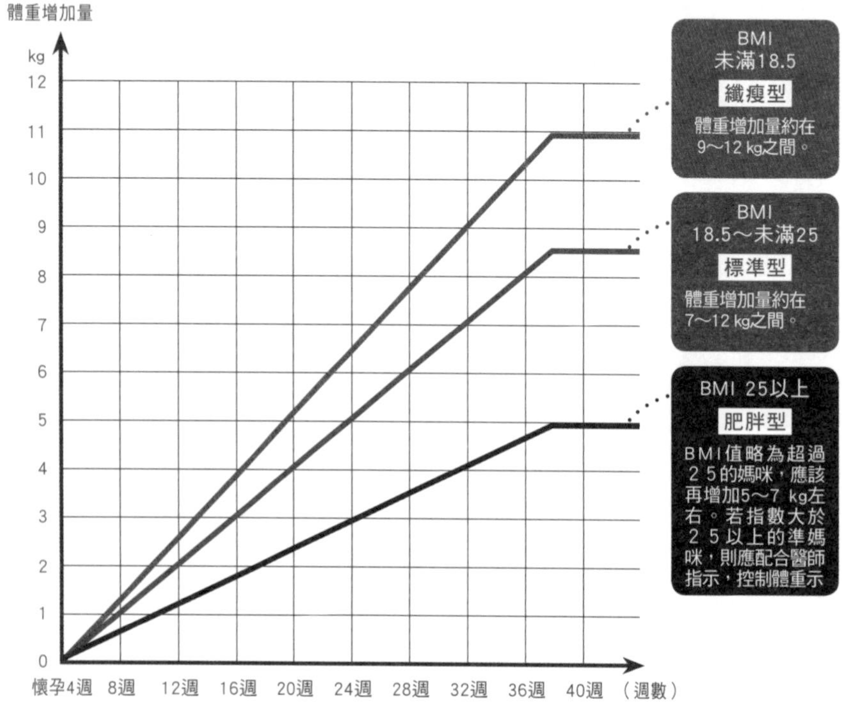

體重增加量
kg
12
11
10
9
8
7
6
5
4
3
2
1
0
懷孕4週
8週
12週
16週
20週
24週
28週
32週
36週
40週
（週數）
BMI 未滿18.5
纖瘦型
體重增加量約在9～12 kg之間。
BMI 18.5～未滿25
標準型
體重增加量約在7～12 kg之間。
BMI 25以上
肥胖型
BMI值略為超過25的媽咪，應該再增加5～7 kg左右。若指數大於25以上的準媽咪，則應配合醫師指示，控制體重示

懷孕期間體重增加的原因有哪些呢？胎兒的體重、羊水與胎盤的重量、母體內增加的循環血液量，以及子宮周圍與膨大的乳房裡含有的脂肪量等等。標準體型的媽媽若包含上述物質的總重，則須要增加七公斤左右，一個月平均要增加一至一點五公斤；而纖瘦型的媽媽則必須再增加皮下脂肪，因此最少也要增加九公斤。但最重要的是吃些什麼，同時也應該每天固定時間測量體重，確實做好體重管理。

懷孕期間增加了哪些重量？

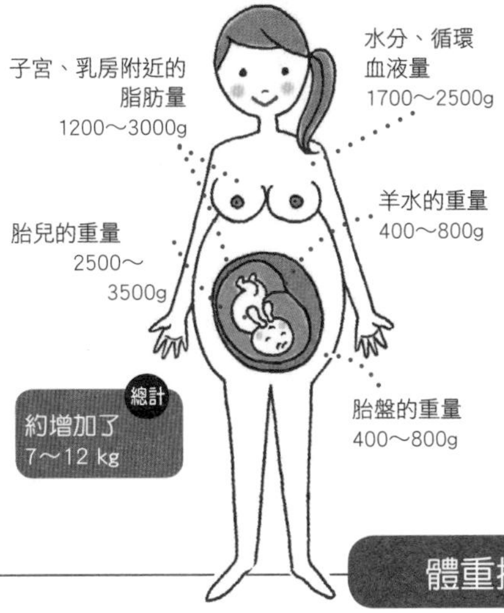
子宮、乳房附近的脂肪量
1200～3000g
水分、循環血液量
1700～2500g
羊水的重量
400～800g
胎兒的重量
2500～3500g
胎盤的重量
400～800g
總計
約增加了
7～12 kg

體重控管小妙方

● 攝取能預防便秘的食物

優酪乳
梅李乾

多吃些能改善便秘、暢通腸胃的食物。零食類可選擇優酪乳或梅李乾等水果。

● 記錄飲食日記

將每天吃過的東西記錄在本子上，如此一來就能知道自己什麼東西吃太多、哪方面的營養比較不足？飲食管理一目了然。

● 使用不沾鍋烹調

料理少油對於體重控管也很有幫助，炒菜時可選用不須加油的不沾鍋。

● 做家事當運動

很多家庭主婦都不知道，我們日復一日做得這些家事，其實也會消耗不少熱量。做家事當運動，還可放點音樂放鬆心情，真是一舉數得呢！

● 早餐吃得飽，晚餐吃得少

睡覺前熱量消耗最少，因此減少晚餐的量是不錯的選擇。相對的，早餐能提供一整天活動的熱量，千萬不能敷衍了事喔！

● 不要邊吃邊看電視

邊吃東西邊看電視或雜誌，很容易一不小心就吃太多。吃飯時只專心吃飯，即使跟邊看電視邊吃東西時吃同樣的量，也比較容易感到飽足感。

應有別於一般的飲食，但孕婦應該怎麼吃？

保持均衡的飲食習慣

懷孕期間要特別注意，不可攝取過多的熱量，但是太擔心體重而刻意減少食量，也不是正確的做法，因為孕期減量、減餐，反而會導致胎兒發育不良。即使懷了孕，還是要維持最基本的飲食習慣，一天三餐，有規律的攝取均衡食物，盡量不要吃零食。只要選對食材，在烹調方面多用點心思，就可以有效減少熱量攝取。若要吃肉就選瘦肉，比如說，雞肉可以採用脂肪量較少的雞胸肉，烹調的時候也盡量不要用油熱炒，可以改採少油的蒸煮方式，減少熱量。

建議媽咪們不妨自己構思一些少糖、少油的創意料理！

不要攝取太多鹽分，實行減鹽生活

吃太鹹的東西容易引起妊娠高血壓症候群。市面上販售的泡麵、調理包、醃漬品等加工食品，都含有過量的鹽分，能不吃就不要吃；煮菜的時候可以用檸檬或醋來提味，取代平常用的鹽、沙茶醬。用對了調味料，即使減糖、減鹽，也很美味喔！

●懷孕期間必須攝取多少熱量？

	沒有運動習慣的媽咪	有運動習慣或經常做家事的媽咪
非懷孕期間	20～30歲 1750大卡	20～30歲 2050大卡
	30～40歲 1700大卡	30～40歲 2000大卡
懷孕初期	＋50大卡	
懷孕中期	＋250大卡	
懷孕後期	＋500大卡	

打個分數吧

● 孕期飲食重點

□你知道在不同的懷孕期間，要攝取不同的營養素嗎？
□你有確實在一天內攝取足夠的營養嗎？
□你有在固定時間吃三餐嗎？
□進食的時候是否細嚼慢嚥？
□你在選購食材、烹調、調味的時候，有特別用心嗎？
□你會配合自己的身體狀況選擇菜色嗎？
□除了飲食之外，是不是還有保持運動的習慣呢？

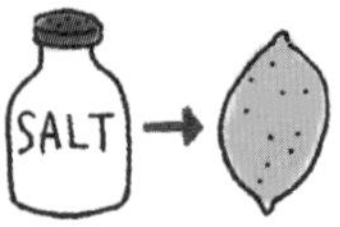

各種食材都要吃

為了讓寶寶健康成長，媽咪們可以參考下面的表格，來攝取均衡的飲食。鈣質、食物纖維、蛋白質、葉酸、維生素B群、維生素C，這些都是很好的營養來源，但也不能一個勁的猛吃，必須均衡攝取各項營養素，只要不偏食，多換口味、吃些不同的菜色，就能有效攝取各種不同的營養了。

● 有些魚、貝類不要吃太多

黃鯛、劍旗魚、金目鯛、鮪魚、旗魚（又名馬林魚）、日本鳳螺（又名象牙貝）

上述深海魚、貝類體內含有汞金屬，恐危及孕婦體內的胎兒發育。在此建議準媽咪們不妨以鮭魚、竹筴魚、鯖魚、沙丁魚、秋刀魚、鯛魚（不含黃鯛及金目鯛）、青甘鰺（又名青甘）、柴魚等不含重金屬毒物的魚類，取代上述有毒魚種。此外，水煮鮪魚罐頭若是少量攝取也無妨。

懷孕期間應該特別攝取的營養素

營養成分	食品種類	功效	烹調方法
蛋白質	肉類、魚類、大豆製品、蛋、起司、牛奶、優酪乳、蝦、螃蟹等	胎兒造血、製造肌肉的營養素，成長發育的基本來源，不可或缺	不同部位的肉質熱量比例懸殊，比如豬肉或雞肉應選購脂肪含量較少的瘦肉或雞胸肉
維生素C	青椒、番茄、波菜、高麗菜、綠色花椰菜、草莓、檸檬等	提升媽媽的免疫力，預防感冒等傳染病。此外，維生素C也有助於鐵質的吸收	國內蔬菜生吃的接受度不高，可稍為加熱烹煮
維生素B群	（B_1）豬肉、糙米、鰻魚等 （B_2）納豆、豬肝、牛奶、蛋 （B_6）鮪魚肉、磨菇	B_1可將糖類轉化為熱量 B_2有助於細胞再生及成長 B_6可減緩孕吐的噁心嘔吐症狀	維生素B群溶於水，加水調理恐流失營養素。可每天固定攝取牛奶、納豆等不須加熱的食品
葉酸	波菜、綠色花椰菜、韭菜、國王菜（又名山麻、長果黃麻）、豬肝、海藻、草莓等	維生素B群之一，是胎兒腦部及脊髓發展的重要營養素。若葉酸不足，恐引發神經系統異常的疾病	葉酸溶於水且怕高溫烹調，除了從飲食中攝取外，也可請醫師開立含有葉酸成分的營養錠
鐵質	魚貝類、海藻類、豬肝、大豆製品、蔬菜等	懷孕期間必須輸送大量血液給胎兒，因此具有造血功能的鐵質，能改善媽咪貧血的症狀	與維生素C同時攝取，能提升鐵質的吸收，如：可將檸檬汁淋在含鐵食物上進食，或養成飯後吃水果的習慣
鈣質	起司、優酪乳、牛奶、小魚乾、杏仁、蔬菜等	能滿足胎兒骨骼成長與牙齒發育的基本需求。母體鈣質易不足，所以媽媽應該為自己多吃點	與蛋白質、柴魚、青甘鰺、秋刀魚、鯖魚等富含維生素D的食物同時攝取，能增加鈣質的吸收
食物纖維	黃綠色蔬菜、根莖類蔬菜、芋頭、豆類、海藻、竹筍類、糙米等	懷孕期間容易便秘，食物纖維能幫助腸胃蠕動，有效預防便秘	須均衡攝取能包覆過多脂肪的水溶性纖維（海藻類及芋頭），以及能清宿便的非水溶性纖維（根莖類蔬菜、竹筍）

該怎麼吃才能有效改善孕吐症狀？

經常補充水分

孕吐期間要記得經常補充水分。孕吐會使體內的水分及礦物質隨著排泄物流失，甚至引起脫水現象，當孕吐情況越嚴重時，就越要補充水分。

不勉強自己，吃想吃的東西就好

只有在孕吐的期間，媽咪可以在想吃東西時，就吃想吃的東西，吃不下也不用勉強硬塞。如果空腹會感覺不舒服想吐，也不妨減少每次的飯菜量，實行少量多餐的方法，飲食體重管理，就等孕吐症狀消失後再開始吧！雖然有些準媽咪因為孕吐、沒食欲而變瘦，但在這段期間，胎兒會優先吸收母體內預存的營養素，所以不用太過擔心。

但是，只要孕吐症狀一消失，就要立刻改善飲食習慣，千萬不要因為孕吐期間食欲不振，就趕緊猛吃來補充營養，更不可以持續孕吐期間的減量飲食或偏食習慣喔！

Q&A

Q 聞到電鍋的蒸氣就會想吐。

A 有不少媽咪在孕吐期間會對某些食物的味道過敏。若做菜煮飯會感到不舒服就不要勉強，可以買便當或攤販小菜來吃。

Q 變得只想吃甜的東西。

A 孕吐期間盡量吃想吃的東西也無妨，但孕吐症狀消失後，就要立刻停止偏食的習慣，攝取均衡的飲食。

克服孕吐的小叮嚀

● 少量多餐

採少量多餐的方式。建議可以多做一些較小的三角飯糰，方便在肚子餓的時候吃。

● 在枕邊放小點心

早上起床時，可能會因為空腹太久，而導致胃酸過多不舒服。可以在枕頭旁邊放些小餅乾或點心，讓媽咪一起床就能補充。

● 多吃酸的食物

用醋醃的小菜，或是糖醋排骨、葡萄柚等，都是不錯的選擇喔！

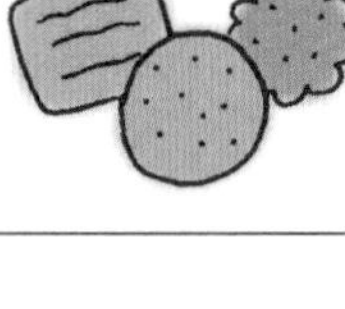

● 好吞嚥的涼拌小菜

懷孕期間可吃點較軟、好吞嚥的小菜，如：豆腐冷盤等。小菜冰涼後味道就會變淡，有助於減緩孕吐。

預防貧血飲食

大量補充鐵質，有效預防貧血

懷孕期間容易引起貧血

為了讓寶寶健康成長，懷孕期間母體會優先輸送血液（血液中的鐵質）給胎兒與胎盤，再加上媽媽，本身也必須製造更多的血液，提供給身體的各部位組織，因此在這個時期，母體的血液量（血液循環量）也較以往多出許多。但是，血液裡的紅血球量卻不會隨著血液量增加，引起缺鐵性貧血（一般常見的貧血症狀），以及心悸、喘不過氣（呼吸急促）、容易疲倦等現象。

若貧血過於嚴重，除了體力不支外，也可能引起輕微陣痛、拉長分娩時間，產後也可能因子宮收縮不易，導致出血不止的情況。

鐵質不易被人體吸收，烹調方面要下點巧思

多攝取含鐵量高的食物，同時養成均衡飲食的習慣。烹調的時候，若與維生素C、醋、動物性蛋白質一起攝取，將更有助於鐵質的吸收。相對的，咖啡、紅茶等含有單寧酸的飲料會妨礙鐵質吸收，懷孕期間不妨改喝牛奶、麥茶。

可不可以服用鐵劑呢？

若貧血症狀嚴重，醫師多半會開立鐵劑。鐵劑並不會對胎兒造成影響，媽媽可以安心服用。

有不少孕婦表示，服用鐵劑後容易便秘或拉肚子，引起腸胃不適的毛病；如果有這種情形，可以請醫師改開其他種類的鐵劑，或配合胃藥一起服用。此外，服用鐵劑後可能會排出顏色較黑的糞便，這是因為體內無法吸收的鐵質會隨著糞便排出的關係，不是生病喔！

這樣搭配著吃最好

維生素C＋鐵
維生素C會改變鐵質的結構，幫助鐵質吸收。蔬果類含有豐富的維生素C，可與含鐵食物一起搭配著吃。

醋＋鐵
醋有助於胃酸分泌，若能同時攝取，可以提高鐵質的吸收效果。

動物性蛋白質＋鐵
雖然蔬菜及穀物裡的原血紅素不易被人體吸收，但若搭配肉類、魚類或蛋等動物性蛋白質一起攝取，可大幅提升血紅素的消化與吸收。

含鐵量高的食物

波菜
燙波菜後，水面會浮出一層浮沫，其中所含有的草酸會影響鐵質吸收，料理時記得將垢撈掉。

豬肝
含有豐富以及較易被人體吸收的原血紅素。但由於豬肝也含有高單位的維生素A，不要一次吃太多唷！

羊栖菜
羊栖菜裡的鐵較不易被人體吸收，要跟蛋白質或維生素C一起攝取。

蛤仔
除了鐵質之外，也含有能幫助製造紅血球的蛋白質。

食物纖維不但能預防便秘，還能改善便秘

積極攝取富含食物纖維的食品

便秘是許多準媽咪在懷孕期間最大的困擾，若想徹底改善，還是得從均衡飲食及適度運動這兩方面著手，其中功效最顯著的，莫過於積極攝取富含食物纖維的飲食習慣了。海藻、芋頭、豆類、根莖類蔬菜、黃綠色蔬菜、菇類等，都有高含量的食物纖維，可是經過加熱調理後，食物纖維含量也會相對減少，所以最好大量攝取。

此外，水果裡的食物纖維含量也不少，可有效解決便秘的問題。提醒準媽咪們，比起蔬菜，水果裡含有較多的果糖，熱量也較高，一餐可別吃太多喔！

三餐正常，定時排便

除了營養均衡外，三餐定時、定量，也能有效幫助排便。規律的生活作息，定時享用早、午、晚餐也很重要，尤其是早餐，每天吃早餐能提高身體代謝率，刺激腸胃蠕動、清除宿便。只要養成每天吃完早餐就去廁所報到的排便習慣，就不用擔心便便囤積在肚子裡了。

解決便秘的飲食小妙方

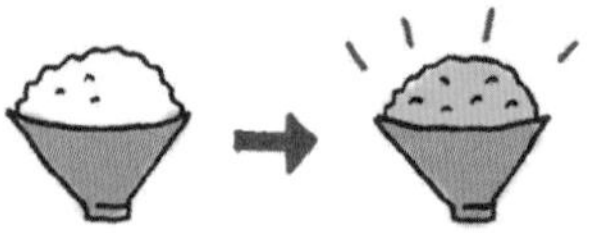

● 把白米換成糙米

糙米的食物纖維含量比白米多。如果不能接受糙米的口感，可試著在白米裡加入一半的糙米。

● 優格＋寡糖

優格裡的乳酸菌是能清潔腸道的益生菌。由於益生菌專吃寡糖，若兩者同時攝取，能達到事半功倍的效果。

● 使用橄欖油

橄欖油能潤滑腸道，幫助排便，想要清理宿便，也可以加點橄欖油來幫忙喔！

每100 g中食物纖維的含量

牛蒡 6.1 g

香蕉 1.1 g

大豆 6.8 g

番薯 3.8 g

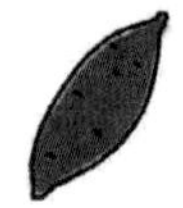

香菇 4.8 g

海藻 1.5 g

孕期睡眠問題

「想睡到不行」或「想睡睡不著」，都很正常

聽從身體的要求，放鬆心情不勉強

想睡多半發生在懷孕初期，是由於黃體素分泌量增加而造成的。如果想睡，就什麼都別想，好好休息吧！等胎盤發育成熟後，就會恢復正常了。

反過來說，也有不少孕婦到了懷孕後期，反而想睡卻睡不著。這大都是因為被撐大的子宮壓迫到後方的大靜脈，使得媽咪身體不適，而輾轉難眠；此外，也有些媽咪會因為心理因素，而讓大腦無法好好休息。建議媽咪們試著找出能讓自己放鬆心情的方法幫助入眠。而且就算媽咪經常失眠，也不會影響到肚子裡的寶寶，所以不用因此強迫自己一定要睡著，這樣反而增加精神壓力呢！

如果怎麼樣都睡不著的話，也可以採左側睡的姿勢；只要能讓媽媽放輕鬆，對胎兒來說就是最好的姿勢，媽咪們可以自己動動手、動動腳，找出一個最輕鬆、自然的姿勢。特別提醒媽咪們，長時間維持同樣的姿勢，會帶給身體某個部位過度的負擔，記得要經常換不同的姿勢喔！

左側睡

如果因為肚子很大、很重而睡不好，可以試著側躺，將上方的膝蓋略略彎曲，採用左側睡的方式入睡。因為位於子宮後方的大靜脈並不是從肚子中間穿過，而是稍微偏向右側，因此若將身體朝左側躺，便能有效改善靜脈壓迫的問題。

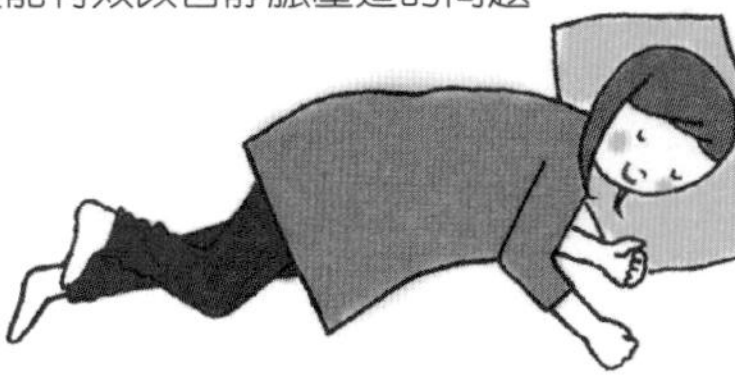

幫助睡眠的小妙方

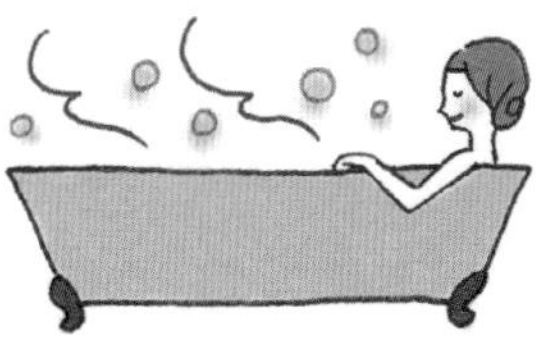

● 泡澡

可以在睡前用溫水悠閒自在的泡個澡，如果再加上芳香的泡澡粉就更棒了！不過要小心，可別泡太久頭暈喔！

● 聽音樂

多聽些古典樂或輕音樂，能緩和緊繃的情緒，讓心情保持愉悅。

● 使用抱枕

如果採用左側睡，同時在膝蓋中間夾個軟墊或抱枕，效果更佳，而且孕婦抱枕能讓媽咪側躺時更舒服、更有安全感呢！

孕期排泄問題

確實掌握讓許多媽咪頭痛的便秘、頻尿知識

懷孕期間容易便秘，必須重新調整生活作息與飲食習慣

有不少原先排便狀況良好的準媽咪在懷孕期間，也會面臨便秘的困擾，至於原本就有便秘毛病的準媽咪，情況更是雪上加霜。造成便秘有兩個主要原因，一個是因為減緩腸胃蠕動的黃體素分泌量大增，另一個則是因為變大的子宮壓迫到腸胃的關係，除此之外，造成便秘的其他可能原因，還包括因環境改變或對生產不安所引起的精神壓力，以及運動不足導致腸道功能遲緩等等；另一方面，有些媽咪則由於體質或生活習慣等因素，反而經常腹瀉。

想改善便秘問題，就必須重新調整飲食及生活習慣。當有便意時不要強忍，只要有排便的感覺，就要立刻去廁所，以免因為忍耐而亂了身體的排便習慣。

即使沒辦法每天排便，只要保持二～三天內都能順利排便，就不算便秘；如果好幾天都沒有排便，會形成較硬的宿便，不利腸胃蠕動，此時應該找醫師商量，請他開立不會影響到胎兒的排便劑。如果無法分辨肚子痛是不是因為便秘的關係，也應該到醫院做檢查，釐清疼痛的原因。

在還沒形成痔瘡前治好便秘

有些準媽咪即使便秘情況嚴重，仍使勁全力要排出宿便，這樣反而會造成肛門黏膜破裂出血的「外痔」，或子宮壓迫到靜脈導致瘀血曲張的「內痔」。預防勝於治療，在痔瘡形成前，徹底改善便秘症狀，才是最根本的方法。此外，下半身冰冷是血液循環瘀血、阻塞的主因，要經常保持手腳溫暖喔！

消除便秘的小妙方

● 適度運動

稍微活動筋骨，有助於刺激腸胃的蠕動。如果懷孕期間身體狀況良好，進入安全期後就可以出門慢步。

● 每天定時排便

不管有沒有便意，每天都在早餐後或選擇一個固定的時間蹲馬桶，養成定時排便的習慣。

● 大量補充水分

如果水分不足，腸內的便便就容易變硬，無法隨著腸道收縮往肛門推進。建議媽咪每天補充約1公升左右的水。

● 每天早上喝一杯水

每天早上起床後馬上喝一杯開水或牛奶，可藉此喚醒腸胃、促進排便。

變大的子宮會壓迫膀胱，造成頻尿

懷孕期間有不少媽咪會「一直想上廁所」。懷孕後期，寶寶的胎頭開始下降到骨盆腔，壓迫到位於子宮前方的膀胱，使得膀胱只囤積一點點尿，就會發出想上廁所的指令。此外，從懷孕初期開始，由於子宮日益脹大，進而向前壓迫到膀胱，也會減少它原有的有效容積量，使得媽咪們頻跑廁所。

除了頻尿之外，若合併尿液混濁、經常覺得沒尿乾淨，或尿尿的時候感覺疼痛，可能是膀胱受到感染而引起發炎，必須盡快就醫治療，若經醫師診斷為膀胱炎，多半會開立不影響胎兒的抗生素，很短的期間內便能痊癒。

漏尿也是沒辦法的事

有些媽咪進入懷孕後期時，由於子宮壓迫到膀胱，只要一笑或打噴嚏，就會因腹壓而導致漏尿，此外，懷孕期間也會因骨盆腔位置的改變，而引起漏尿。

在懷孕期間無法有效治療漏尿的症狀，只能勤跑廁所解決。雖然跑廁所很麻煩，但這也能有效預防膀胱炎。如果外出不方便經常上廁所，可準備防漏尿的護墊；如果漏尿量少，也可以用衛生護墊代替。

生產後子宮不再壓迫膀胱，漏尿的症狀也就跟著消失，但有些媽咪在產後仍有漏尿的困擾，此時可做些強化骨盆肌肉的伸展操（P199），來改善產後漏尿的毛病。

不要憋尿

憋尿容易導致膀胱炎，只要一有尿意就上廁所，如此才能有效預防膀胱炎。如果因晚上頻頻跑廁所而影響睡眠，建議盡量在白天補充水分，睡前減少喝水。

Q&A

Q 胎兒會不會因為使勁大便就往下掉？

A 只要子宮規律收縮，就算再怎麼用力大便，也不會把胎兒推擠出來。如果懷孕過程一切都很正常的話，就不用太過擔心。

Q 因為便秘長了內痣，會不會對寶寶造成影響啊？

A 痔瘡本身不會影響到胎兒，當痔瘡發生時，可請醫師開立安全性較高的處方處方箋。

有不少媽咪在生產時會因為過度用力，而造成痔瘡脫肛，但醫護人員通常都會幫忙將痔瘡按回肛門內側，或做一些妥善的處理。

Q 懷孕後尿尿的味道就很重，是不是生病了？

A 由於懷孕後體內的新陳代謝較佳，所以有時會排出濃度較高、味道較重的尿。除了味道很重外，有的媽媽還會經常覺得沒尿乾淨，或併發出現其他症狀，當出現這些情形時，有可能是罹患膀胱炎，必須盡快接受治療。或做一些妥善的處理。

懷孕期間可能接觸的藥物有哪些？

醫師會視媽媽與寶寶的情況開藥

該不該吃藥，一直都是準媽咪們最困擾的事。雖然不是說所有的藥都會傷害到寶寶，但服藥之前還是應該多加考量。

如果生病，一定要告知醫師；若有必要，醫師也會開立一些不會對寶寶造成影響的藥物，如果對醫師開立的藥有任何疑慮或不安，也應該在當下即時提出，此外，吃了藥後感到身體不舒服，也應該立刻告知醫師。

懷孕前就罹患慢性疾病的準媽咪，千萬不要自做主張繼續服用那些藥物，一定要先徵得產科醫師的同意再行決定。

懷孕期間如果看了其他科的醫師，也一定要跟醫護人員說明自己已經懷了身孕，通常醫療診所都會在《藥物手冊》上寫明所開立之處方箋成分，如果因其他疾病會診多科診所，準媽咪在領藥時也別忘了提醒藥劑師幫忙確認，以免不同科別開立如鎮定劑等藥物。

在還不知道懷孕前就已經吃了藥，也不用太過擔心，如果是正規藥局的成藥，只要確實遵守藥盒上的規定，且僅單次、短時間服用，也不至於造成傷害，如果還是不放心，可以在產檢時詢問醫師。

（編註：在日本領取健保卡時會同時收到《藥物手冊》，方便藥局及病患做查詢；台灣尚無提供。）

服用維生素A、維生素D別過量！

服用營養劑或維生素時也必須特別注意，由於維生素A、D都屬於脂溶性，如果攝取過度則容易囤積在體內，提高胎兒異常的風險。因此，懷孕期間不宜攝取過多這類的維生素。

Vitamin A
Vitamin D

胎兒各器官發育期與藥物對胎兒的影響期

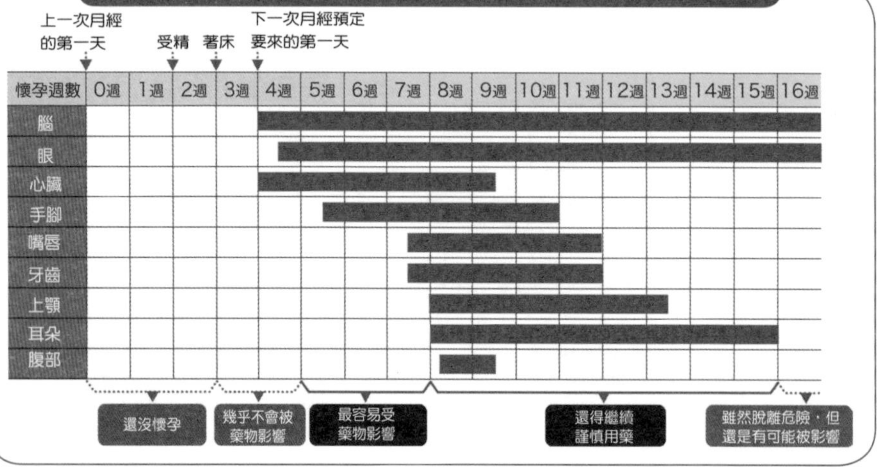
上一次月經的第一天
受精
著床
下一次月經預定要來的第一天
懷孕週數
0週
1週
2週
3週
4週
5週
6週
7週
8週
9週
10週
11週
12週
13週
14週
15週
16週
腦
眼
心臟
手腳
嘴唇
牙齒
上顎
耳朵
腹部
還沒懷孕
幾乎不會被藥物影響
最容易受藥物影響
還得繼續謹慎用藥
雖然脫離危險，但還是有可能被影響

醫師處方對照表

	藥品名	開藥原因	注意事項
感冒藥	止咳錠、化痰錠、漱口水（外用）、綜合感冒膠囊、氣喘藥等	緩和喉嚨痛；劇烈咳嗽造成腹部緊繃，或咳嗽卡痰時亦可有效止咳。	服藥後若出現疹子等過敏症狀，應立刻告知醫師。此外，碘過敏或甲狀腺異常的孕婦，也應事先知會醫師。
腹部止痛劑	安胎藥、末梢血管擴張劑、止收縮痙攣劑	產生先兆性流產、早產的症狀，或強烈腹痛次數頻繁。	極少數個案會發生嘔吐、心悸及倦怠無力等副作用，若有上述情形，應立刻告知醫師。
便秘藥	灌腸（浣腸）藥、軟便劑、制胃酸粉末	即使透過飲食或生活習慣，依然無法改善便秘症狀時，醫師多半會開立軟便或促進排泄的藥物，有些醫師也會為了緩和孕吐症狀開立此藥。	服用過量容易引起腹痛或子宮收縮，所以務必遵照醫師指示，謹守用法及劑量。若照正常劑量服用卻出現腹瀉的現象，應立刻告知醫師。
止瀉劑	整腸藥、止瀉藥、乳酸菌粉末	長時間嚴重腹瀉，導致體力不支引起脫水症狀，或子宮不正常收縮時使用。	服藥後若感覺腹部脹大，或出現紅疹時，應立即告知醫師。
止血劑	止血膠囊、止血錠	通常在懷孕初期的先兆性流產，或子宮陰道不正常出血時會開立此藥止血；過了初期也多半會以此藥減緩出血。	少數個案會發生過敏、腹瀉、胸悶、嘔吐等副作用；若有上述情形，應立即知會醫師。
退燒、鎮定劑	退燒藥等	攝氏38.5度以上高燒、長時間劇烈頭痛時開立，以防孕婦體力不支，或避免高燒影響胎兒。	若在懷孕後期過度服用，恐影響胎兒動脈收縮異常，須遵照醫師指示服藥；若懷孕前就已服藥，應詢問醫師是否要繼續服藥。
痔瘡藥	痔瘡軟膏、消痔丸	避免分娩時痔瘡惡化；痔瘡引起疼痛或出血現象時使用。	不應該只依賴藥物，而要積極攝取食物纖維，並預防便秘及痔瘡。
腸胃藥	胃散、胃錠、胃乳	減緩胃痛或胃酸過多等症狀。	此藥物不會對胎兒產生影響，但有些孕婦服用後會感到身體不適，服用後若察覺有異，可與醫師商量換藥。
止癢劑	止癢軟膏	有些孕婦在孕期容易身體乾癢，若紅癢症狀嚴重，可藉此舒緩。	雖然沒有副作用，但服藥後若身體不適，或紅癢情況持續惡化，可請醫師另外開藥。
抗花粉症藥物	過敏鼻炎錠、防過敏眼藥水	花粉症會引起眼鼻紅癢、流鼻水等，當情況嚴重時可能開立此藥；此外，若發生花粉症以外的過敏症狀，也有可能藉此緩和。	長期使用鼻藥水可能會傷及黏膜，須遵照醫師指示使用。婦產科以外之診所開立此藥時，應先告知已懷有身孕。
抗生素	抗生素膠囊、抗生素錠、抗生素糖漿、口服懸液劑等	罹患肺炎、膀胱炎等導致傷口化膿時，可藉此避免病菌繁殖惡化。	遵照醫師指示，短時間、少劑量服用。
中藥	葛根湯、小青龍湯、柴玲湯等	當發燒、咳嗽、頭痛等感冒症狀可能危及胎兒時，也會開立效用較溫和的中藥。	雖然成分較溫和，但過度服用也可能傷及胎兒，所以服用時應謹守醫師指示。

孕期性生活

孕期性愛應多花點心思，體諒彼此

只要身體狀況良好，維持性愛也無妨

只要媽咪懷孕期間順利、身體狀況良好，維持性生活也不礙事，但由於這段期間陰道壁與子宮容易充血，較為敏感，應盡量採溫和舒緩的動作，尤其是初期胎盤尚未發育成熟，一定要格外謹慎，若性愛過程中出現腹部緊繃或異常出血的現象，就必須立刻停止。

性愛時要注意哪些事？

孕期性愛須遵守一個大原則：不適合做激烈的動作，也不要給母體腹部造成太大的負擔；此外，有些體位會將爸爸的體重轉嫁到媽媽身上，或容易使陰莖插入過深，也應盡量避免。母體懷孕期間免疫力較低，容易引發感染，性愛前最好先沐浴及洗手，保持乾淨清潔，同時為了防止外來病菌侵入子宮，建議過程中配合使用保險套。懷孕中期以後，若達到高潮或過度刺激乳頭，可能會引起子宮收縮，要特別注意。

●若有下列情況，建議暫停性生活

腹部緊繃的時候

腹部之所以會感到緊繃不舒服，多半是因為子宮正在收縮，若性愛途中感到腹部不適，就應該立刻停止。

異常出血的時候

即使是少量出血，也可能是先兆性流產或早產的前兆，必須禁止性愛，而且就算是性愛過程中出血，也應該立刻停止。

先兆性流產、早產

若經醫師診斷必須靜養安胎，就不能再有性生活，必須忍耐到醫師許可為止；若有前置胎盤的可能也必須如此。

感染性病的時候

爸爸或媽媽任何一方感染性病時都必須禁慾，直到完全根治為止。

媽媽心情分享

因為太在乎寶寶了，實在提不起勁做那檔事，但為了彌補爸爸，每天睡前我們都會互相分享彼此的生活，出門的時候也總是很親密的勾著手，很重視其他肌膚相親的機會。

愛愛的時候一感到肚子不舒服，就會立刻停止，然後老公就很溫柔的摸我的肚子，這時我反而會因為老公的體貼而覺得更開心。

取代性愛的肌膚之親

懷孕後有許多媽咪因為擔心寶寶的狀況或身體不適，而感到性趣缺缺，此時應該與爸爸好好溝通，委婉傳達自己的感受，在這個特殊時期更應該互相體諒彼此的情緒，多給對方一些安撫與空間。

即使遇上必須減少性愛次數的特殊狀況，或媽咪本身性趣缺缺的情況，也應該與爸爸保持良好的互動。性愛以外的肌膚之親有很多種方式，小倆口可試著找出適合彼此的方法，加深兩人的愛戀關係喔！

●各種肌膚相親的方法

- 請爸爸按摩肩膀、背部及腰部。
- 讓爸爸摸肚子跟寶寶說話。
- 深情擁抱，增加愛撫的次數。
- 經常親吻。
- 一起泡澡。
- 睡前聊天互動。

懷孕期間OK的體位

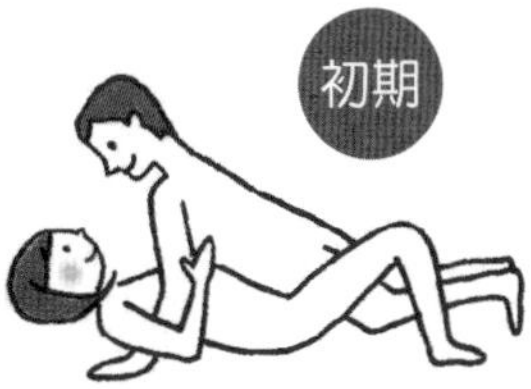

●正常體位

初期腹部尚未隆起，可採取正常體位，只要把握不壓迫到孕婦腹部的原則就可以了。

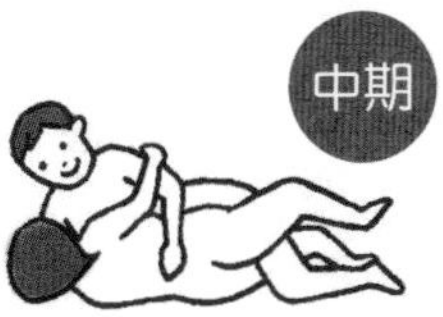

●側臥位

橫躺著面向彼此。此體位不會壓迫到隆起的肚子，也不會因插入過深造成刺激。

●坐位（男下女上）

雙方的肚子不會互相碰撞，此外，這個體位也有利於媽媽依照自己的喜好及深度去做調整。

●後側位（湯匙式）

媽媽保持側臥位，爸爸從後面略微抬起抱住，這樣不但不會壓迫到腹部，對媽媽而言也較輕鬆。

懷孕期間NG的體位

●跪姿（狗仔式）

爸爸大部分的體重都壓在媽媽身上，容易插入過深，刺激子宮。

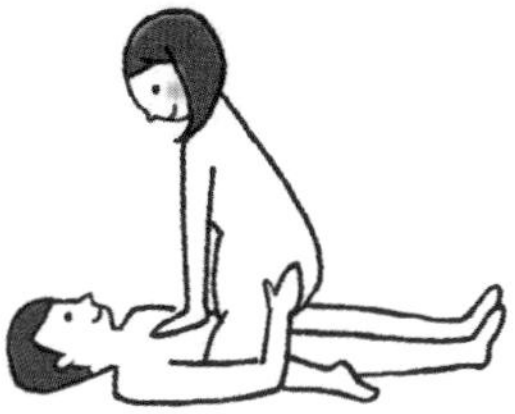

●騎乘位

容易插入過深，懷孕期間應盡量避免。

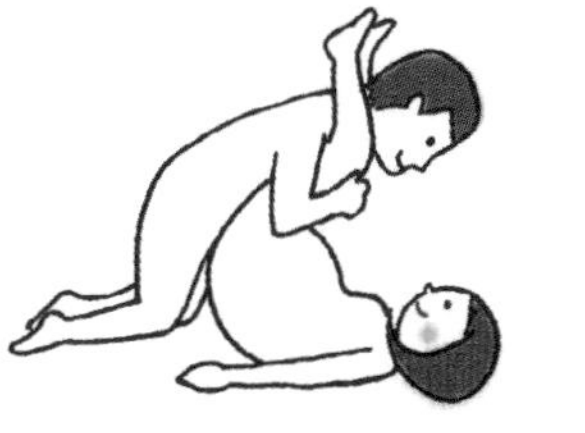

●男上位

媽媽必須彎身，容易壓迫到肚子，也容易因插入過深，刺激子宮。

孕婦運動輕鬆做，身心都健康

照自己的步調不要勉強

媽咪千萬不能因為懷孕就不運動，否則容易體重過重喔！孕吐症狀緩和後，就可以試著做些簡單溫和的運動，適度的運動不但能有效控制體重急速增加，更能鍛鍊筋骨、訓練肌耐力，對日後的分娩也有很大的助益，不僅如此，運動還能舒緩腰痠背痛、水腫等症狀，讓身心輕鬆愉悅呢！

孕婦做運動時，應該衡量自己的體力，選擇一些能夠持之以恆的項目。建議媽媽可以嘗試慢步或健身操這些簡單且不用花錢的運動，此外，參加住家附近的孕婦健身教室也不錯，在那裡除了做運動之外，還能學到生產時的呼吸法，更可以跟其他準媽咪交換心得喔！

徵得醫師同意後，再視體能狀態健身

即使懷孕過程一切順利，想做運動的媽咪還是要等到進入懷孕中期，並且徵得醫師同意後再著手。至於有先兆性流產或早產徵兆的媽咪，最好緩下手腳，減少運動量。若在運動時感到肚子緊繃不舒服，或覺得沒有什麼精神，就不要再勉強自己，順勢休息一下。剛開始的時候可以減少運動的頻率與時間，等身體習慣後再逐步增加。

● 運動時要注意的事

- 進入穩定期，並徵得醫師同意後再開始運動。
- 腹部不適或身體狀況不佳的時候就不要運動。
- 運動途中若感覺腹部不適或疲憊沒精神，就要立刻停止。
- 穿著輕便易走動的運動裝。

運動前先做暖身操

1 雙腳前後張開，將重心往前移，同時慢慢的彎曲前腳，感受後腳腳踝的阿基里斯腱是否有伸展拉開。之後前、後腳交換，各做數次。

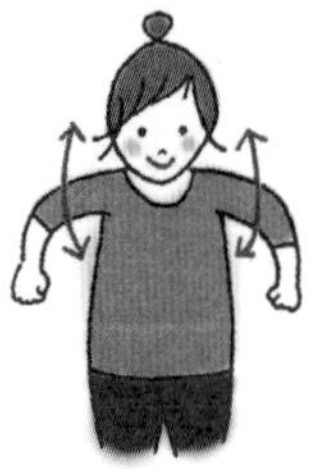

2 輕輕抬起手臂。以畫大圓的方式將手臂前後轉動數次，放慢動作的同時，也感受雙肩肌肉是否確實拉開。

3 頭部前後、左右轉動，接著將脖子往右及往左轉動數次，轉動脖子的同時，也感受是否有拉到脖子及肩膀的肌肉。

第3章

孕期中能做哪些運動？

● 孕婦夏威夷舞

隨著夏威夷風的音樂擺動身體。夏威夷舞特殊的腰部運動，有助於預防腰痛及改善便秘，因為舞蹈動作緩慢，即使不常運動的人也能嘗試。

全身的肌肉都能運動到，一邊感覺全身的筋骨舒展開來的滋味，一邊隨著音樂擺動身體吧！

● 孕婦瑜珈

放鬆股關節，鍛鍊骨盆附近的肌肉，提高身體柔軟度，能放鬆身體肌肉及心理壓力，有效減緩分娩緊張，而且瑜珈呼吸法也能在生產時派上用場喔！

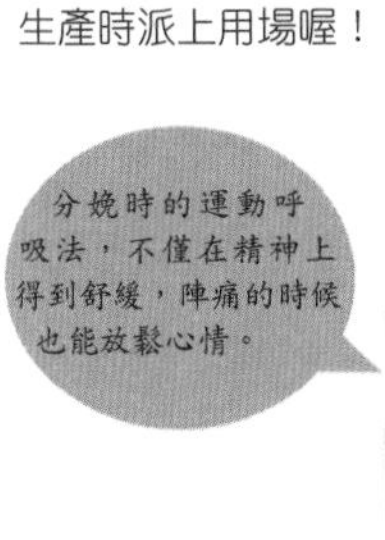
分娩時的運動呼吸法，不僅在精神上得到舒緩，陣痛的時候也能放鬆心情。

● 孕婦游泳

由於水中有浮力，運動時較其他陸上項目輕鬆，還能預防腰痛及下半身瘀血，有些健身房甚至會順便教導分娩時的呼吸法。

幾乎感覺不到腹部的重量，運動起來輕便多了！感覺很舒服，腰痛的毛病也改善了不少。

● 孕婦有氧舞蹈

隨著音樂運動全身肌肉，能促進血液循環，也能鍛鍊腹部及腳部肌肉，有助於加強肌耐力，以防分娩時體力不支。

水腫消失了，輕快的舞動身體，所有精神壓力都被趕走了！

● 地板操

有效解決腰痛、肩膀痠痛等各種孕期的不適症狀，能提升股關節肌肉的柔軟度，讓生產過程更順利。

輕鬆又不用花錢，讓我每天持之以恆，可以感覺到筋骨肌肉都被拉開，肩膀痠痛及腰痛的毛病也都不藥而癒了！

● 孕婦皮拉提斯（Pilates Method）

皮拉提斯能鍛練身體的內側肌肉，而孕婦皮拉提斯就是為了孕婦量身訂做的運動療程，主要是鍛鍊生產時會用到的骨盆周邊肌肉，同時改善腰痛及背部疼痛。

聽說海外的貴婦都在做這個運動，讓我也好奇了起來。運動時可以清楚感覺到肩膀及骨盆周圍的筋骨肌肉都拉開了呢！

● 孕婦氣功

將傳統氣功改良為孕婦也適合做的項目，透過運動統整姿勢（身體）、呼吸、心靈這三個原素，能改善腰痛等孕期不適症狀，同時有效放鬆身心靈層面。

才做幾次而已，先前很嚴重的腰痛症狀就舒緩了，精神更是神清氣爽呢！

● 慢步

輕輕鬆鬆就能開始運動，將意志全神貫注於「走路」上頭，不但能適度燃燒過多的體脂肪，還能達到提高基礎體力的效果。

目標一天一萬步，每天出門走路都會帶著計步器。

這些運動都NG！

- 瞬間用力的動作。
- 有速度感的動作。
- 可能會撞到其他人的危險動作。

馬上開始慢步運動吧！

有很多準媽咪即使想運動，也不知道該怎麼下手，建議可以試試簡單又不花錢的慢步運動。只要集中注精神、持之以恆，即使只是走路，也能成為很好的運動，因為慢步不但能燃燒體脂肪，促進血液循環，還能預防水腫及靜脈瘤喔！

● 這種時候就要停止運動

- 先兆性流產、早產，醫師要求靜養安胎。
- 感覺腹部緊繃。
- 運動時覺得疲勞、身體不適

隨身攜帶的物品

- ☐ 健保卡
- ☐ 孕婦健康手冊
- ☐ 毛巾
- ☐ 運動飲料
- ☐ 手機
- ☐ 錢包

適合運動的衣物
選擇不會束緊身體，且具有排汗功能的衣服。

背包及肩背包
將隨身物品放在背包裡，騰出雙手。

運動鞋
選擇止滑效果好，且沒有跟度的鞋子。

● 慢步的注意事項

慢步前要先做暖身操
運動前要先暖身，放鬆全身肌肉。請參照第150頁的暖身操。

挑選安全的路徑
挑選平坦的地段，盡量避免有上、下坡及有樓梯的地方。

不要忘記補充水分
隨身攜帶運動飲料，以方便途中隨時補充水分。

維持一定的步調
走路時維持1分鐘約60公尺的速度，且每天持續30分鐘以上。

以正確的姿勢運動
走路時腰桿挺直，下顎微收，雙眼直視前方；抬腳時腳尖先起，著地時腳踝先踩下去，並且手臂微舉，前後擺動。

孕期自我保養

勤加保養身體髮膚，懷孕時也能神清氣爽

懷孕期間皮膚、頭髮和牙齒容易出狀況

孕期的荷爾蒙會產生變化，容易造成毛髮乾燥、肌膚泛油，引發痘痘、皮膚過敏等大小問題，保養時動作務必輕緩，以免過度刺激。孕期也是形成黑斑、雀斑的高危險期，一定要做好全方位的防曬措施。此外，頭皮也會較先前敏感，洗髮時應以指腹輕抓按壓。

除此之外，懷孕期間唾液的分泌量會減少，加上孕吐或少量多餐的飲食習慣，都容易使口腔內滋生細菌，因此所有口腔保健或蛀牙、牙周病等問題，都應該在穩定期時一併處理。看牙醫之前應先告知婦產科醫師，在產科醫師同意之下再行前往治療，並且務必告知牙醫目前的懷孕週數。

● 頭髮問題
- 掉髮量增加
- 頭皮屑及頭皮發癢情況嚴重
- 毛髮乾燥
- 頭皮泛油

→

●頭髮保健要點
- 選用低刺激性的洗髮乳
- 防止頭皮過於乾燥
- 外出時戴帽子，阻擋紫外線
- 染、燙髮必須等進入穩定期之後
- 積極攝取有利於毛髮生長的海藻類食物
- 保持充足睡眠

● 口腔問題
- 容易蛀牙
- 容易引發牙齦發炎、牙周病
- 變成過敏性牙齒，對冷熱食物敏感

→

● 口腔保健要點
- 牙科治療須等進入穩定期後再進行
- 每餐飯後勤刷牙
- 到牙科診所接受正確的刷牙觀念
- 嚼食具清潔口腔作用的木糖醇口香糖
- 除了牙刷外，還可搭配牙線、牙間刷等潔牙工具

● 肌膚問題
- 容易紅癢
- 容易形成黑斑、雀斑
- 皮膚乾燥
- 容易流汗
- 體毛顏色變濃

→

● 肌膚保健要點
- 以柔軟的按摩毛球擦拭肌膚
- 選用低刺激性的化妝品
- 利用防曬乳、遮陽帽、陽傘等徹底杜絕紫外線
- 塗抹乳液保溼
- 皮膚容易敏感，盡量避免除毛、拔毛等刺激毛囊的行為

孕期乳房護理

為了哺育母乳做準備，現在就開始乳房護理吧！

護理乳房會讓寶寶更容易吸食母乳

剛出生的新生兒通常都還不太會吸吮乳頭，經常吸了半天還喝不到母奶，此時唯有柔軟有彈力的乳房，才能幫助寶寶很快進入狀況。此外，由於新生兒必須經常吸食母乳，透過乳房護理的動作，能讓乳暈周圍的皮膚更加強健，不至於被寶寶咬破、咬傷。雖然懷孕期間經常按摩乳房能增加乳房彈性，讓寶寶一吸就上口，但如果覺得乳房腫脹不舒服，也不必太勉強，而乳頭凹陷或乳頭扁平的準媽咪，除了基本的按摩步驟外，還可以再加做拉乳頭的按摩動作，以便日後寶寶吸吮。不過，做乳房按摩時應先接受醫師或護理人員的指導，千萬不要自己亂摸亂按喔！

按摩乳房的方法

若懷孕期間一切順利，可在第六個月左右開始做護理。
按摩時機可選在洗澡前、後，身心狀態都很放鬆的情況下。
過程中若感覺腹部腫脹或身體不適，就要立刻停止。

乳頭種類

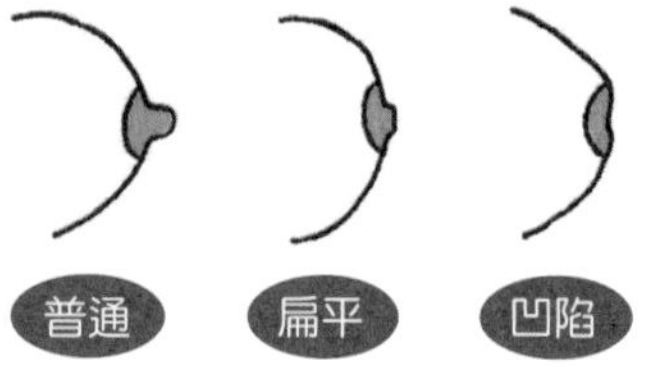

若是乳頭凹陷於乳暈裡，可使用乳頭吸引器將之吸出後再行按摩；若是幾乎很難觸摸到的扁平型乳頭，則可利用按摩使它更有彈性。

扁平、凹陷型乳頭的按摩法

● 基本按摩法之外再加一個動作

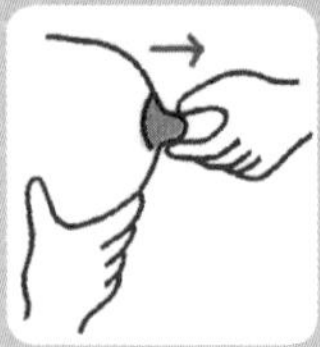

將乳頭輕輕向外拉出，並讓它暫時保持這個狀態。

基本按摩法

❶ 將一隻手置於乳房下方，另一隻手的拇指、食指及中指按住乳暈及乳頭，輕壓5～10秒，接著改變位置，按壓整個乳房。

❷ 稍微使力，輕輕向前拉出乳頭，接著改變位置，輕拉整個乳房，藉由輕拉乳頭的動作，幫助暢通母乳分泌道。

❸ 以同樣的方法，用食指、中指、拇指拉住乳頭和乳暈，向右扭轉、向左扭轉、向左右輕拉，如此按壓整個乳頭及乳暈後，接著輕柔的按摩整個乳房。

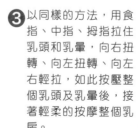

知道賺到

準媽媽情緒小錦囊③

選擇舒適的貼身衣物，快樂度過孕期

依照體型變化，選擇合適的衣物

進入懷孕中期後，腹部逐漸明顯隆起，平常慣用的貼身衣物也都派不上用場，此時媽咪應該開始物色產婦專用的貼身衣物。

在胸罩選擇方面，產前可以考慮具有伸縮性的罩杯，以穩定胸型，產後為便於哺乳，應該挑選方便穿脫的款型。托腹帶則分具有提臀作用的高機能型，以及穿起來寬鬆舒適的伸縮型。此外，在內褲挑選方面，由於必須覆蓋隆起的腹部，應選擇股溝較寬鬆，且具透氣、吸濕功能的款式。

托腹帶

托腹帶能撐起隆起的腹部，又分為高機能型與伸縮型，具有腹部保溫及防止腰痠背痛的功效。

哺乳胸罩

到產後哺乳期之前，胸部通常會升級2～3個罩杯，而乳頭在這個時期也較為敏感。如果胸罩尺寸不合可能會壓迫到乳腺，影響母乳的分泌。

伸縮型

具有伸縮性，包覆力較輕柔。有些會加縫蕾絲，並強調殺菌處理。

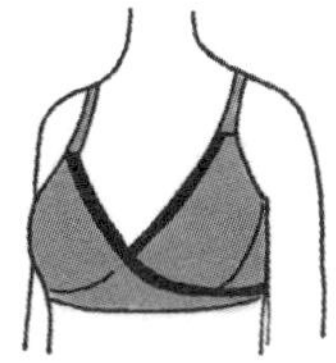

休閒型（居家型）

外觀類似運動型胸罩，能輕柔的托住乳房，由於單手就能撥開胸罩，哺乳時也很方便。

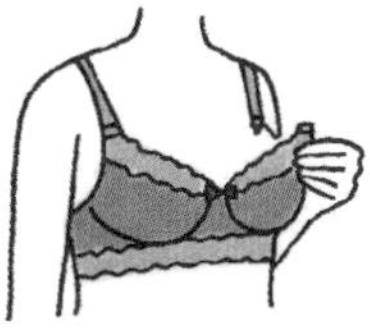

孕哺兼用型

產前、產後都適用。可解開前扣的胸罩哺乳，具有伸縮性，穿起來很舒服。

高機能型

支撐腹部的部分可以掛鉤或魔鬼粘自由調整鬆緊度，選擇時應挑選肌膚刺激性較低的材質。

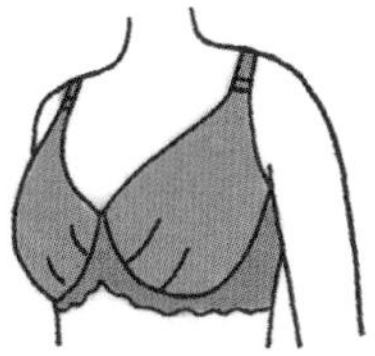

肩帶開扣型

為了方便哺乳，肩帶部分的吊扣可自由解開。胸罩下方有鐵絲撐托，可穩定胸型。

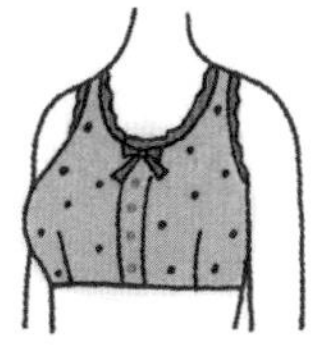

前開全罩型

前開扣式的設計，方便哺乳穿戴，由於寬鬆舒適，孕吐及懷孕期間也很適合穿。

袋鼠哺育法
產後初期，媽媽與寶寶都是主角

■■ 好棒！他活著耶！ ■■

媽咪生產完30分鐘左右，來陪產的婦婦忍不住問了個問題：「這孩子怎麼都不哭，沒事吧？」全身包著溫暖毛巾的寶寶，一臉滿足的緊靠在媽咪胸前。一旁的爸爸剛從陣痛及生產的緊張心情中回復過來，沉浸在與孩子初見面的喜悅中，當他聽到婦婦的問話，才如夢大醒般著急的追問著：「對啊對啊！明明剛剛還在哭的啊……醫生，這樣正常嗎？」還一邊不安的捏了捏寶寶的手。就在這時，寶寶突然用力的回握了爸爸的手。

「啊！好棒……！他活著！」

■■ 新生兒嚎啕大哭的原因 ■■

產後媽媽與新生兒貼身緊抱的哺育法，稱為袋鼠哺育法，現在有許多產科醫院都會以這種方式讓親子同室相處，而事實也證明，採用袋鼠哺育法帶大的新生兒比較不會哭，妳知道這是為什麼嗎？因為新生兒從媽媽身上找到了安全感。這點也能從原本安靜的寶寶，當他要測量體溫暫時抱離媽媽時，又突然放聲大哭的景象　中，再次得到證明；反過來說，只匆匆讓媽咪看一眼，就被護士抱到育嬰室的寶寶，總是很容易在嬰兒房裡哭鬧不休。老一輩的人都認為，寶寶哭越大聲表示越健康，但是現在所有採用袋鼠哺育法的媽咪們都知道真正的原因——寶寶哭得那麼大聲，其實是因為離開了媽媽，對新環境感到不安啊！

■■ 剛生產完就順著本能吧 ■■

雖然剛剛才歷經過一場驚天動地的生產過程，但母體及寶寶體內都會分泌一種稱為兒茶酚氨（Catecholamine）的物質，使媽媽與寶寶還能保有高能量的體力，所以即使剛生完小孩的媽媽，也能立刻伸手抱過寶寶，開心的說：「哈囉！我的小寶貝！」而被媽媽抱在懷裡的寶寶，此時也會憑著本能，在媽媽身上找尋乳頭。在這個瞬間，在場的所有人都能親眼目睹這種令人感動的人類本能，而我們醫療人員也見證了無數次感動的時刻，同時也深信這些躺在媽媽懷裡幸福的寶寶，將來不論遇到什麼難關，也一定能在家人的陪伴下度過。

剛生產完，媽媽與寶寶都是主角，不用在乎別人怎麼說，不妨順著自己的本能，伸手接過孩子，把他抱在懷裡。

第4章

孕期併發症、不安與疑慮

如果在懷孕期間感到身體不適，
或對胎兒的狀況有所疑慮，
都應該主動開口詢問醫師。
但在那之前，
不妨先參考一下本章的內容吧！

這時候該怎麼辦？只要先了解，就不會手足無措

搞清楚狀況後，再去醫院檢查

懷孕期間可能引起的偶發症或併發症，最明顯的徵兆就是異常出血與腹部腫脹不適，但是當出現這些症狀時，也不要過度緊張，先搞清楚狀況後，再去醫院做檢查。特別提醒媽咪，若異常出血的情況發生在懷孕後期，則極有可能危及胎兒與母體，必須更加小心謹慎。

特別注意！

出血＋腹部腫脹

子宮外孕 初

子宮外孕的位置90%以上都在輸卵管。子宮外孕若是有破裂的現象，會讓子宮後面的直腸陷窩或腹部大量積血，造成下腹部疼痛或排便不適等現象，若不及時處理，媽媽的性命可能不保。

胎盤早期剝離 中 後

意指正常著床之胎盤在分娩前就出現剝離的現象。若突然發生劇烈腹痛且肚子變硬，極有可能是高危險群，即使只是輕微的陰道出血，但子宮內卻有可能已經累積了大量積血，必須在第一時間叫救護車送醫急救。

出　血

如果發生出血現象，或陰帶的分泌物（白帶）帶血，則可能罹患以下病症。

＊發現出血了該怎麼辦？

❶ 墊上乾淨的衛生棉
❷ 看清楚出血的量及血色
❸ 立刻聯絡醫院，並遵照醫護人員的指示做下一步動作（因為可能引發病菌感染，此時千萬不可洗澡）

子宮頸息肉

初－中－後

症狀

幾乎沒有明顯症狀，但有時會產生陰道分泌物帶血的跡象。

因應對策

持續觀察，若出血不止，就應該至醫院檢查。醫師會視情況，不一定會開刀切除，可能會在分娩時一併摘除瘜肉。

子宮頸糜爛

初－中－後

症狀

所謂子宮頸糜爛，是指柱狀的上皮細胞外翻至子宮頸外口，出現泛紅、破皮甚至紅腫、充血的現象，多半不會感覺疼痛，但會有微量出血、分泌物帶血的症狀。

因應對策

雖然聽起來很可怕，但這只是一種生理變化，不少婦女都可能發生，所以不須特別擔心。若沒有發炎或癌病變，就不必特別就診治療。

先兆性流產

中－後

症狀

陰道出血且下腹部緊縮疼痛，若是少量出血，則可能伴隨暗褐色或淡粉紅色的分泌物。

因應對策

立即告知醫師，檢查胎兒心跳及發育是否正常，靜養安胎。

性愛、內診後出血

初－中－後

症狀

由於懷孕期間陰道的黏膜會充血，性愛或內診後，也可能引起分泌物帶血，或出現少量的褐色血液。

因應對策

若一兩天內出血狀況消失，就不必擔心了。

前置胎盤

後

症狀

腹部腫脹，無痛性的陰道出血。

因應對策

胎盤形成於子宮頸口附近，堵塞了子宮頸口。遵照醫師指示住院觀察療養。

痔瘡

初－中－後

症狀

若是外痔，可能引起排便時出血、肛門疼痛的症狀；內痔則比較不會疼痛。

因應對策

保持腸道通暢、清洗肛門，若症狀太嚴重，應遵照醫師指示，使用消痔軟膏。

腹部腫脹、疼痛

若腹部腫脹的同時還伴隨出血，就要特別注意。疼痛部位或方式較以往不同時，也應告知醫師。

便祕

初－中－後

症狀

由於荷爾蒙變化或逐漸隆起的肚子壓迫子宮等因素，懷孕期間的媽咪經常為便祕所苦。若三天以上都沒有排便，就會引起肚子腫脹疼痛。

因應對策

積極攝取水分及含豐富食物纖維的食物，並維持適度的運動，養成一有便意就去上廁所的習慣。

子宮肌瘤

初－中－後

症狀

幾乎沒有自覺症狀，僅偶爾會感覺腹部腫脹。

因應對策

不需要做特別的處置，持續觀察即可，若肌瘤擴大，可能導致發炎。有些肌瘤形成的部位容易造成流產或早產，這種情況下則須聽候醫師指示，配合治療。

卵巢囊腫

初－中

症狀

若卵巢囊腫惡化，容易造成下腹部劇烈疼痛。

因應對策

由於卵巢囊腫多半是因為水或脂肪等液體囤積而形成，通常剛長出來不久就會自然消失，若囊腫體積大而不退或經常伴隨疼痛，則應動手術切除。

先兆性流產

中－後

症狀

若在懷孕中、後期經常且有規律的感覺到腹痛，即使沒有伴隨出血，也極有可能是早產的跡象。

因應對策

靜養安胎是最好的方法，若開始出現陣痛，則很有可能發生早 產，必須盡快聯絡醫院。

盲腸炎（闌尾炎）

初－中－後

症狀

右下腹部似乎被拉扯般疼痛，同時帶有發燒、嘔吐、腹瀉等症狀，多發生於懷孕初期。

因應對策

若感覺右下腹部疼痛就趕緊去醫院，拖太久會引起子宮收縮，可能會導致流產或早產。

沾黏

初－中－後

症狀

腹部沉重或感到像痙攣般疼痛。

因應對策

沾黏簡單來說，就是子宮內膜組織與其他內臟器官互相黏著在一起，但不會因此而影響懷孕及生產，不過若休息靜養後依然感覺疼痛的話，就應該詢問醫師的意見。

韌帶痙攣

初－中－後

症狀

扭轉身體時，左邊或右邊的下腹部感到疼痛。

因應對策

這種痙攣疼痛現象，多半是因為支撐子宮的韌帶拉扯所致，只要休息後不再感到疼痛，便無大礙。

子宮收縮

中－後

症狀

撫摸子宮一帶感覺像球一樣硬。

因應對策

這是懷孕中、後期常見的症狀，一小時內僅一次的話就無妨，若達六次以上且規律性的腫脹，就是產前陣痛，應立刻聯絡醫院，急速前往。

腹部容易腫脹的地方

初期

由於子宮逐漸隆起、筋肉開始伸展，容易使下腹部腫脹。此外，支撐子宮的韌帶也相對的拉扯伸縮，造成股關節處疼痛。

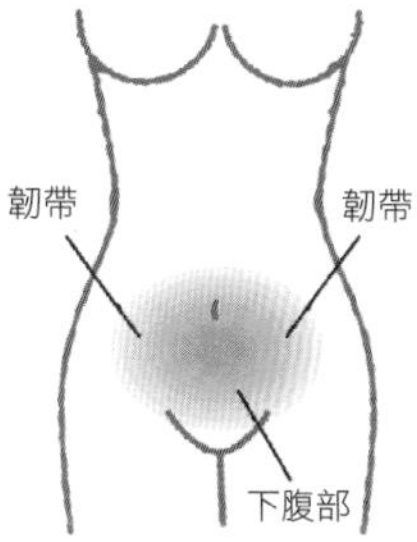

韌帶
韌帶
下腹部

中期

與初期相較，疼痛的部位更為擴散，有時也會僅有某一邊疼痛。這是因為子宮壓迫腸道，使氣體囤積在肚子裡的關係。

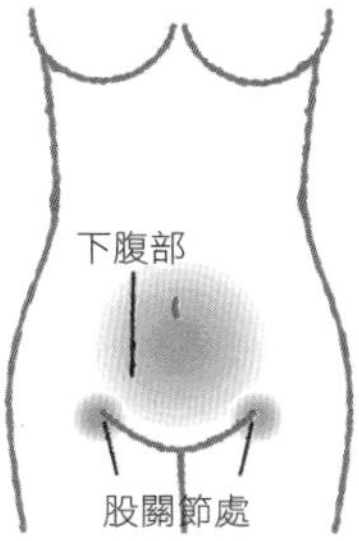

下腹部
股關節處

後期

腫脹範圍更擴大，三十七週後會感覺不規則的前驅陣痛（假產痛）。若一小時達六次以上的規律性脹痛，則為真產痛（陣痛）。

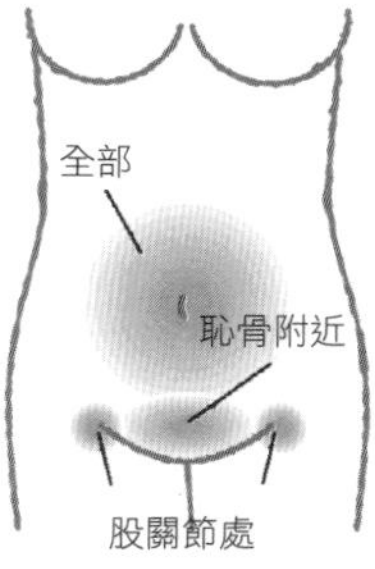

全部
恥骨附近
股關節處

懷孕期間的免疫功能降低，容易感染傳染病

由於孕婦有服藥限制，夫妻倆都應該有防疫的共識

傳染病是指經由病毒或細菌而引起的疾病。由於懷孕期間抵抗病毒、細菌的免疫功能降低，較以往容易感染此類疾病。

這是因為此時在媽媽的體內已經有了胎兒這個「異物」，如果媽媽的免疫功能不降低，身體的防衛系統反而會開始攻擊胎兒，驅離異物。由於懷孕期間有很多禁止服用的藥物，因此媽媽必須努力防止外物入侵，捍衛自己與寶寶的健康。

預防傳染病最好的方法，就是斷絕傳染途徑，比如說流行性感冒盛行的時期，病毒與雜菌容易潛伏在人群之中，媽咪應該盡量避免到人多的公共場所，一不小心接觸到感冒或流感患者的鼻水、唾液，就可能因此而被傳染，所以媽咪外出回家後，要養成漱口及洗手的習慣。

此外，由於性傳染病是透過性行為傳染，所以即使媽媽治療好了，也可能因交叉傳染又再次染上性病，必須跟爸爸兩個人一起接受治療，才能完全根治。

Q&A

Q 可以接種預防流感的疫苗嗎？

A 懷孕期間若被傳染流感，很容易導致病情惡化，建議懷孕十二週後就要接種疫苗。

Q 我忘記自己有沒有接種過德國麻疹的疫苗耶……

A 可在懷孕初期時做「臍帶血採樣術」，檢測是否感染。

（編註：臺灣的媽媽最好在計畫懷孕前三個月，確定自己是否具有抗體，如果沒有，最好接受免疫注射。）

Q 什麼是德國麻疹抗體檢驗？

A 懷孕第十五週時，會抽血檢查體內有多少數值的免疫抗體。若「二百五十六倍以上」，則有可能剛剛罹患德國麻疹，必須再做一次檢驗。

（編註：臺灣通常在第十二週時抽血檢查，也就是第一次產檢時。）

傳染病的種類與治療方法

腮腺炎

不需要擔心

可透過抽血檢查是否感染，但此疾病並不會對胎兒造成影響。雖然有醫師認為懷孕初期罹患此病可能造成流產，但若能夠持續懷孕就沒有關係

水痘

不太需要擔心

幾乎所有人都有抗體，極少傳出被感染的病例。懷孕中期感染並沒有什麼大礙，但若在懷孕後期染上水痘可能會傳染給胎兒，引發「先天性水痘症候群」，必須特別留心。

德國麻疹

懷孕初期時要特別注意

3～20週的孕婦若染上德國麻疹，可能會連帶傳染給胎兒，導致白內障、神經性耳聾甚至畸形胎等異常疾病。若德國麻疹抗體值較低（請參照右頁Q&A），應盡量減少外出，小心預防。

流行性感冒

不會直接影響胎兒

感冒病毒不會傳染給胎兒，也不會對胎兒造成不良影響，當孕婦被傳染時，只要遵照醫師指示服藥，即可痊癒。平時勤洗手、漱口，保持室內乾燥，積極攝取維生素C，都可以有效預防感冒。

B型溶血性鏈球菌（GBS）

可能透過產道傳染給胎兒

此種鏈球菌通常存在於陰道、尿道或外陰部，雖然不會對母體產生任何影響，但若胎兒在分娩時通過產道被感染，可能出生後不久便引發肺炎或脊髓神經性疾病，因此媽咪應該在分娩前先施以抗生素做預防。

（註：台灣的媽媽建議在妊娠34至37週時進行檢查，此為自費項目。）

弓漿蟲感染症

養寵物的媽咪要特別注意

弓漿蟲多半寄生於狗兒、貓咪及鳥類身上。臨床上鮮少看到感染弓蟲症的新生兒，但仍有零星的個案。養寵物的媽咪在餵食時，不可以用嘴巴直接傳食物給寵物，處理糞便時也不可以直接用手抓。

生殖器念珠菌感染

可能透過產道傳染給胎兒

念珠菌是人體正常的菌群之一，懷孕期間可能因免疫力較差，而在陰道內大量繁殖孳生，若在分娩前不徹底根治，恐怕會直接傳染給新生兒。多半以軟膏塗抹的方式治療。

麻疹

懷孕期間症狀可能更加惡化

若媽咪被感染，可能會造成流產或早產。沒有抗體的媽咪應盡量避開人群，避免在分娩前感染麻疹而透過胎盤，傳染給胎兒，應在分娩前徹底根治。

（註：臺灣的媽媽若在懷孕期間接觸麻疹患，擔心遭感染，可在接觸後6天注射免疫球蛋白。）

性傳染病（STD）的種類與治療方法

尖頭濕疣（菜花）

會經由產道傳染給胎兒，ㄈ須在懷孕期間徹底根治

病原體為人類乳突病毒，會在生殖器到肛門一帶長出尖尖的突起物，排尿、排便時伴隨著疼痛。生產時會經由產道傳染給胎兒，因此新生兒可能會罹患咽喉乳突瘤，懷孕期間須以電燒、雷射、冷凍等物理方法治療。

毛滴蟲陰道炎

也有性行為以外的傳染途徑，但不會影響胎兒

病原體為陰道滴蟲，除了性行為外，也可能經由溫泉、馬桶、寢具等傳染，但不會對胎兒產生影響，也不會感染產道。女性罹患此病時，陰道會分泌黃綠色的膿汁，同時感覺陰道及外陰部搔癢。治療方法有口服藥，也有局部塗抹的藥膏。

衣原體性病

恐有流產、早產及子宮外孕的危險

病原體為衣原體細菌，感染後幾乎沒有自覺症狀，但會提高流產、早產及子宮外孕的機率，若在分娩時傳染給新生兒，可能會導致眼結膜炎及肺炎。以抗生素治療。

淋病

提高早產及子宮外孕的風險

病原體為淋病雙球菌，幾乎沒有自覺症狀，即使被感染也不會知道，若傳染給新生兒，可能會引發結膜炎。以盤尼西林（青黴素）等抗生素治療，根治後就不會傳染。

梅毒

透過胎盤傳染給胎兒，嚴重者恐致死

病原體為梅毒螺旋菌，是透過性行為的過程中，經由皮膚及黏膜所感染，初期會在外陰部形成黃豆般大小的硬塊，並可能擴散至口腔或肛門。懷孕初期可投以盤尼西林（青黴素）等抗生素治療。

生殖器泡疹

治好後病毒依然潛伏於體內，伺機等待免疫力降低時再復發

病原體為第二型單純泡疹病毒，被感染後可能引發陰部、陰唇疼痛搔癢及發燒症狀，接著生殖器一帶會長出水疱，若破裂將導致潰瘍以及劇烈疼痛。治療方式有注射、內服及外用軟膏等，若預產期在被感染後的一個月內，多半會採取剖腹產。

預防首重減鹽飲食與身心休養

孕婦發病率占百分之三至五左右

懷孕會增加孕婦的血管及心臟負擔，到了後期特別容易併發高血壓的症狀。形成妊娠高血壓的主因並非來自於不良的生活習慣，因此也格外不易預防，一般來說，平時就有高血壓、糖尿病、腎臟病等慢性疾病，或是體型較肥胖的媽咪，都屬於高危險群。

此外，除了妊娠高血壓的跡象外，胎盤也會有形成障礙，若再加上慢性高血壓、糖尿病、體型肥胖、懷雙胞胎等因素，則更加容易導致胎兒發育困難（IUGR，臨床稱為子宮內生長遲滯）或胎盤早期剝離等現象。

經診斷為妊娠高血壓症候群的媽咪，必須特別注意靜養安胎，若在家休養卻還是無法改善，則應該考慮住院療養。此外，在醫師診斷持續懷孕可能危及母體或胎兒的情況下，多半會採用剖腹或引產的方式催生。

由於妊娠高血壓在懷孕期間無法完全治癒，但通常生產後病情會慢慢改善，所以媽咪懷孕期間應定期接受產檢，並且確實遵照醫師指示，療養身體。

妊娠高血壓症候群的症狀

懷孕20週後才有高血壓，同時合併蛋白尿的症狀，稱之為妊娠高血壓症候群（子癇前症或子癲症）。

輕症	血壓：收縮壓140 mmHg以上，未滿160 mmHg或舒張壓90 mmHg以上，未滿110 mmHg 尿蛋白：一天300毫克以上，未滿2000毫克
重症	血壓：收縮壓160 mmHg以上或舒張壓110 mmHg以上 尿蛋白：一天2000毫克以上

＊妊娠高血壓症候群＊

以往被稱為「妊娠毒血症」，自2004年後統一更名為「妊娠高血壓症候群」。

以往妊娠中毒的檢驗項目為「高血壓」、「尿蛋白」及「水腫」，但由於有水腫症狀的孕婦高達七成以上，因此現在已將水腫從檢驗項目中刪除。

日常生活中的注意事項

❶ 實行減鹽、低熱量、高蛋白的飲食

將鹽分攝取量控制在一天10公克以下（若有高血壓徵兆的媽咪則為7公克以下）。鹽分攝取過多是引發高血壓的主因，以往都會宣導媽咪將鹽分攝取量控制在3～5公克之間，但近年來發現，鹽分也是身體運作需要的成分之一，因此將攝取量做了調整修正。媽咪在進食時應確實計算一天所需的整體熱量，同時補充適量的鹽分，積極攝取優良的蛋白質。

❷ 規律生活與正常作息

若長時間持續著精神上的壓力，以及疲勞、睡眠不足等狀態，會造成交感神經緊繃失調，提高妊娠高血壓症候群的風險。媽咪若覺得累，就要放下手邊的事，多多休息喔！

❸ 做好體重管理

體重一點一點逐步增加，是孕期增重的理想狀態。媽咪應積極攝取均衡飲食，保持適度運動的習慣，預防體重暴增、暴減。原則上一週內體重增加500公克左右，都是理想的範圍，建議媽咪養成經常量體重的習慣。

❹ 定期接受產檢

由於高血壓症候群沒有自覺徵兆，只能經由檢查來發現追蹤，因此越早發現，就能越早做好因應措施，媽咪一定要定期接受每次的產檢喔！

❺ 攝取鈣質

鈣質有降低血壓的效果，媽咪平時就應攝取富含鈣質的食物。

＊食品中的含鹽量參考值＊

重口味醬油（1小匙）	約0.7公克
淡口味醬油（1小匙）	約0.8公克
大豆味增（1大匙）	約1.6公克
中濃醬汁（1大匙）	約0.9公克
番茄汁（1大匙）	約0.5公克
沙拉醬（1大匙）	約0.3公克
咖哩塊（1大匙）	約1.6公克

Q&A

Q 很難控制鹽分耶……

A 不是要妳完全不攝取鹽分喔！比如說將需要加醬油、鹽巴的料理，改以一半分量的檸檬、醋、香料來調味，如何啊？

Q 生產後多久症狀才會減輕呢？

A 一般來說在產後十二週內，高血壓及尿蛋白的症狀都會獲得改善。

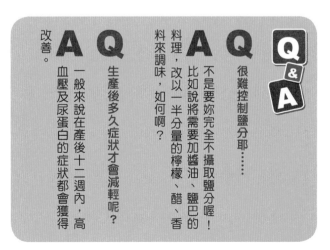

什麼是妊娠糖尿病

通常妊娠糖尿病在產後都會回復正常狀態，但仍有約半數的媽咪在十至二十年後，仍會引發真正的糖尿病。

到生產之前都無法痊癒，事前預防最重要

糖尿病是指體內的胰島素功能降低或分泌異常，使血液中的葡萄糖無法轉換為能量，反而囤積於血液之中，造成血糖值過高的疾病。

懷孕期間的糖尿病又可分為兩種，媽咪懷孕前就患有糖尿病的稱為「糖尿病合併妊娠」，懷孕之後才引發糖尿病的稱為「妊娠糖尿病」。

妊娠糖尿病會提高併發妊娠高血壓症候群及羊水過多的風險，且較容易罹患傳染病，若母體到生產前仍持續高血糖的狀態，恐怕會產下身體機能未完全發育的巨嬰（出生時體重達四千公克以上）；相反的，若是妊娠糖尿病重症的媽咪，則可能會產下體重不足的嬰兒，且胎兒容易帶有呼吸系統的障礙。

以下的媽咪請注意

❶ 體型肥胖

❷ 懷孕後體重暴增

❸ 家族有人罹患糖尿病

❹ 35歲以上

三次血糖值中，若有兩次以上大於或等於下列標準，就診斷為妊娠糖尿病。空腹時血糖值（單位mg/dl）110以上，一小時180以上，兩小時150以上。

Q&A

Q 請問治療妊娠糖尿病的方法。

A 飲食療法是治療的首要方法。將一天的熱量控制在一千六百至一千八百大卡之間，同時注意攝取均衡飲食。

Q 有妊娠糖尿病也能自然產嗎？

A 輕則配合飲食療法，重則注射胰島素，只要能使血糖維持在正常範圍內，就不會對母體或胎兒造成負面影響，亦不排除自然分娩的可能性。

Q 產檢的單子上尿糖呈陽性（＋）反應，這樣算是糖尿病嗎？

A 產檢前一天或當天早上攝取了過多糖分，都有可能出現陽性反應。若複檢兩次以上都得到此結果，則必須做更詳細的葡萄糖耐受試驗。

妊娠劇吐症

精神壓力大也會引起妊娠劇吐症，要留意脫水現象

害喜是生理反應，妊娠劇吐症則是疾病

懷孕初期多半都會有噁心嘔吐的害喜症狀，大約百分之五十至八十的準媽咪都會害喜，只是輕重程度因人而異。一般而言，隨著懷孕週數增加，害喜的症狀就會跟著緩和，甚或消失，若害喜過於嚴重，而影響到產婦的日常生活，這就是所謂的妊娠劇吐症。

妊娠劇吐症會使媽咪吃不下、喝不下，一天內劇吐數次，進而引起脫水，若病情持續惡化，使體內電解質失衡，會使母體的代謝機能降低，甚至危及媽媽與寶寶的性命安全。

懷孕期間荷爾蒙失調或自律神經失調，都有可能引起妊娠劇吐症，但確切的原因至今仍然不明，不過焦躁及精神壓力等心理因素，也都可能是原因之一。

妊娠劇吐症多半無法根治，只能靠打點滴來補充母體的水分及營養素，媽咪也可同時吃些維生素補充營養。若無法經常往返醫院，建議媽咪可考慮住院打點滴治療。

這個時候就要去醫院 妊娠惡阻CHECK

若下列情況嚴重，就不應該再忍耐，快到醫院找醫師治療吧！

- **一天孕吐3～4次**
  明明沒吃什麼東西，一天還是吐了好幾次。
- **幾乎無法進食**
  不只是食物，就連水也沒辦法喝。
- **體重驟減**
  一週內瘦了2～3公斤。
- **暈眩無法久站**
  無法持續日常的生活。

媽媽心情分享

原本以為只是害喜，但情況卻越來越嚴重，幾乎一整天都在吐。醫師說這是妊娠劇吐症，打了好幾天點滴，才覺得好一點。

第4章

羊水或胎盤異常

即使羊水或胎盤出了狀況，只要有正確知識就不用擔心

羊水異常問題，最令人擔心的還是早期破水

羊水可以說是母體內的軟墊，可以保護胎兒不受外力的衝擊影響。

羊水量約從第八週左右開始慢慢增加，在三十二週時達到巔峰，之後則逐漸減少，若懷孕後期羊水量超過平均值，則稱為「羊水過多」，若低於平均值，則稱為「羊水過少」。不管過多或過少，一旦發現羊水量異常，就應該檢查寶寶是否出現異狀，以及母體的胎盤機能是否正常運作，此外應同時追蹤媽咪是否罹患糖尿病或高血壓，並持續觀察母子的情況。

而早期破水則是指準媽咪在還沒有陣痛之前胎膜就已破裂，導致羊水流出。通常在破水後二十四小時內會出現陣痛並早產，必須立刻就醫，不過若是在懷孕三十七週後出現破水，則較無大礙。

羊水問題與治療方法

早期破水	羊水過多、過少
陣痛前即破水，可能引發細菌感染而導致胎膜發炎，成為早產的主因。	不論處於哪個階段，只要羊水量超過800毫升，就是羊水過多；而懷孕後期若少於100毫升，就是羊水過少。
症狀	**症狀**
羊水流出 一般來說在破水後1～2天內會出現陣痛，進而分娩，當媽咪發現異常分泌物時，就應提高警覺。	**羊水過多的媽咪較辛苦** 羊水過多則容易增加腹部重量，使媽咪負擔較沉重；而羊水過少則母體腹部較小，胎兒體型也較小，除非狀況太過嚴重，否則不會有什麼特別的症狀。
治療方法	**治療方法**
通知醫院 若在37週前，由於胎兒尚未發育成熟，必須預防感染及抑制子宮收縮，以免早產。若在37週後破水，且24小時內始終沒有陣痛現象，則多半配合引產，將胎兒分娩出來。	**不須特別治療** 不須要做特別的治療。但媽咪必須定期做產檢，持續觀察母體與胎兒的狀 況。

若有出血及腹痛現象，必須立刻就診

胎盤的正常附著處在子宮腔前壁或頂部，若胎盤附著於子宮下段，則稱為「低置胎盤」。懷孕初期發現低置胎盤其實不必過度擔心，通常胎盤會隨著懷孕週數的增加，而慢慢往子宮頂部移動。

但若過了二十八週，胎盤仍附著於較低的位置且擋住子宮頸口，則稱為「前置胎盤」。依照胎盤邊緣與子宮頸口的關係，前置胎盤還可分為三種情形，雖不會疼痛，但卻會造成不規則的陰道出血。若媽咪發現前置胎盤則應住院觀察，在三十七週以後以剖腹產的方式取出胎兒。

胎盤若有異常，最令人擔心的狀況為「胎盤早期剝離」，顧名思義即是胎盤在產前就有剝落的跡象。胎盤早期剝離會出現陰道出血，子宮緊繃疼痛，下腹部突然劇痛且變硬的現象，但令人慶幸的是，胎盤早期剝離的發生率不到全懷孕人數的百分之零點五，而轉為重症的個案又更為少數。

胎盤問題與治療方法

常位胎盤早期剝離

特別注意！

原本應該在產後才剝離的胎盤，雖然附著的位置正常，卻在產前提早剝落。

罹患妊娠高血壓的媽咪較容易併發胎盤早期剝離，此外，拍打腹部等外力衝擊也是原因之一。由於醫界仍無法找到確切的形成原因，因此很難做到百分之百的預防措施，若媽咪有胎盤早期剝離的現象，就必須以剖腹的方式分娩。

前置胎盤

完全性前置胎盤

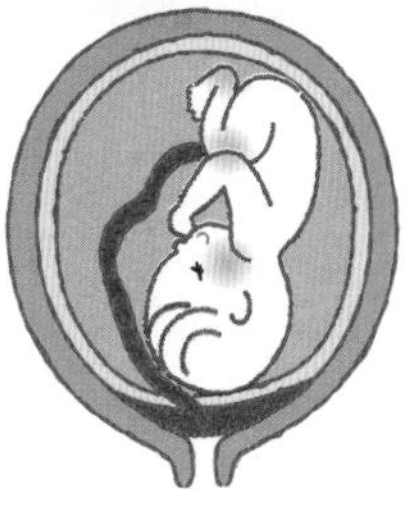

子宮頸口完全被胎盤組織所覆蓋，必須採剖腹產。

正常的胎盤位置

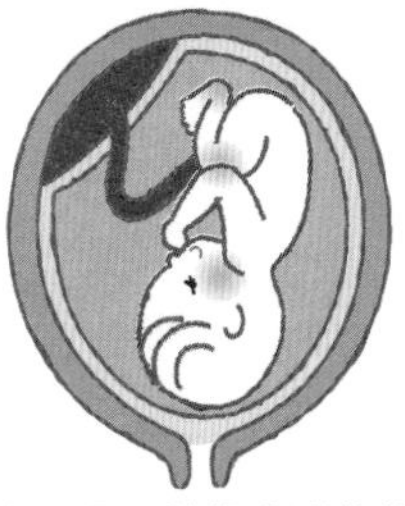

一般而言，胎盤會附著於子宮腔頂部（接近子宮底端）。

邊緣性前置胎盤

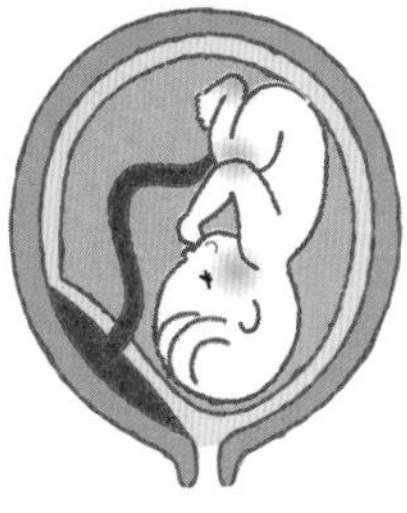

胎盤邊緣附著於子宮頸口下段，若34週後位置依然沒有改變，就要採取剖腹產。

部分性前置胎盤

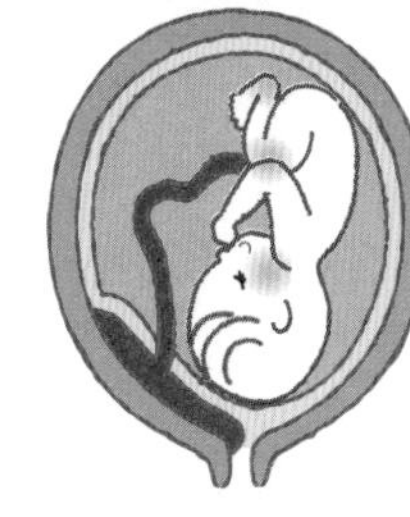

子宮頸口部分被胎盤組織所覆蓋，必須採剖腹產。

＊前置胎盤的準媽咪看過來＊

❶ 出血且同時出現腹部脹痛

有先兆性早產，或早產、胎盤早期剝離的可能性。即使只有陰道出血，也應至醫院做進一步檢查。

❷ 腹部出現規則的緊繃疼痛感

若是懷孕後期，可能出現假產痛（前驅陣痛）。

知道賺到

準媽媽情緒小錦囊④

保護寶寶行車安全的嬰幼兒汽車安全座椅

為了以防萬一，車上一定要加裝安全座椅？

在日本未滿六歲的嬰幼兒乘坐車輛時，必須使用汽車安全座椅。因為根據統計，未加裝汽車安全座椅，導致嬰幼童死亡或重傷的比率，是加裝後的兩倍；此外，如果使用安全座椅不正確，即使加裝了也沒有保護效果，統計顯示，沒有正確使用安全座椅，而導致嬰幼兒死亡或重傷的比率，是正確使用的三倍。

（註：臺灣的寶寶若年齡在四歲以下，且體重在十八公斤以下，也必須使用兒童汽車安全座椅。）

或許家長覺得加裝安全座椅既麻煩又花錢，但為了顧及家人的生命安全，乘坐汽車時請務必讓寶寶使用汽車安全座椅。

※數字資料來自警察局

新生兒型

能保護新生兒的頭部和頸部，並讓嬰兒平躺安睡。適用於新生兒至10個月大的嬰兒。

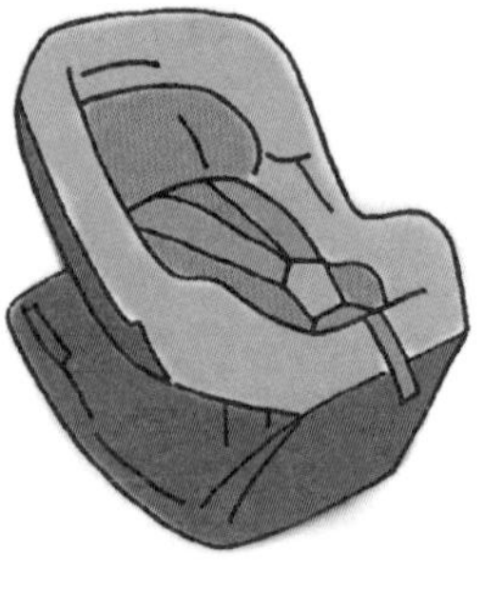

幼兒型

適用於6個月～4歲左右的嬰幼兒。只要學會坐立即可使用。

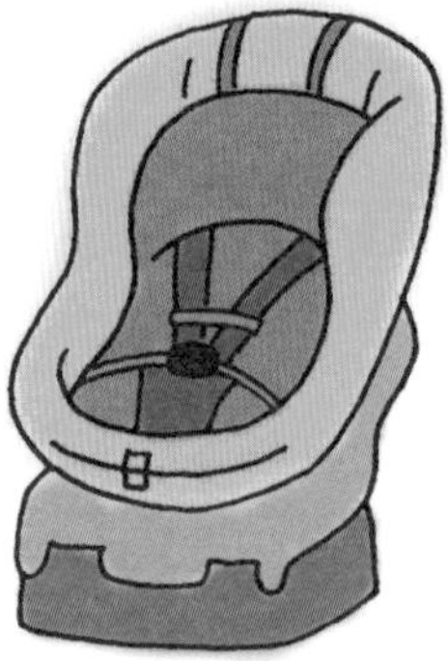

成長型（兒童型）

可依照兒童體型，調整座高及安全帶導板。

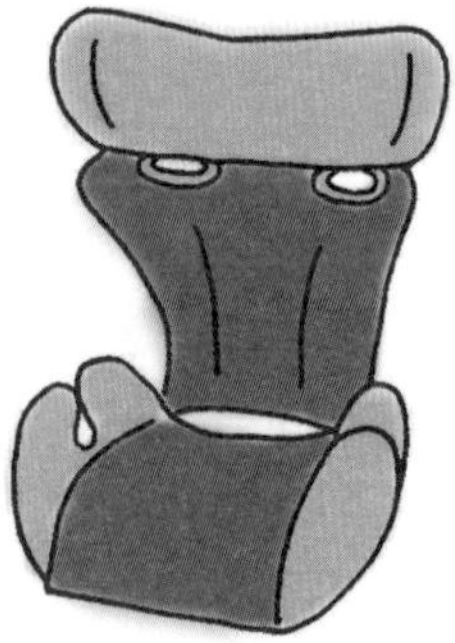

嬰幼兒汽車安全座椅依照幼童成長年齡分為這三種，但也有不少新生兒型與幼兒型並用的款式可供參考，而3～4歲的幼童則應改換為成長型座椅。

汽車安全座椅Q&A

Q 寶寶生病或受傷沒辦法使用安全座椅時，該怎麼辦呢？

A 這種情況下不使用也無妨。

Q 行車時若要哺乳或換尿布，也一定要坐汽車安全座椅嗎？

A 這種情況下可以不使用，但為了寶寶安全，建議哺乳或換尿布時將車暫停於路旁，較為安全。

Q 搭公車或坐計程車也要裝安全座椅嗎？

A 可以不使用。

Q 不管哪種安全座椅都可以用嗎？

A 必須使用符合交通省規定的產品。通過保安基準法檢測的安全座椅，都會貼有「自C-〇〇〇」的檢驗標章。

（註：臺灣的爸媽應選購符合國家標準（CNS）汽車用兒童保護裝置，並經過經濟部標準檢驗局檢驗合格，印有商品檢驗標識之安全座椅。）

Q 要順便載兒子的朋友回家，但沒有多的安全座椅時該怎麼辦？

A 原則上，嬰幼童乘坐汽車依法規定，必須安置於安全座椅內，但若是送受傷的幼童至醫院，或送迷路的幼童到最近的警察局等情況，都屬於例外。

Q 一次要載很多位小朋友，若使用安全座椅就會坐不下，該怎麼辦呢？

A 於汽車承載人數合於法規的情況下，可以不使用；但並非指所有小朋友都可以不使用，應該盡量讓每個小朋友都能坐在安全座椅上。

（註：臺灣的爸媽如果載三名幼童乘車，而後座空間無法容納安置三個座椅，則第三個幼童可不必置於安全椅，但需有成年人在旁照顧。）

Q 若寶寶不願坐在安全座椅內，可不可以讓大人抱著？

A 幼童乘坐安全座椅是法規，一定要使用。家長可在每個路口暫停休息，或在車上播放寶寶喜歡聽的音樂，盡量減少他乘車時的壓迫感，同時要讓寶寶養成一上車就乖乖坐在安全座椅上的習慣。

Q 雖然小孩沒滿六歲但體型比較大，而且也會自己繫安全帶了，這樣還要坐安全座椅嗎？

A 只要確實繫上安全帶，不使用安全座椅也無妨。

Q 不使用安全座椅會受罰嗎？

A 只要確實繫上安全帶，不使用安全座椅也無妨。

（編註：臺灣的爸媽若沒有讓幼童坐安全座椅，可處罰鍰一千五百元至三千元不等。）

＊有了這個更方便！＊
讓嬰幼童乖乖乘車的法寶

遮陽板

以吸盤吸附於車窗上，防止日晒，不僅能抵擋夏日的艷陽，還能有效緩和西曬。

保冷、保溫墊

放在安全座椅上的專用保冷、保溫墊，夏天時可先放在冷藏室冰涼，冬天時則可用微波爐預暖。將墊子置於專用安全座椅內，可以讓寶寶的後頸部及背部保持舒適的溫度，除了安全座椅外，還可以用在嬰兒車上喔！

產後恢復需要周遭親友的溫暖支援

什麼是產後復胖？

媽咪有聽過「產後復胖」這句話吧？請注意，是「復胖」不是「肥胖」喔！這是指產後減肥消瘦下來後沒多久，身材又回復到生產前的肥胖體型。過去也曾發生過產後復胖情況太嚴重而死亡的個案，即使時至今日，產後復胖嚴重仍然是個惱人的疾病，最具代表性的病徵為產後憂鬱症及產後甲狀腺炎。

產後憂鬱不是懶惰喔！

通常在產後2～3天左右，約有30～50%的媽咪會產生輕度情緒不穩定的症狀，但這種俗稱的產後憂鬱，多半會在產後一週左右消失無蹤。

但若產後數週至三個月左右，仍然有各種身心上的壓力或異常反應，則是必須接受治療的產後憂鬱症，大約有10%的媽咪會有這種跡象，但因為對這種病不夠了解，有不少媽咪因此責怪自己「不夠格當媽媽」、「很對不起寶寶跟老公」，結果反而讓自己越來越憂鬱，招來反效果。

此外，這種病的棘手處在於病情會隨著每天的心情而改變，因此不明事理的親友也會誤以為媽媽懶惰找藉口，不照顧小朋友。周遭的這種負面壓力變相助長了媽媽的憂鬱情緒，導致往往總在難以治癒的情況下，才來求助醫生。

至於產後甲狀腺機能低下則常見於產後三個月左右，且多半是無痛的甲狀腺炎。初期為甲狀腺亢進，接著惡化，轉為甲狀腺機能低下。甲狀腺亢進的症狀為心悸、不安、神經質等，一般容易被誤以為是因為帶小孩太累，而錯過即早治療的時期，直到跟著出現疲勞、體重減輕，甚至憂鬱症的症狀，才以為是產後憂鬱前來就診。

若情況輕微，通常能夠自然痊癒，但遺憾的是，有許多婦產科醫師也經常忽略這種疾病，使媽咪無法得到最即時的對症治療。

產後也是媽咪恢復的重要時期，但許多媽咪都以寶寶為優先考量，不知道自己的身心起了變化，得了心病，因此，爸爸與周遭親友的理解與協助，就是給媽媽最好的支援。產後復胖的根源在心靈層面，必須仰賴周遭人即早發現才能對症下藥，接受最好的治療，只要肯花時間正視它，病情就會慢慢好轉。

「咦，好像怪怪的？」一旦有了這個念頭，就要盡快詢問醫師喔！

第5章

終於要生囉！

哇～終於要生了！
第一次生寶寶，
一定有很多媽媽感到緊張不安吧！
在這一章裡，將詳細解說有關生產的各種知識。
上場前，好好預習一下吧！

生產徵兆

快見面了呢！身體的變化是寶寶即將出世的跡象

快臨盆時，身體會出現各種徵兆

懷胎足月快要臨盆時，身體會陸陸續續出現各種徵兆，這些身體變化都在提醒著媽媽「差不多要生嘍！」

最明顯的跡象就是感到不規則的前驅陣痛（假性陣痛）。當疼痛的感覺忽強忽弱、反覆出現，就表示開始進入真產痛的階段；接著，子宮的肌肉會週期性的反覆收縮，使媽咪感到腹部規律性的疼痛，這就是快臨盆前的真產痛了。

但並不是所有產婦都會歷經這個預備階段，因此一旦進入預產期的那個月分，就要隨時有著生寶寶的心理準備，外出時也別忘了隨身攜帶健保卡與生理用護墊。

分娩的預備徵兆

不再胃痛

胎兒下移至子宮頸口附近，子宮也跟著下滑，原本壓迫到胃部所產生的不適症狀都隨之消失，食欲大開。

恥骨一帶疼痛

胎頭移至下腹部、進入骨盆腔，進而壓迫恥骨，拉扯子宮與骨盆的韌帶組織，骨盆出現痠痛現象。

腹部緊繃

胎頭進入骨盆腔後，子宮便開始收縮，導致腹部緊繃。

腰痛

胎兒下移，壓迫到腰部，導致腰痛。

前驅陣痛（假性陣痛）

下腹部的疼痛感忽強忽弱、毫無規律，就是所謂的假性陣痛，此時媽咪不必太緊張，須持續觀察至真產痛來臨。這種現象有點像是在幫真產痛做暖身，多半會自然停止。

陰道分泌物增加

為了使胎兒順利通過產道，白色、似水狀般的分泌物會增加。

胎動減少

胎頭進入骨盆腔內後，會造成胎兒活動不便，因而減少胎動的次數。

頻尿

子宮壓迫到膀胱，經常感覺有尿意而常跑廁所；此外，大、小腸也受到壓迫，產生便祕的傾向。

預備徵兆出現時，應該做什麼準備？

● **準備住院用品**

整理住院用品，並再次確認有沒有漏了什麼東西。

● **洗澡、淋浴**

由於產後一個月內都不能洗澡，因此臨盆前建議媽咪先淋浴淨身，同時卸去妝容。

（註：傳統觀念產後一個月不能洗澡、洗頭，不過現代的觀念已可接受，但要小心不要著涼。）

● **飲食與睡眠**

在真陣痛來臨之前，可先吃點比較好消化的食物，墊墊肚子，情況許可的話可以先補個眠。

分娩的真正產兆

● 落紅

血絲混著分泌物從陰道口流出，這表示子宮頸口要開了，而子宮也同時持續收縮。血色多為粉紅色或暗紅色，出血量及出血時機因人而異，但是若有大量出血或伴隨疼痛的情況，就要趕緊送醫。

● 破水

包覆著胎兒的羊膜破裂，流出羊水，通常會伴隨著陣痛，但也有孕婦沒有產痛徵兆就已經破水。在這種情況下應該立刻聯絡醫院。

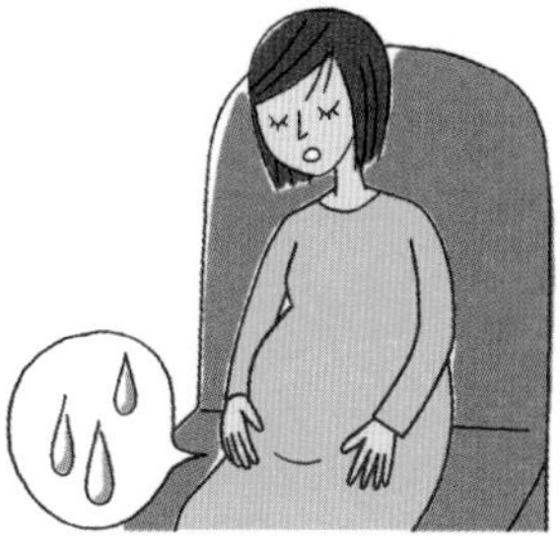

● 陣痛

為了將胎兒推出子宮外，子宮開始規律性的收縮與鬆弛。開剛始大約每隔10分鐘左右出現陣痛，若一小時內感到6次陣痛，就是真正的產痛，也應立刻至醫院待產。

破水了要怎麼處理？

1.立刻通知醫院

第一時間通知醫護人員，並立刻前往醫院。

2.做好處置

墊一層生理護墊或乾淨的毛巾。
若破水量多，則以大浴巾處理。

3.不要走動

一旦破了水，應盡可能避免走動。嚴禁洗澡。

住院前的流程

自己家裡

● 陣痛

陣痛的間隔縮短後，應開始計算時間，當間隔十分鐘左右陣痛一次，就應聯絡醫院，並遵照醫護人員指示，做好分娩準備。

● 準備

聯絡家人，關閉門窗

通知爸爸與親友，告訴家人已出現陣痛且通知醫院。出門前記得關閉門窗與瓦斯。

前往醫院

不要自己開車，請爸爸或家人開車送妳去醫院，若剛巧沒有人在身邊，就叫計程車。

到了醫院

● 問診

- 醫師以問診方式，確認是否落紅、破水以及規律陣痛。
- 若醫師診斷還沒到真產痛的階段，可先回家休養。

● 檢查

- 驗尿、量血壓、觸診、超音波檢查等。

● 內診

- 使用胎兒監視器，觀察胎兒心跳與陣痛強弱，並測量陣痛週期。醫護人員會以內診方式，了解產程進展，並觀察子宮頸口的柔軟程度。
- 依產婦狀況送往待產室或產房（手術室）。

了解推產力道與減輕陣痛的方法

採取舒服的姿勢，並配合拉梅茲呼吸法

若是頭一胎，從假性陣痛開始到臨盆，平均約十一至十七小時，甚至有媽咪從住院到生產，大約拖了二至三天左右。每個媽媽對於疼痛的感覺都不太一樣，有人覺得下腹部疼痛，有人說是肛門附近在痛，不管如何，只要陣痛減緩，就要趁機進食，補充體力，或是藉由散步、看書，來緩和情緒。若陣痛間隔越來越近，疼痛的感覺也越來越劇烈，可以請家人或醫護人員幫忙按摩，並採取舒服的姿勢，再配合呼吸法分散注意力。

即使子宮頸口接近全開，忍不住想用力，也要盡量忍耐，保持體力。此時可以請家人或護士幫門按壓肛門或會陰處。

安產不可或缺的三大要素

❶推產力道

也就是子宮收縮推出胎兒的力道，陣痛（子宮收縮）或是媽咪使勁用力，都屬於推產力道。陣痛的壓力有助於將胎兒往外推，而媽咪使勁用力則是幫助胎兒順利通過產道。

❷產道

胎兒出世前的通過，包括兩個部分，內側是以肌肉為主的軟產道，外側則是骨盆部分的骨產道。接近臨盆時，軟產道會逐漸鬆弛，骨產道則會慢慢拉開。

❸胎兒

胎兒為了能順利通過狹窄的產道，尚未完全發育的頭骨接合處會重疊變小。為了配合產道及骨盆的形狀，胎兒會將下顎貼近胸口，同時轉動身體，慢慢娩出。

Q&A

Q 陣痛到底是怎麼個痛法啊？

A 肚子緊繃，像經痛那樣慢慢、悶悶的痛，隨著時間的增加，疼痛感會越來越強烈，疼痛的間隔也會越來越短。陣痛是因為子宮收縮，將胎兒往外推而引起的。

Q 不知道什麼時候會生，擔心到不敢出門。臨盆前身體會有什麼反應呢？

A 臨盆前的身體變化因人而異，有人覺得腹部緊繃腫脹，有人覺得恥骨與骨關節處疼痛，也有人頻尿。

因為胎兒下移至骨盆腔，媽咪會覺得胎動減少了。

舒緩陣痛的小妙方

好用的小道具

● 背靠墊

靠躺時可用來墊腰與背部。若沒有背靠墊，也可將沙發枕對半摺代替。

● 手帕

劇烈陣痛時可用力緊握，分散注意力，此外，也可擦拭因疼痛流出的汗水。

● 電動或漫畫

能有效分散疼痛的注意力，也可以多聽一些喜歡的音樂喔！

● 飲料

陣痛時會流汗，可藉此補充水分；記得準備吸管，比較方便飲用。

● 暖暖包

可置於腰部或腹部保暖，促進血液循環，減輕陣痛。

● 小球

可用網球或高爾夫球等小球壓迫肛門，減緩陣痛。

舒緩陣痛

● 抬高臀部

半跪著趴在棉被或軟墊上，將臀部與腰部向後抬起。

● 跨坐在椅子上

跨坐在有椅背的椅子上，打開雙腳有助於鬆弛產道。

● 壓迫肛門

將手伸到背後，坐在小球上方，藉此刺激轉移注意力。

● 趴跪在地上

腰痛劇烈時，可雙手、雙腳趴跪在地上擺動腰部，減輕疼痛。

● 仰躺按壓腰部

腰痛時可仰躺於床上，兩手握拳按壓腰部下方，舒緩腰部不適。

● 左側臥位

身體左側躺，在兩腿間夾一個軟墊，保持舒服的臥姿。

● 盤腿

盤腿而坐，由下而上按摩腹部，慢慢做吐納的動作。

爸爸也一起來

● 按摩腰部

請爸爸在身後慢慢且輕柔的按摩腰部、背部。

● 到庭院散步

走路可幫助胎頭下移，加快生產速度，可以請爸爸一起到處走一走。

● 按壓肛門附近

想用力的時候，可以請爸爸握拳，用力按壓肛門附近，幫助媽媽忍住不用力。

● 身體前傾

手扶在欄杆或椅背上，將身體往前傾的同時擺動腰部，能有效緩和腰痛。

配合產程階段，善用呼吸法

全身放鬆，舒緩心情

從產痛開始到寶寶呱呱落地，大致可分為三個階段。

首先是第一產程。第一產程是從每十分鐘陣痛一次，到子宮頸口全開的階段，也是分娩過程中最耗時的時期。此時期陣痛的感覺會越來越強烈，且每次持續的時間也慢慢拉長，相對的，每次陣痛的間隔則逐漸縮短。

處於這個階段的媽咪通常會在醫院、病房或待產室度過。在剛開始陣痛還不劇烈的時候就開始配合呼吸法，反而會過度消耗體力，建議媽咪在不感到陣痛的時候放鬆，自然的呼吸，看點書、吃點東西或按摩一下身體，讓自己保持輕鬆自在的情緒。

第一產程（子宮頸開口期）

階段	初步階段	加速階段
子宮頸口大小	2～3 cm	4～7 cm
時間間隔	5～10分鐘	2～5分鐘
陣痛波長	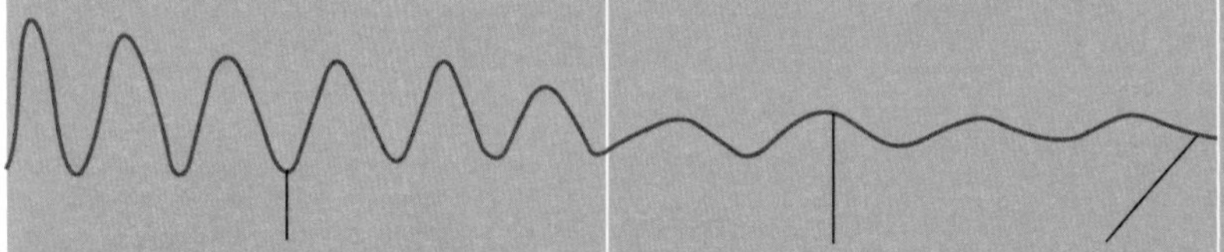 開始陣痛。感覺子宮開始收縮，且骨盆附近有壓迫感。	疼痛部位逐漸下移，有些媽咪會感到腰痛、想吐。
呼吸法	嘶～ 哈～ 嘶～ 哈～ ←1秒→←1秒→←1秒→←1秒→ 開始陣痛就大口深呼吸，陣痛停止時記得再深呼吸一次，之後轉回平常、自然的呼吸即可。 吸氣 吐氣	呼～ He He 深呼吸 ←2秒→←1秒→←1秒→ 開始陣痛就大口深呼吸，陣痛停止時記得再深呼吸一次，之後轉回平常、自然的呼吸即可。
醫療處置	●以內診觀察子宮頸口開到多大，以及胎頭下降的情形。 ●測量媽媽的血壓與體溫。 ●利用胎兒監視器，觀察胎兒的心跳與子宮收縮的情形。	●以自己覺得最舒服的姿勢休息。 ●透過內診觀察子宮頸口開到多大，以及胎頭下降的情形。 ●利用胎兒監視器，觀察胎兒的心跳與子宮收縮的情形。

陣痛、使勁用力都是為了娩出寶寶

等子宮頸口接近全開，就可以準備前往接生室（產房）了。當媽咪不由自主的想用力時，可將下顎收起，並看向肚臍，背部靠著手術床，在醫護人員的指示下，配合陣痛的頻率使勁用力。

當胎兒的頭部通過骨盆後，就能以肉眼隱約看見寶寶的後頭部，當寶寶的頭部娩出母體外時，臨床上稱為「著冠」。到了著冠的階段，媽咪可以暫緩使力，放鬆全身力量，並轉為短暫急促的呼吸，不久後，寶寶的頭顱就會完全娩出，接著寶寶會自行轉動身軀，讓雙肩通過產道，一鼓作氣，全身蹬出母體。通常進入產房到胎兒完全娩出的過程，約三十分鐘至三小時不等。

寶寶誕生後的五至二十分鐘，媽咪會再度感覺輕微陣痛，只要再稍稍使力，就能將胎盤娩出體外，完成整個生產過程。

第三產程	第二產程		第一產程（子宮頸開口期）
胎盤娩出期	娩出期	胎兒娩出期	轉移階段
	子宮頸口全開，約10 cm		8～10 cm
	1～2分鐘		1～2分鐘

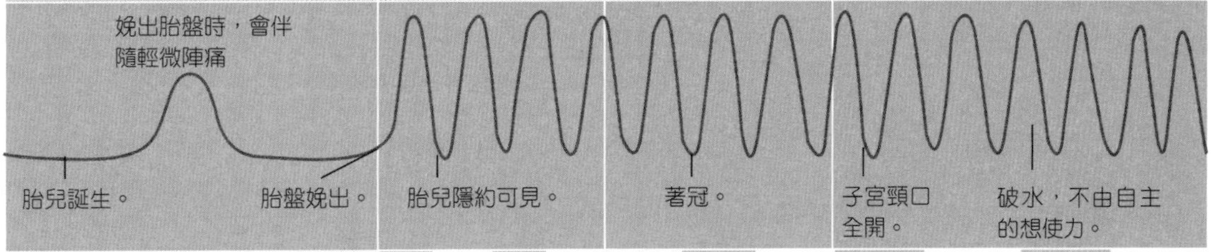
娩出胎盤時，會伴
隨輕微陣痛
胎兒誕生。
胎盤娩出。
胎兒隱約可見。
著冠。
子宮頸口
全開。
破水，不由自主
的想使力。

第三產程	娩出期	胎兒娩出期	第一產程
	哈 哈 哈 哈	呼～ 嗯 呼～	嗯 呼～ He He
		←1秒→←1秒→←	2 秒 →←1秒→←1秒→
感動的母子相見歡！	哈哈哈哈嘶～嗯～呼～聽到護士說不要用力時，就將呼吸調整為急促呼吸。	大口深呼吸後，呼～的一聲將氣吐出，在嗯的同時用力使勁。	長長的吐出一口氣後，再一邊按壓腹部，一邊吐氣，發出嗯的鼻音時要忍住不用力。
●服用子宮收縮劑。 ●若在產程中會陰撕裂，或以手術切開會陰，則在此時縫合。 ●靜躺兩小時，觀察出血癒合的狀況。	●必要時將切開會陰助產。	●轉到產房，必要時插管導尿（P178）。 ●利用胎兒監視器，觀察胎兒心跳與子宮收縮情形。	●以內診觀察子宮頸口開到多大，同時留意胎頭是否逐漸顯露出來。 ●利用胎兒監視器，觀察胎兒心跳與子宮收縮的情形。 ●必要時準備點滴與輸血器具，確認靜脈的位置。

生產時的醫療處理

醫療處理方式各家院所不同，應事先做好溝通

過多的醫療處理也會造成身體負擔，應事先與醫師溝通

生產時有許多醫療處理的手續，雖然都是為了幫助媽咪順利娩出寶寶，但現今仍有許多醫師對於醫療處理持保留的態度，這是因為不少醫療處理項目只是例行公事，在臨床上並沒有明確的實質效用，但卻反而讓媽咪感到身心上的不舒服。

最近有不少院所傾向溫柔生產法，刻意將醫療處理減至最低，因此媽咪可以事先與院方確認，做好溝通，院方通常也都會尊重，並盡可能配合媽咪的意願，所以媽咪若在產前對醫療處理有任何疑慮，都可以隨時向醫護人員詢問。

生產時的醫療處理

● 灌腸（浣腸）

讓胎兒能衛生、乾淨的通過產道

母體裡囤積的糞便會阻礙胎兒往骨盆腔下降。此外，灌腸時也會刺激腸胃蠕動，加速陣痛頻率，縮短生產時間，而另一個目的則是防止媽咪用力時順勢擠出便便，導致新生兒受到細菌感染。

● 剃毛

有助於傷口縫合且較衛生

剔除會陰附近的陰毛，有助於會陰切開術的傷口縫合，此外也可防止寄生於陰毛上的細菌感染給新生兒。在剖腹產時為方便處理傷口，也會剃除陰毛。

● 胎兒監視器

觀察胎兒與陣痛情形

將裝有端子的帶子綁在媽咪的腹部，可觀察胎兒的心跳，以及宮縮與宮縮之間的間隔和胎心率，雖然媽咪綁上帶子後行動會較不方便，陣痛時也有可能更加不舒服，但是除非必要，否則可以選擇不安裝。

媽媽心情分享

雖然生產前很排斥會陰切開術，但開始陣痛後一心只想著縮短生產時間，就接受了。

● 導尿

方便胎兒順利通過產道

膀胱裡若囤積尿液，恐影響胎頭下降，同時也會使陣痛程度減弱，因此可在尿道裝一條導管，將尿液排出體外；此外，由於生產前無法隨意走動，也會視情況裝上導尿管。

● 打點滴

以防萬一，事先做好打點滴的準備

在手臂上裝點滴導管的目的在於防範於未然，若生產過程中發生緊急狀況，也能即時輸血，在第一時間做後續的醫療處理；若過程一切順利，也可利用點滴補充葡萄糖及生理食鹽水，必要時還可換成催生劑，加快生產速度。

催生劑

使用於產程過長，或媽媽體力過度消耗的時候

必須配合專業醫療管理，謹慎用藥

通常遇到破水但卻始終沒有出現陣痛徵兆，或陣痛微弱導致媽咪體力過度消耗等情況，醫師都會投以催生劑加速生產過程。若是口服藥，每天服用的劑量都應該嚴格控管；若以打點滴的方式，則應配合胎兒監視器，觀察胎兒的心跳與子宮收縮的情況，在監管的過程中加減劑量。

陣痛促進劑的目的在於「誘發」陣痛，以及「加速」陣痛，通常只適用於自然分娩的媽媽，而且不管使用與否，都得經過本人同意。媽咪若不想催生卻又擔心產程不順，應事先與醫師討論相關的因應辦法。

陣痛促進劑

以下情況不能使用

● 胎頭過大

胎兒頭顱比媽媽的骨盤大。

● 胎位不佳

子宮裡的胎兒身體橫向側邊。

● 胎盤擋住子宮口

胎盤附著於子宮下方擋住子宮口，形成前置胎盤的現象。

● 媽媽有過剖腹的經驗

媽媽曾動過子宮腫瘤或剖腹產的手術。

● 有母子感染的可能性

母體有疾病，若在自然分娩的情況下，可能使胎兒透過產道感染。

● 媽媽有氣喘病

陣痛促進劑裡的成分（prostaglandin）會造成支氣管收縮，不適合患有氣喘病的媽媽。

以下情況配合使用

● 產程過長

始終沒有出現陣痛、產程過長，使媽媽體力透支，造成母子身體負擔。

● 破水後始終沒有出現陣痛徵兆

破水後過了24小時還是沒有出現陣痛徵兆，恐導致胎兒體力不支或病菌感染。

● 過了預產期

過期妊娠。過了預產期兩週以上，胎盤的功能會減退，恐造成胎兒的負擔。

● 媽媽有慢性併發症

媽媽患有妊娠高血壓或妊娠糖尿病等併發症，醫師認為產程過長恐導致母子性命不保。

希望無痛分娩的媽媽請注意

無痛分娩是以最低劑量的麻醉劑控制產程進度，以減緩陣痛的生產方法，若媽咪懷孕期間就決定以無痛分娩方式生產，則更應謹慎使用陣痛促進劑。

備受爭議的醫療處理項目，應事先與院方做好溝通

預防會陰撕裂傷

所謂會陰切開術是指在生產過程中，醫師以剪刀剪開陰道口至肛門之間的會陰部。會陰是胎兒誕生的出口，事先剪開會陰是為了避免在分娩過程中因劇烈拉扯所造成的撕裂傷，此外，若產程中胎兒心跳減弱，醫師也會剪開會陰，加快胎兒娩出的速度。

是否應預先做會陰切開術的議題在醫界備受爭議，有醫師認為除非必要，否則不必將它視為產前的例行公事，此外更有人提出會陰保護術，主張可由醫護人員在一旁協助保護會陰，防止過度撕裂，但這種方法相對的也會延長生產時間。準媽咪可在產前詢問醫師哪種方法比較適合自己，同時告知院方自己的意願。

局部麻醉後以圓頭剪刀剪開會陰

產程中看到胎頭露出的著冠狀態，就可以施行局部麻醉，在不傷及胎兒的前提下，以圓頭剪刀剪開會陰部，過程中必須避開肛門括約肌，在會陰表皮剪一條約三至四公分的線；通常只須剪開一條線，但剪的位置視個人情況而定。

順利生產後，醫師會趁麻藥效果尚未消退前進行縫合手術。縫合時所使用的手術線分為可溶性與非溶性，近幾年多半採用不須拆線的可溶性線頭，但若使用不可溶的手術線，則必須在產後第四天左右拆線。

注意的是，在產後一個月之內都要注意會陰部的清潔衛生。

會陰切開術

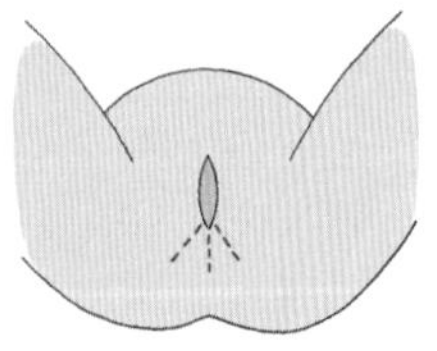

手術分為「正切法」──從陰道口至肛門直切，以及「側切法」──從陰道口下方朝側邊橫切3 公分左右。當陣痛波長達到巔峰時會施打局部麻醉，因此不會感到疼痛。

會陰保護術

醫護人員在一旁協助，預防會陰過度撕裂，好處是媽咪可以不必使很大的勁，在護士的協助下將會陰部慢慢的向外擴張，但即使如此，過程中還是多少會有自然的撕裂傷。

無痛分娩　配合麻醉劑減輕產痛的生產方式

減輕陣痛，消除不安與緊張

無痛分娩是以麻醉劑來減緩陣痛，依用藥時間又可分為陣痛開始前施打，以及進入產程階段後才施打這兩種方式。目前最普遍的腰椎硬脊膜外腔麻醉法，就是局部麻醉，麻醉後媽咪還是有意識，可以感覺到陣痛減緩，甚至聽到新生兒甫出娘胎時宏亮的哭聲，但在剖腹產或胎位不正的情況下，都不適合無痛分娩。

無痛分娩能減緩陣痛，媽咪不必過度用力使勁，產道就會自然變軟，使產程順利且快速，但無痛分娩必須由專業的麻醉師來執行，因此並非所有院所都能提供這種技術，想採取無痛分娩的媽咪，應該在挑選醫院的階段多做點功課問清楚。

無痛分娩的過程

❶以穿刺針插入導管

先施打微量的皮膚麻醉，接著再將一條細軟的導管經由穿刺針，放入硬脊膜外腔。

❷測試麻醉

注入微量麻醉藥及鎮定劑，觀察身體是否有不適反應。

❸利用分娩監視器監測

當陣痛轉強，間隔越來越短時，透過分娩監視器觀察母體狀況，以調整麻醉藥劑量。

❹開始麻醉

注入止痛藥及麻醉藥，或是這兩種藥物的混合配方。

❺子宮頸口全開

當子宮頸口全開時轉往接生室，配合指示，使勁用力生產。

❻寶寶誕生

寶寶出生後則與自然產一樣娩出胎盤，接受產後醫療處理。

Q&A

Q 麻醉藥會不會對媽媽或胎兒產生不好的影響？

A 原則上不會產生安全上的疑慮。無痛分娩所使用的麻醉藥濃度較低，且過程中隨時透過儀器，監測劑量與身體的反應，通常不會對母體及胎兒產生不良影響。

但若產程中母體血壓下降或一直持續微弱陣痛，則可能視情況使用陣痛促進劑催生，甚至必要時會以真空吸引術及產鉗助產。

Q 什麼樣的產婦適合採用無痛分娩？

A 在減輕身體負擔的前提下，醫師多半會鼓勵有心臟病、高血壓等慢性疾病的媽媽採用無痛分娩。

若對生產有強烈恐懼，怕痛怕到歇斯底里的媽咪，也可以考慮用這種方式生產喔！

無法自然分娩時，可採取剖腹生產

剖腹產過程與產後照料

剖腹產顧名思義，就是動手術剖開肚子、取出新生兒，近幾年日本採取剖腹產的孕婦逐年增加，占總產婦人口約百分之二十左右。

剖腹產又可分為有事先計畫的「計畫剖腹產」，以及經醫師診斷、必須立刻動手術的「緊急剖腹產」兩種，不管是哪種剖腹產都只麻醉下半身，因此媽媽在過程中都有清楚的意識，產後也能聽到寶寶呱呱落地時的哭聲。

若選擇剖腹產，產後住院時間則較自然分娩的產婦長，如果產後一切順利，二至三天後便可拔掉點滴，五至七天左右開刀的部位也會比較不痛了。

計畫剖腹產

若懷孕期間診斷出胎兒的位置或胎盤狀況不佳，多半會在院方安排下採取剖腹產，只要懷孕超過三十七週，胎兒發育成熟，體重也足夠了，就可以擇日動手術。手術前一天媽咪要盡量放鬆心情，預先想想與寶寶見面時的感動畫面，安心的在病房裡等待明天的大日子。

計畫剖腹產常見的狀況

- 雙胞胎或多胞胎（雙胞胎在正常情況下也可採自然分娩）。
- 胎頭過大與母體骨盆角度不正，造成胎頭骨盆不對稱（CPD）的現象。
- 胎盤擋在子宮口，形成前置胎盤。
- 嚴重性妊娠高血壓症候群。

緊急剖腹產

進入產程後，母體或胎兒突然出現不適反應，這時就必須緊急剖腹，取出胎兒。院方會先徵得媽媽或家屬的同意，做好術前檢查後，再進行剖腹手術。

緊急剖腹產常見的狀況

- 一直持續微弱陣痛，注射陣痛促進劑也沒有生產跡象。
- 胎兒無力轉動身體，導致身軀無法正常娩出。
- 胎盤早期剝離，在胎兒出生前，胎盤就已發生剝離的現象。
- 臍帶纏繞胎兒，胎盤功能減退，甚至發生胎兒窘迫的情況。
- 產程遲滯（俗稱難產，P187）。

剖腹產的切口

切口方向分為橫切及縱切兩種，動刀時多半由醫師決定，若是緊急剖腹的情況，多半選擇能縮短時間的縱切法。

● 比基尼切口（橫切）

從皮膚表層切到筋膜附近，以橫向方式切開，筋膜下層的腹膜則採縱切，接著到了子宮壁又恢復橫切。傷口疤痕較不明顯，癒合時也比較不痛。

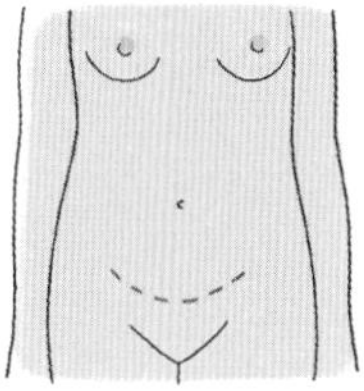

● 正中線切口（縱切）

從肚臍下方切到恥骨附近，皮膚表層到腹膜都以縱切方式處理，子宮壁則採橫切。手術過程較快，缺點是傷口疤痕明顯。

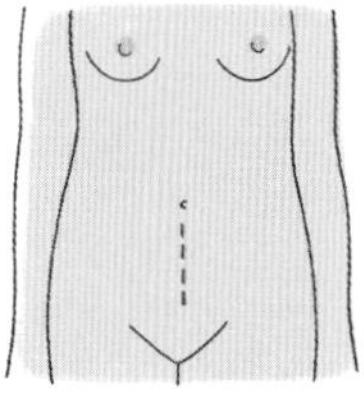

剖腹產的過程

❶前一天的例行檢查
量血壓、超音波檢查、壓力檢測、過敏體質測試等。

▼

❷產前醫療處理
做好灌腸、導尿等醫療處理後再打點滴。

▼

❸麻醉
分為全身或局部麻醉，局部麻醉只有下半身麻醉。

▼

❹剖腹
麻醉藥生效後即進行剖腹，切口方向分為比基尼切口（橫切），及正中線切口（縱切）。

▼

❺新生兒誕生
剖腹後5～10分鐘即可取出胎兒，剪斷臍帶，取出胎盤及卵膜等組織。

▼

❻縫合
以可溶性線頭縫合子宮，接著依序縫合腹膜、筋膜、腹壁、皮膚組織等。

▼

❼手術結束
測量媽媽的血壓、脈搏後觀察出血量，一切正常的話，即可回到病房臥床休息。

▼

❽住院一星期
為預防血栓症，建議媽媽休息幾天後，可以試著下床活動身體。

▼

Q&A

Q 麻醉藥的作用在手術後多久會消失？

A 通常在術後二至三小時左右麻醉藥就會失效。

Q 剖腹產的費用比自然分娩貴嗎？

A 選擇剖腹產必須額外支付手術費、住院費等各項開銷。但相較於自然分娩，剖腹產是健保給付的項目。

（註：台灣若為自願剖腹產需自費；若為非自願剖腹即醫生判定需剖腹則可申請健保給付。）

Q 有過剖腹產的經驗，是不是以後每一胎都要用剖腹產？

A 若媽媽是因為產道較硬、骨盤狹窄等個人體型或體質的原因，必須採取剖腹產，那麼下一胎也極有可能必須剖腹。

此外，基於安全考量，通常醫師都會建議有過剖腹產經驗的媽媽繼續剖腹產，若想自然分娩，必須事先與醫師商量。

寶寶在預產期前就出生了，怎麼辦？

為預防早產，懷孕期間不可太過操勞

在預產期前、後，懷孕三十七週至四十二週之間生產，稱為「足月產」，只要在這個區間內，都屬於正常的生產期間。

懷孕二十二週未滿三十七週，寶寶就離開母體，則稱為「早產」，而未滿二十八週就出世的寶寶，由於內臟器官尚未發育完全，免疫系統也較弱，容易引起各種先天性疾病。腹部脹痛或陰道出血，都是早產的跡象，都應該立刻靜養安胎，並且在醫師認可的範圍內服用子宮收縮抑制劑或打點滴，同時觀察胎兒及子宮內的狀況，若吃藥後仍然感覺子宮收縮陣痛，甚至出現破水跡象，就必須趕緊接生。

不到二十八週就出生的寶寶通常體重過輕，必須在保溫箱中，讓他繼續成長。

但若超過三十四週才出生，寶寶的肺部器官也已發育成熟，即使一出生就接觸到外界的環境，也能健康的長大。

● IUGR（子宮內胎兒生長遲滯）

所謂子宮內胎兒生長遲滯，是指母體子宮的生長環境較差，比如媽媽罹患妊娠高血壓或胎盤機能不佳，使得胎兒的發育較為遲緩，這種現象多半發生在17歲以下，或35歲以上的媽媽身上，雖然機率僅占總懷孕人口的8～10％，但恐造成死產或新生兒假死的狀態，即使努力產下寶寶，也恐怕會因體重過輕，而引發各種疾病。

通常只要出生後，寶寶會在2～3歲之間，就追上其他普通寶寶的成長進度，但這些寶寶長大後，罹患肥胖或慢性疾病的比率也較高。

搶救寶寶與媽咪的高科技醫療

● NICU（新生兒集中治療室）

體重未滿2000 公克的新生兒，或未滿34週出生的早產兒，一出生後都必須在接近母體的環境中繼續發育成長，這種環境稱為新生兒集中治療室，或稱新生兒加護病房。院內駐有新生兒醫師及護士24小時值班，能隨時提供新生兒產後療養。

● M-FICU（母嬰加護病房）

若可能產下體重未滿2000 公克的新生兒，或未滿34週的早產兒，或是媽媽懷了多胞胎、罹患妊娠高血壓症候群，在生產過程中都會帶給母體極大的負擔。母嬰加護病房除了能妥善照顧新生兒，也能提供媽媽產後的照料。

● 週產期照顧中心（Tertiary Perinatal Care Center）

綜合婦產科、新生兒科的醫療資源，中心內通常設有NICU及M-FICU的醫療設施，若在週產期（懷孕22週後到產後第7天）的過程中，必須同時接受這兩科醫師的治療，就應該考慮選擇附設此醫療中心的大型醫院。通常醫療中心內會有數名婦產科及新生兒科的醫師群，以及相關的護理人員，24小時在院內待命，也能收容緊急住院的患者，提供特殊新生兒或患有重症疾病的媽媽最完善的醫療技術。

關於過期產

寶寶過了預產期還不出生，怎麼辦？

寶寶的成長各有各的特色，不要太擔心啦！

超過預產期兩週以上仍然沒有生產跡象，稱為「過期妊娠」，而超過四十二週以後才分娩，則稱為「過期產」。

到了過期妊娠的階段，胎盤會逐漸老化，輸送營養素及氧氣的機能也跟著減退。一般而言，過了預產期後，必須每個星期去醫院檢查一次，檢查項目除了一般例行檢查之外，還會利用胎兒監視器觀察胎兒的胎動及心跳，同時以超音波檢查羊水量，看看胎盤機能是否正常。

過期妊娠期間是否應該提早取出胎兒，必須交由醫師診斷後再下定奪，若醫師認為必須引產，則會以陣痛促進劑等方式誘發子宮收縮，或是剖腹取出胎兒。大多數處理過期妊娠，均主張不應拖過兩週，在第四十一週左右引產催生的案例較多。

即使過了預產期，也不用擔心，所謂的預產期只是一個參考值，只要身體沒有出現異狀，就不用太過操心。

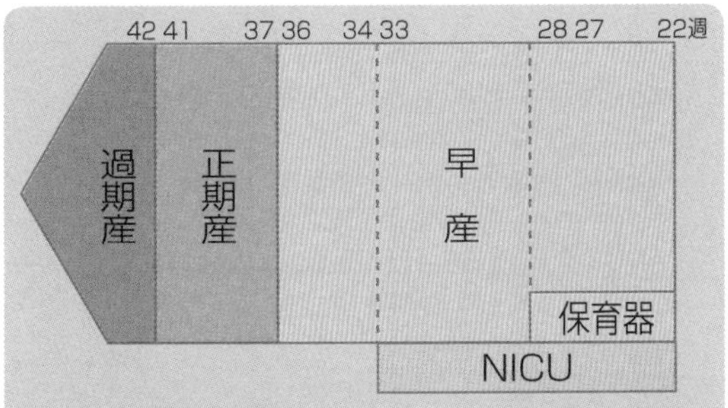

不到36週就生產稱為「早產」，37週0日～41週6日期間分娩，均為「正期產」，過了42週0日後的生產，則為「過期產」。不管是早產或過期產，產後都必須接受相關的醫療處置。媽咪不要太緊張，如果覺得不安，就到醫院去詢問醫師吧！

媽媽心情分享

因為超過了預產期一星期還沒有生產跡象，看到網友說爬樓梯可以助產，就馬上照著做，沒想到才過了兩天就開始陣痛，分娩過程也很順利。

過了預產期還不生，去醫院才發現胎兒心跳轉弱，趕緊立刻住院。催生後三小時左右就開始陣痛，十個鐘頭後寶寶就出生了。

因為過期妊娠，一直很擔心不知道什麼時候會生。到醫院打了陣痛促進劑後沒多久，就出現陣痛跡象，順利生下了老大。

若發生意外，必須第一時間搶救即將出生的新生兒

突發狀況的醫療處置

生產過程中極有可能發生突發狀況，其中包括可預見的意外，以及偶發性意外兩種，若是可預見的意外，通常醫師都會做好配套處置，同時向媽媽說明，讓雙方有個心理準備，但偶發性意外可就沒那麼好對付了，建議媽咪先做點功課，事先了解生產時可能發生的意外狀況。

此外，若是在醫院或婦科診所接生，即使發生意外，也有醫師及護理人員可以即時提供醫療技術，但若選擇在私人助產所生產，無法動手術或提供其他緊急治療，因此必須事先找好附近的綜合醫院，以備不時之需。

很多懷第一胎的媽咪都會非常緊張，比如說：「怎麼我的症狀跟書本上的好像不太一樣？」「醫生說寶寶的頭很大，應該不要緊吧？」即使在別人眼中只是雞毛蒜皮般的小事，準媽咪也會很擔心。其實生產過程難免會發生一些小狀況，不能一概而論，也千萬不要緊張到嚇到自己喔！

使子宮頸口擴張的物理器具

使用水球及海藻棒引產，以物理性的人工方式將子宮頸口撐開，誘發陣痛，但也有醫師在使用物理方法前，會先試著以陰道塞劑軟化子宮頸口。

● 水球引產

先將像扁氣球般的東西，以一條細管插入子宮頸口，接著填充殺菌後的水讓水球膨脹，藉重量撐開子宮頸口。

● 引產用海藻棒（Laminaria）

利用海藻遇水膨脹的特性，將乾燥的海藻或化纖做成的海藻棒插入子宮頸，達到子宮頸口擴張及軟化的效果。

（註：目前台灣並無使用此兩種方式。）

取出胎兒的醫療方法

不管是哪種方法，都必須配合媽咪的用力使勁，才能順利取出胎兒。

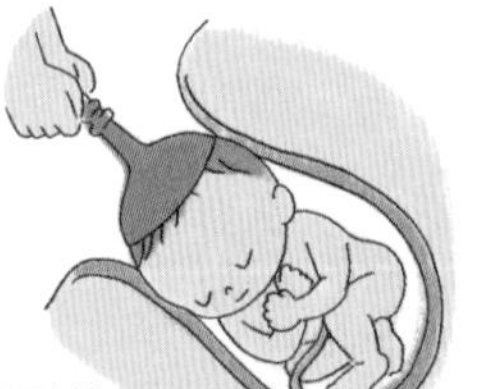

● 真空吸引術

利用金屬杯狀的吸頭及上端連接的矽膠管，吸附住胎兒的頭部，在安全壓力下抽成真空，造成負壓吸力，讓醫師牽引吸杯，取出胎兒。

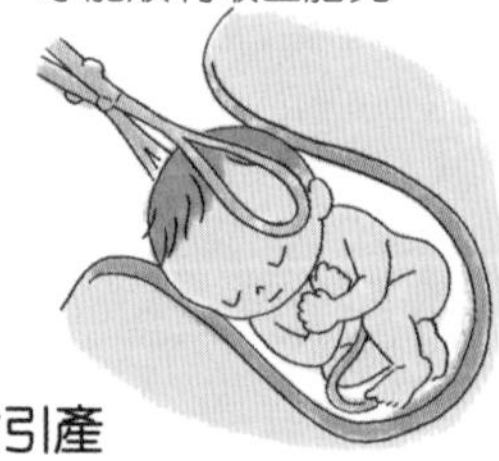

● 產鉗引產

由兩個扁平有曲度的金屬勺子，組成像鉗子的器具，左右夾住胎兒下顎到頭頂之間的部位，幫助醫師施力，將胎兒取出。

生產時常見的緊急意外與處置方法

● 延遲分娩

一般而言，從陣痛到胎兒娩出，若初產婦超過30小時以上，經產婦超過15小時以上，都稱為延遲分娩；產道太硬、子宮頸口無法完全擴張等都屬於延遲分娩。若過程中母子健康狀況良好，可以休息一陣子後再繼續分娩，但若胎兒狀況欠佳，就必須馬上娩出，應在醫師陪同的情況下催生，或是剖腹取出胎兒。

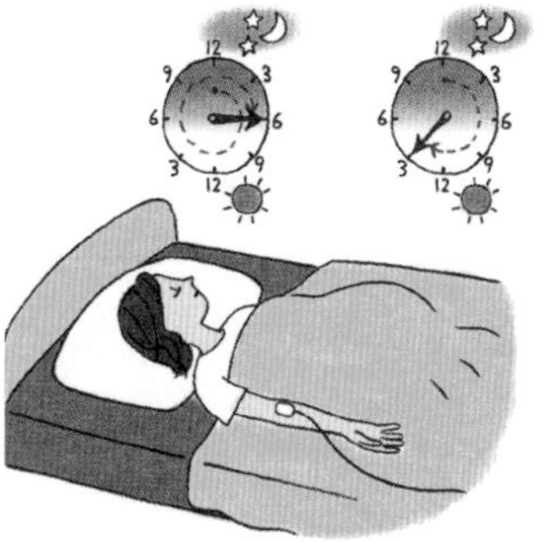

● 胎頭骨盆不對稱（CPD）

胎兒的頭顱較媽媽的骨盆大，通常可在分娩前，以X光檢查胎頭大小，若胎頭明顯過大，就應採取剖腹產，而在難以斷定刀胎頭與骨盆比率的情況下，通常會先採取自然分娩，生產時若發生異狀，才會改以剖腹的方式。

● 深部靜脈血栓（VAT）

因子宮壓迫導致血液循環不良，造成腿部深層靜脈一帶隆起像血塊般的血栓，俗稱的「經濟艙症候群」，就是一種深部靜脈栓塞，它是由於在密閉空間久坐而引起。若血栓隨著血液回流，阻塞了肺動脈（肺動脈栓塞），可能連帶造成呼吸困難、心肺停止等危及生命的症狀。對孕婦而言，以下兩種情況都有可能罹患此疾病——因害喜嚴重、滴水未進又長時間臥床，或剖腹產後的臥床療養。提醒媽咪在產後應立即以點滴補充水分，或穿上預防靜脈曲張的醫療用絲襪。

● 胎兒窘迫

週產期期間，若氧氣無法順利傳送給胎兒，可能造成胎兒心律不整及缺氧狀態，這種情形常發生於患有妊娠高血壓、妊娠糖尿病的媽媽身上，此外，若子宮內的臍帶纏繞住胎兒，也有可能導致胎兒缺氧的假死狀態，此時醫師會準備氧氣瓶讓媽媽大口吸入，同時觀察胎兒的心跳是否逐漸恢復，若情況沒有好轉，就必須以真空吸引術或產鉗、剖腹產等方式，搶救出胎兒。

● 弛緩性出血

產後子宮收縮不良或凝血功能障礙，都有可能造成產後出血不止，另外，胎兒過大導致產道裂傷，或媽媽本身患有高血壓症候群使得子宮機能減弱等，都是可能的原因。此時給予止血劑（子宮收縮劑）、按摩或冷敷子宮等，都可減緩出血症狀，若失血過多則必須立即輸血。

● 陣痛微弱

陣痛微弱或持續過久的狀態。陣痛微弱會拖長分娩時間，使媽媽與寶寶體力透支，因此多半會以陣痛促進劑催生，若分娩時寶寶心跳減弱，就必須以真空吸引或產鉗、剖腹的方式縮短產程；若媽媽在分娩時情緒過度緊張，可以在醫師容許的情況下，先回到待產室稍做休息，養足精神與體力。

● 迴旋異常

在生產時，胎兒的頭會逐漸下降，並配合骨盆，將身體一邊迴旋，一邊通過狹窄的產道，若胎兒無法正常迴旋身體，就稱為「迴旋異常」。媽媽骨盆過小，或骨盆與胎頭大小不合，都可能發生迴旋異常的情形，若產程拖了太久，媽媽體力不夠，可能危及寶寶的生命，此時應考慮以真空吸引術或產鉗、剖腹等方式接生。

● 過期妊娠

懷胎超過42週依然沒有生產跡象，胎兒持續在母體內的狀態，稱為「過期妊娠」。過期妊娠的產婦由於胎盤機能大為減退，可能帶給胎兒不良的影響，應密集做好產檢，必要時也應配合母子的健康情況，以人工方式催生。

如願產下寶寶後，又該怎麼做呢？

開始學習照顧新生兒

產後通常還須住院觀察四至七天不等，住院期間會因為每間醫院的規定，以及媽媽所選擇的生產方式（如剖腹產）不大相同。在這幾天裡，媽媽不但要照顧好自己的身體，還要學會如何照顧新生兒，並且快點恢復體力、調適心情，所以在身心方面做好長期育兒的準備，是媽咪這段期間的重要任務。

通常在生產完的第二天，醫護人員就會先教導媽媽學會照顧寶寶的基本需求，如：怎麼哺乳，如何幫寶寶洗澡、換尿布等，若媽媽當場有不懂、不安的地方也不用客氣，盡量問到懂了為止。

產後若選擇親子同室，以往第一天通常都會將新生兒集中放在育嬰室裡照料，等隔天再抱到病房裡給媽媽，但近幾年有許多醫院都贊成產後立即親子同室，讓媽咪在護士的陪同指導下，學會在寶寶哭鬧時視情況餵奶或換尿布。

若選擇母子分開的產後療養方式，可以在固定時間裡到哺乳室餵奶，同時學習怎麼幫寶寶洗澡、換尿片，這種方式雖然沒辦法二十四小時看到寶寶，但媽媽可以在產後獲得充分的休息與醫療照顧。

產後有不少媽媽會因為即將面臨的育兒問題而感到憂鬱，建議可多利用住院期間，與其他同樣處境的媽媽交換心得、聯絡感情，如此一來，妳就會知道自己還有很多一起努力的戰友，而且多跟床友們聊聊，看看別的媽媽對待寶寶的方式，也會帶來不少收穫呢！

新生兒與媽媽在出院前會做一次健康檢查，若一切正常，就能如期出院，媽媽記得先預約下個月的健檢時間，同時向院方領取出生證明及其他相關文件！

● 媽媽的初乳裡，含有許多能捍衛寶寶的免疫成分

初乳與一般母乳不同，顏色較為黃濁，在產後2～3天內分泌，這段期間的母乳含有許多能防止寶寶染上傳染病的免疫成分；初乳過後才會分泌一般白色的母乳。我們可以在尿布裡沒有任何排泄物的情況下，測量寶寶喝初乳前與喝完初乳後的體重（母乳測試），即使寶寶體重沒有增加，還是應該持續讓寶寶做吸吮乳房的動作，只要多做幾次，就會自然分泌母乳，哺餵母乳的媽咪一定要有耐心，不要怕痛喔！

媽媽心情分享

寶寶白天哭，晚上也哭，簡直都快跟不上他的生理時鐘了！媽咪最好還是趁寶寶睡覺的時候，一起補個眠喔！

住院的時候，光是聽要怎麼照顧寶寶的說明就很頭痛了，幸好我有養成寫筆記的習慣，出院後才不會手忙腳亂。

每次做完母乳測試，都覺得寶寶的體重沒有增加，當時真的很擔心。後來我自己用手擠壓乳房，看到黃色的母乳，我才安心了一點。建議不放心的媽媽可以自己先確認一下喔！

	產後第一天	產後第二天	產後第三～四天	產後第五天	產後第六天
寶寶	●健康檢查。 ●喝牛奶、換尿布	●洗澡，身心清爽。	●排出在母體裡所囤積的綠色糞便（胎便）。 ●出現新生兒特有的黃疸症狀，皮膚會暫時乾燥缺水。	●檢查是否出現先天代謝異常的症狀。 ●臍帶末端逐漸乾燥萎縮，從肚臍眼的根部脫落。 ●測量體重，觀察本能反射動作是否正常。	●脫掉醫院的育嬰服，換上爸爸、媽媽準備的嬰兒服。
媽媽	●聽護士說明惡露的處理，與如何清洗會陰。 ●可以淋浴了。 ●觀察子宮收縮及出血的情況。	●學習餵母乳及相關資訊。 ●讓寶寶喝母乳。 ●觀察產後子宮恢復的情況。	●學會幫新生兒洗澡，以及按摩自己的乳房。 ●開始做產褥操。 ●可利用母乳測試，確認母乳是否正常分泌。	●學習出院後的相關育兒知識。 ●向醫院領取出生證明等文件。 ●請家人準備住院費用，及出院時所需要的物品。	●觀察子宮復原及惡露排出的情況；做血液及尿液篩檢。 ●領取並填寫出院申請單。 ●至櫃檯結算分娩與住院費用，準備出院。

知道賺到

準媽媽情緒小錦囊⑤
與周遭親友的相處秘訣

與爸爸的相處

教導爸爸育兒知識

由於爸爸沒有經歷過懷孕、生產的過程，相較之下對於「當爸爸」的感覺，也就沒有媽媽來得強烈，加上媽媽通常會在懷孕期間透過醫院及媽媽教室，來模擬餵奶、洗澡的方法，可是爸爸多半都是等到寶寶生下來之後，才開始學習怎麼去照顧寶寶，不過值得慶幸的是，「帶小孩是媽媽的事」這種沙文主義的想法，在現今社會裡已經越來越少了，反而有不少新手爸爸會主動想幫媽媽的忙，可是卻又不知道該怎麼跟新生兒相處。當然啦，也有一些爸爸雖然心裡想著「好想趕快回家」、「我也想幫忙帶小孩，陪陪家人」，可是卻得夜夜加班，被沉重的工作壓力壓到喘不過氣。

由於寶寶長時間與媽咪相處，久而久之自然很黏媽媽，總是跟前跟後，而這樣的情景看在爸爸眼裡，反而助長了「果然帶小孩還是媽媽的強項」這種傳統觀念，索性將小孩的問題全部丟給媽媽處理。

聰明的媽咪如果希望爸爸幫忙帶小孩，就必須下達明確的指令，例如：「可以請妳幫我做這個跟那個嗎？」如果爸爸很忙，指令更應該越簡潔越好，媽媽甚至可以動手示範給不知所措的爸爸看，讓爸爸在不知不覺中學會餵奶、換尿片、哄小孩睡覺，透過積極的參與感喚醒心底的父愛。

表達感謝及鼓勵的心意

很多新手媽媽會因為帶小孩手忙腳亂，而失去了自己的時間，最後只好將滿肚子委屈發洩在爸爸身上。「你是爸爸，為什麼都不做？」、「○○的老公都會幫她帶小孩，你卻全部丟給我！」等回過神來才發現，自己竟然用這些負面的詞語，訓斥著親密的枕邊人。

想一掃家裡的陰霾，不妨換上感謝鼓勵的語氣哄哄爸爸吧！「妳看，你幫寶寶洗澡的時候，他一直在笑耶！」、「加班到那麼晚，一定很辛苦吧！」光是說這些話，就足夠讓爸爸重燃自信，有了共同分擔的動力。如果爸爸真的很忙，連著好幾天都沒時間帶小孩，也不妨主動跟爸爸聊聊小寶貝的狀況喔！

與爸媽及公婆的相處

每個人都有每個人的育兒經

不少小家庭的媽媽必須一肩扛起帶小孩與上班的壓力，因此在獨力懷孕、生產、帶小孩的過程中難免會擔心，「這樣做對嗎？只有我會這樣嗎？」這個時候如果身邊有奶奶或外婆可以幫忙照顧小孩，就彷彿打了一劑強心針一樣。

但有一點必須特別注意，妳現在所面臨的產後療養與育兒觀念，不見得會跟長輩那個年代一樣。

比如說，餵奶時用奶粉好還是餵母奶好？生完小孩該繼續工作，還是在家專心照顧寶寶？由於育兒觀念的差異，有時候長輩與自己意見相左，反而會招來爭吵的禍根。

此外，與公婆之間也會產生不少認知上的差異，先做好心理建設，了解每個人都有每個人獨特的育兒經，才能客觀的就事論事，維持良好的互動關係。

與朋友的相處

已婚？未婚？有小孩？

如果妳是全職媽媽，整天在家裡照顧寶寶，難免會羨慕那些有自己的時間，還能隨時呼朋引伴的朋友們。待在家裡帶小孩的時間越長，與朋友的共通話題就越少，但是不管朋友是已婚還是未婚，只要能設身處地，為彼此的處境著想，適時表達出自己的關懷與體諒，應該也不至於造成疏離。或許會有一段時間會和朋友失去聯絡，但是只要朋友也結了婚、生了小孩，相信一定又會有聊不完的媽媽經吧！

還能交到不少新朋友喔！

生了寶寶後，通常都會因為小孩，而認識不少社區裡的新朋友。同樣是媽媽，也會有著同樣的煩惱，往往一聊就能一拍即合，甚至還能分享一些連老朋友都不會透露的私密心事呢！與其他媽媽建立良好的人際關係，也有助於消除育兒壓力喔！

第5章

媽媽心情分享

夫家很傳統，規矩也很多，害我常常為芝麻蒜皮的事情煩惱。現在寶寶還小，有些問題還沒浮出檯面，但想到之後的教育問題，就覺得很頭痛。

因為婚後住在娘家，所以寶寶都是爸爸、媽媽、外公、外婆四個人輪流照顧。我跟爸爸都在上班，還好有外公、外婆幫忙顧小孩。我們都習慣有話直說，所以目前還沒有什麼相處上的大麻煩。

我跟先生在東京，娘家在新潟，夫家在熊本，我們一年只能回家一次，只要一回家，就把小孩丟給長輩帶，讓我們夫妻倆重拾輕鬆的兩人世界。

有了寶寶後的生活改變

有了寶寶，沒了自由？

通常寶寶誕生後，全家的重心自然而然會轉移到寶寶身上，尤其是媽媽，幾乎扛起了24小時的育兒大任，寶寶幾乎每隔2～3小時就會肚子餓，即使到了半夜，只要寶寶一哭，媽媽就必須爬起來餵奶；另一方面，爸爸雖然看起來沒幫上什麼忙，不過時間也多多少少因為新生命的誕生而被分割或壓縮，以往夫妻倆快樂似神仙的悠閒日子，在寶寶誕生的那一刻也跟著煙消雲散，聽說有不少年輕夫妻就是因為這個原因，才對生小孩這件事有所顧忌。

建立新關係

沒錯，生了寶寶以後，「自己的時間」的確減少了，也不能再像以前那樣隨心所欲，想買什麼就買什麼。但俗話說有子萬事足，有了寶寶以後，也會因此得到物質以外的滿足呢！

最明顯的改變，或許是許多新手爸媽開始懂得感激自己的父母。養兒方知父母恩，小孩抱在手裡，心裡才會也想到：「原來我小時候也是這樣被爸媽一手拉拔長大的啊！」此外，為了給寶寶一個美好的未來，許多爸媽也開始學著去關心政治、教育、環境等社會議題，在參與社區活動的過程中，學會思考為人父母的究竟能替孩子做些什麼，並從中獲得自我成長的喜悅，夫妻之間有著「我們不是孤軍奮戰」的共同信念，生了寶寶後，又有了自己的直系血脈，人與人之間的互動、相處，不就是由一個一個的小家庭建構起來的嗎？

夫妻之間的摩擦也無傷大雅

有了寶寶之後，夫妻之間的關係也會跟著產生變化。爸爸與媽媽本來就來自於兩個不同的家庭，這樣的生長差異，往往在養育小孩的過程中突顯出來，因此，即使想法、觀念不同，或有了口角衝突，也是無可厚非。

如果堅持兩個人一定要想法一致，反而容易誰也不讓誰，使關係更加惡化。遇到事情雙方多抽些時間、溝通彼此的想法，才是上上之策，堅持吵出個誰對誰錯，只會加深戰火，互相傷害罷了。即使共組一個家庭，畢竟還是兩個完全不同的個體，在想法上截長補短，就事論事，才是解決爭執的好方法，雖然這種事情說得容易做得難，不過只要在爭執時多替對方想想，學著尊重對方的意見，那麼即使無法達成共識，也能得到一個平衡點，慢慢磨合出與家人的相處模式吧！

第6章

產後的月子期生活

媽媽完成了生產大任務後，
可以在家人的協助下好好調養身體。
生完了寶寶，一方面要適應產後不舒服的症狀，
一方面也要學會如何照顧新生兒喔！

在產後一個月的複診前，媽咪要放鬆、自在的度過喔！

產後第一週

媽媽的生理變化

- 排出惡露，子宮底的高度在肚臍與恥骨中間。
- 會陰切開的疼痛感逐漸減輕。
- 若身體狀況良好，就可以出院回家。
- 若覺得疲倦，可經常小睡、休息。

生活起居的建議事項

- 穿調整型內衣幫助骨盆緊縮。
- 一覺得累就馬上休息。
- 洗澡應採淋浴方式。

產後第二週

媽媽的生理變化

- 惡露量減少，顏色從褐色、黃色轉為白色。
- 子宮位置回歸到骨盆腔裡。

生活起居的建議事項

- 可以做些不會太累的家事。
- 趁寶寶睡覺時一起補眠。
- 洗澡採取淋浴方式。

為了恢復懷孕前的體型及健康，在這一個月裡要放鬆身心

產後六至八週稱為產褥期，產後的身體變化與第一次帶寶寶的緊張不安，都在無形中壓得媽咪喘不過氣來。在剛生產完的這段期間，媽媽可以利用縣市政府提供的嬰幼兒醫療補助金制度，或是醫護、社工人員家庭訪問制度，來減輕自己的身心壓力。

若一個月後的健康檢查一切順利，可以試著回歸懷孕前的生活作息。此次的健檢內容主要為觀察子宮恢復狀況、是否殘留惡露、是否正常分泌母乳等等。

新生兒的出生證明必須在十四天內（含出生當天），送交至居住地的戶政事務所。

產後第三週

媽媽的生理變化

- 惡露量減少，顏色為白色或透明。
- 會陰處較不疼痛了。

生活起居的建議事項

- 避免做一些需要用力的事，但可以試著做家事了。
- 善用自己的時間喘口氣。
- 洗澡採淋浴方式。
- 可以過著像以往一樣的生活。
- 外出時要預防紫外線。

產後第四週

媽媽的生理變化

- 惡露消失或量減少，會陰切開的傷口也不痛了。

生活起居的建議事項

- 若產後一個月的健檢結果正常，就可恢復懷孕前的生活。
- 如果要回娘家，最好等到第一個月的健檢之後。
- 若健檢結果正常，就可以泡澡或恢復性生活。

媽咪的第一個月健康檢查

● 量體重

若媽咪在懷孕期間胖了7～12公斤，則產後的體型就算比懷孕前多出3～4公斤，都沒有問題。

● 尿液、血液篩檢

檢驗尿液裡是否含有糖分或蛋白質，並測量血壓，確認是否恢復正常。

● 內診

觀察子宮恢復的狀況及惡露的量。

● 視診

觀察會陰傷口的復合狀況。

產後要注意哪些事

● 外出購物

短時間外出購物並不礙事，但如果必須長時間站立或走動，就要看自己的身體狀況是否能負荷。若購物途中感到身體不舒服，應立即告知周遭的人，以尋求協助。

● 搭乘交通工具

若必須搭乘火車或飛機做遠距離移動，最好在第一個月的健診之後，並徵得主治醫師的同意。
通常在產後10天到2週左右，媽媽與寶寶都可以搭乘飛機，但由於飛機起飛及降落時的艙壓，可能會增加媽咪心臟的負擔，所以必須事先徵得醫師同意。

● 開車

若健診結果正常就可以開車，但應盡量避免載著寶寶開長途。

● 做勞力的工作

產後用力會延緩子宮回復，產後一個月內千萬不要做必須用力的家事或工作，必要時可以請爸爸代勞。

● 戶外活動

戶外活動最好等到產後第三個月再開始。

● 看書

產後由於賀爾蒙分泌的關係，會導致視神經功能減退，不建議用眼過度，但是看看小說、雜誌，有時也能減輕疲勞、轉換心情，心血來潮時翻閱一下倒是無妨。

隨著新生命的誕生，媽媽的身體也起了變化

媽媽除了必須學會照顧新生兒，還要慢慢調理自己的身心，有時難免會產生疲勞、力不從心的感覺，不過因為媽咪的身體剛剛完成帶領新生命，來到世界的重大使命，在產褥期裡不妨對身體好一點，嬌寵一下自己吧！

在子宮狀況完全回復之前，都不要太勞累喔！

剛生完寶寶的媽咪，就像歷經一場大戰一樣，因此產後兩小時內，媽媽會留在接生室裡，一方面與寶寶共享第一次接觸的肌膚之親，一方面也方便醫護人員觀察媽媽產後的狀況。通常第一次生產的媽咪，從產後到能下床走路，大約需要六至八小時左右，媽咪在產褥期的期間裡，仍有較不穩定的身心變化，爸爸與周遭的親友要多協助媽咪，提供一個安心自在的休養環境。

產後最明顯的生理現象為惡露及漏尿，此時懷孕期被撐大的子宮，也會慢慢恢復原來的大小，除此之外，體重下降、乳房脹痛、便祕脹氣等，也是這段期間常見的生理變化。剛生產完的

什麼時候月經會再來，日程因人而異！

由於寶寶吸吮乳頭時，會促進母體分泌一種名為泌乳素（Prolactin）的荷爾蒙，產後哺餵母乳的媽咪受到此激素的影響，沒有月經的期間會較餵奶粉的媽咪長，至於無月經的期間大約多久，其實沒有一個定數，且差異頗大，有人產後一個月月經就來了，但也有人整整一年都沒有月經。

雖說產後月經排卵的可能性較低，但並不代表月經前就一定不會排卵，有產後避孕計畫的爸媽要特別注意喔！

產後約八週左右，子宮就會回復正常大小

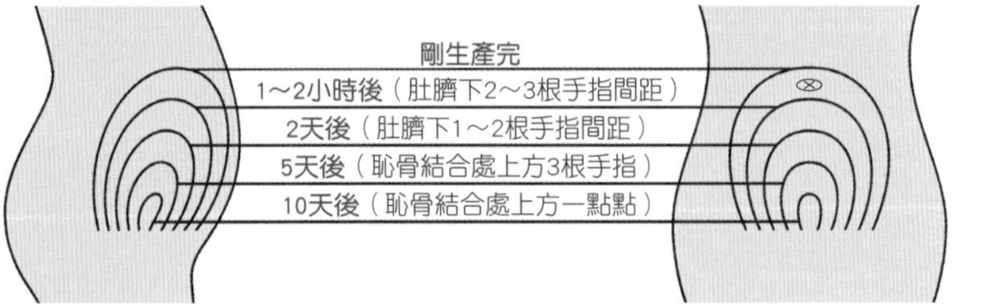
剛生產完
1～2小時後（肚臍下2～3根手指間距）
2天後（肚臍下1～2根手指間距）
5天後（恥骨結合處上方3根手指）
10天後（恥骨結合處上方一點點）

生產完後，子宮會立刻收縮，試圖回復到正常的大小。產後的收縮運動較急速，不久後就會回復到肚臍下4～5公分處，數小時後子宮會略略擴張，但12小時後就會回到與肚臍同高的位置。隨著時間增加，子宮也會越來越小，第5天時大約會縮到肚臍與恥骨之間，到了第10天左右，就會回復到恥骨上方的大小。兩週後即使用手摸肚皮，也摸不到子宮了，第8週左右，就會回復到懷孕前的狀態。

媽咪的身體變化

● 體溫
一剛生完時體溫會較高（37～37.5度），2～3天後，就會回到正常體溫。

● 呼吸
負責呼吸運動的橫膈膜不再受到壓迫，口鼻呼出的氣也跟著增加，肺活量變大。

● 腹部
回復到原來的大小，但由於生產撐大了皮膚組織，此時肚子看起來會有點皺皺垮垮的，媽咪可以等身體狀況較佳時，做些運動來塑身。

● 體重
生完寶寶後，體重大約會減輕6公斤左右，而且為了排出懷孕期間所囤積的水分，產後尿液及汗水分泌量會較多，體重也會慢慢減輕。

● 乳房
製造母乳的乳腺在懷孕期間逐漸發達，胸部也長出較多的脂肪；生產完後會分泌母乳，乳房會更加脹大。

● 尿道
由於分娩時會壓迫到尿道的肌肉，有些媽咪在產後會有些微的麻痺現象，可能會有漏尿（尿失禁）的現象，但隨著子宮慢慢復原，狀況也會跟著改善。

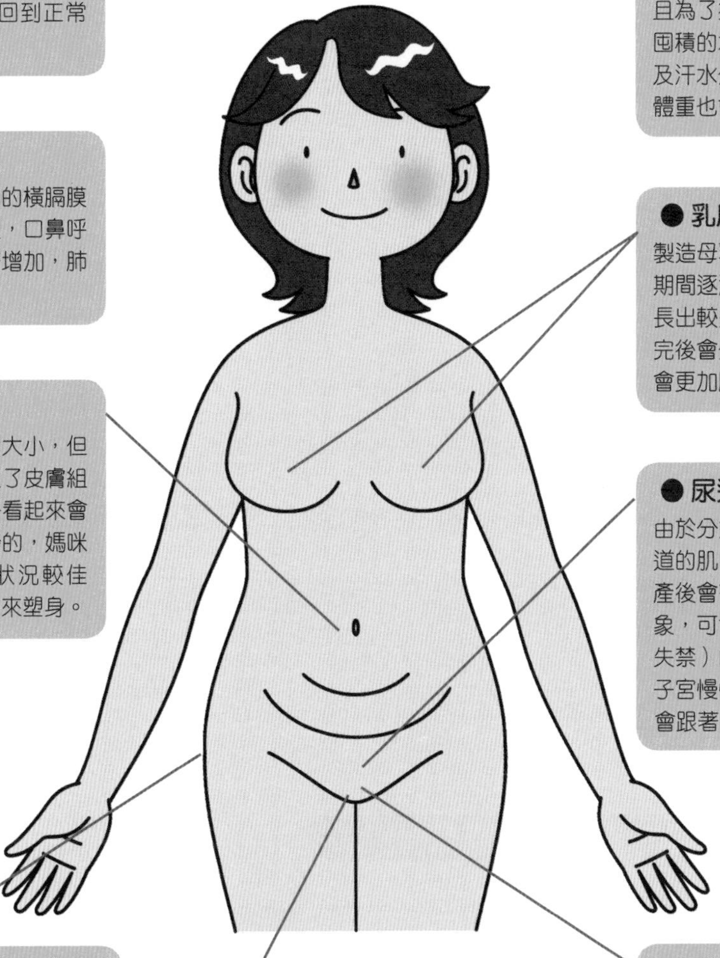

● 臀部
有些媽咪會因為生產時過度用力而長痔瘡。

● 陰道
由於分娩時胎兒頭部（直徑約10公分）通過產道，陰道的肌肉遭受劇烈拉扯，使得內部可能產生一些肉眼觀察不到的細小傷口。大約一個月左右，傷口就會慢慢復原。

● 子宮
為了止血及排出惡露，子宮會持續收縮，約6～8週左右就會恢復正常，回到原來的大小。

產後會有哪些不適症狀？什麼時候才會復原呢？

一旦查覺有異狀，就要立刻去看醫生

惡露通常會在產後四至六週左右消失，但若子宮復原速度較慢，則有可能拖到兩個月以上，稱為「惡露不止」，原因通常是體內有殘留的胎盤或羊膜，此時呈現血色的惡露就會持續不止。一旦惡露拖了很久仍未消失，甚至感覺下腹部疼痛，就要立即到醫院做進一步檢查。

此外，由於分娩過程中會壓迫到膀胱，使得膀胱收縮機能一度麻痺，產生漏尿、尿失禁的困擾，不過通常幾天之後就會自然恢復。但須注意的是，產後很容易引發細菌感染，為避免膀胱炎、腎盂炎等發炎症狀，應保持會陰處及尿道的清潔衛生。

若分娩過程中進行會陰切開術，產後也會有疼痛感，大約一個月左右就會痊癒。

媽媽心情分享

每次上廁所，會陰切開的傷口就很痛，後來我就拿了一個像甜甜圈的軟墊墊著，墊了以後就比較不會痛了。

剛生完寶寶時，只要打個噴嚏或大笑就會漏尿，不過現在已經不會了。但我曾經很擔心這種症狀會不會持續一輩子呢！

做會陰切開手術的時候幾乎不覺得痛，還問醫師：「割開了嗎？」沒想到生產完就一陣劇痛，趕緊叫護士幫我打止痛針。

會陰疼痛

● 大約一個月左右就不會痛了

為了防止胎兒頭顱通過產道時造成嚴重撕裂傷，或必須盡早取出胎兒，通常都會採用會陰切開術，生產完後會立刻進行縫合手術，在產後1～3天之內可能會覺得很痛，不過大約一週後，傷口就會逐漸消腫、癒合，疼痛感也跟著消失。此時雖然消腫了，但產後2～3週左右，媽咪坐在椅子上還是會感到輕微疼痛，可以放個甜甜圈形坐墊坐著，能幫助減緩疼痛。若過了一個月還會痛，就要再去醫院檢查。

腹壓性尿失禁

不少婦女生產後都有尿失禁的毛病，有些準媽媽甚至在懷孕期間就因為肌力減退，光是打個噴嚏就有漏尿的情形，只要產後休息幾天，就會自然恢復正常，若連續幾天都有小便疼痛或強烈的殘尿感，就表示可能感染了膀胱炎，應該到醫院就診。下圖是鍛鍊尿道、陰道、肛門附近肌肉的地板操，有興趣的媽咪可以跟著做喔！

● 預防尿失禁的運動

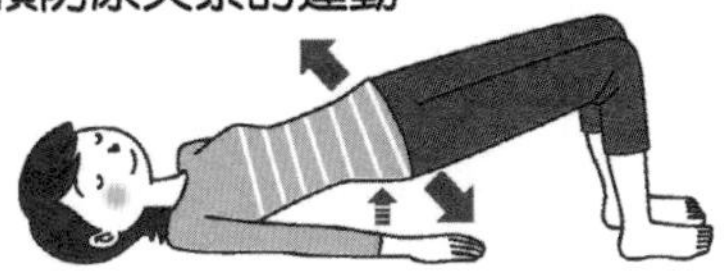

❶仰躺著，雙膝彎曲。
❷運用陰道及肛門肌肉的力量抬起腰部。
❸將腰部左右輕輕搖晃。

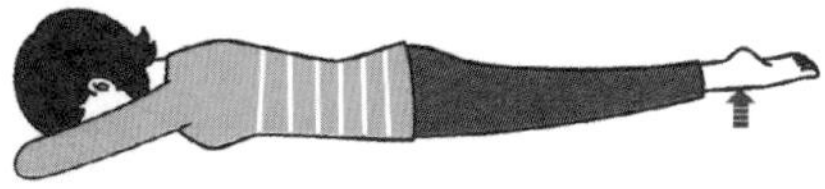

❶趴躺著。
❷兩腳伸直往上抬起。
❸騰空維持5～7秒後再慢慢放下。

惡露是子宮復原與否的參考依據

所謂惡露是指分娩時所造成的子宮產道傷口，以及子宮剝落的內膜、體內多餘的胎盤組織等等。惡露的顏色會呈現紅色→褐色→黃色→白色的變化，出血量也會逐日遞減，大約4～6週左右就會消失。產後一週後，惡露特有的惡臭腥味就會慢慢轉淡，若仍聞到不舒服的腥味可能是細菌感染，必須立刻到醫院治療，每次上完廁所後，也要用消毒棉棒清理一下喔！

● 惡露處理

手洗乾淨後拿起消毒棉棒，順著圖中①～④的順序在外陰部消毒，之後墊上衛生棉。清潔完後一定要洗手，只要還有惡露，每次上廁所都要這樣清潔處理。

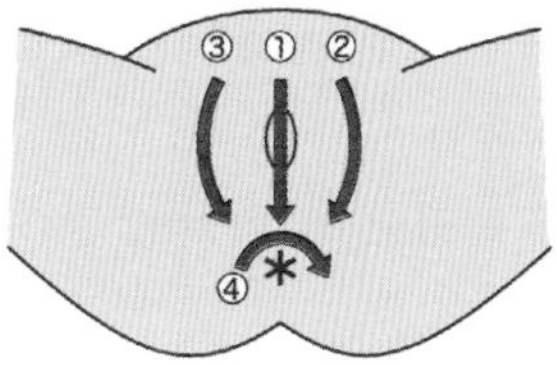

● 惡露的量與顏色變化

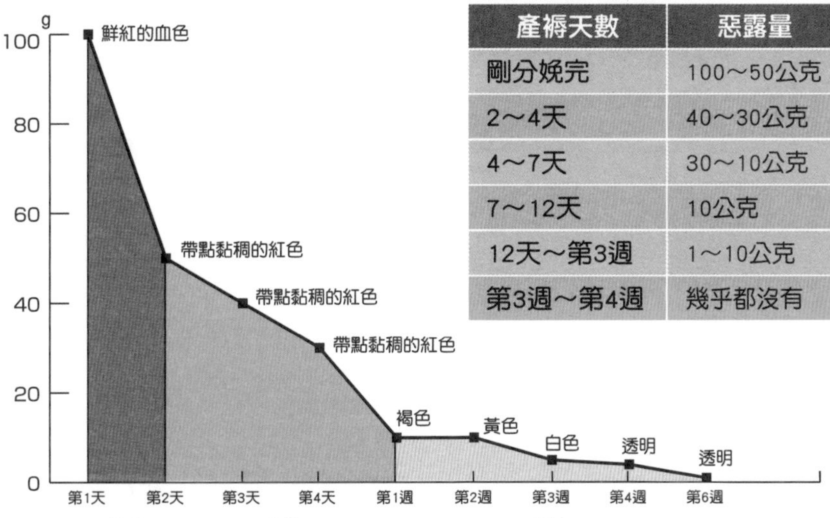

● 惡露量與處理方法

產褥天數	惡露量	處理參考
剛分娩完	100～50公克	產褥用衛生棉L
2～4天	40～30公克	產褥用衛生棉M
4～7天	30～10公克	產褥用衛生棉S
7～12天	10公克	月經用衛生棉
12天～第3週	1～10公克	衛生護墊
第3週～第4週	幾乎都沒有	

※改編自岡田弘二《新產科數據圖表》第327頁　醫學的世界出版社1995年。

瘦身運動得等到一個月的健檢之後

產後的一個月內不可以做劇烈運動，若一個月後健康檢查的結果一切良好，才可以回歸正常的生活。

剛生產完，由於娩出了胎兒、胎盤、羊水等，體重會一口氣掉了六公斤左右，可是懷孕期間最理想的增重範圍在七至十二公斤之間，因此產後若想回到標準體重，最好再減掉三至五公斤左右。但若搭配塑身操，大約半年左右就能回到懷孕前的體型。

此外，剛生完寶寶的身體，也會自然而然的想回復到懷孕前的體質，因此這個時期的減肥效果最好。話雖如此，媽咪千萬不可以採用絕食的方式，尤其是餵母乳的媽咪，體內必須維持一定的熱量、鐵質及鈣質才行。攝取均衡飲食，同時搭配運動減肥，才能瘦得美麗，瘦得健康。

產後的媽咪最常抱怨：「生完小孩後體重回來了，可是身材

特殊部位的塑身操

上腹部

一個動作維持10秒。

● 要點

身體往後反轉時，頭部不可向前傾，並留意胃部附近的肌肉是否拉開。

❶雙手手臂在頭部後方交握，抬頭挺胸，將上半身往後反轉。

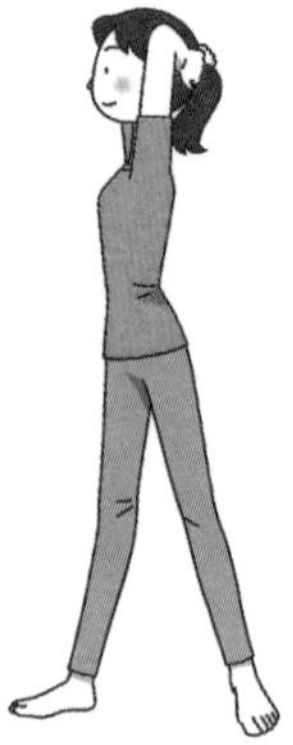

❷做完之後再把上半身轉到另一邊。

下腹部

一個動作維持10秒。

● 要點

產後下腹部的肌肉會較鬆弛，用兩手按在下腹部時要留意肌肉伸展。

雙手置於下腹部，下顎向後縮起，伸直背脊，挺直站立。

腰部

一個動作維持10秒。

● 要點

雙手手臂不要下垂，保持伸直的姿勢扭腰。

雙手向兩側伸直，挺直後背，上半身左右交互扭轉。

卻走樣了！」媽咪只要多運動，就能減輕體重，但由於生產後皮膚組織會變得比較鬆弛，因此才會造成體型走樣。媽咪若想瘦特定的地方，可以搭配產婦塑身操，不過做塑身操時千萬不可操之過急，必須先從簡單且不會造成身體負擔的項目開始，若狀況良好的話，可以在產後一個月左右做些簡單的健身操，之後再慢慢調整難度，達到減肥塑身的目的，讓身體回復到懷孕前的健美體態。

注意事項

●不要勉強自己

做運動時要量力而為，不可逞強，每個動作只要維持十秒即可。如果覺得疲倦或身體有異狀，就要馬上停止。

●做塑身操前、後都要暖身

為避免隔天肌肉痠痛，在做塑身操之前和之後都要稍微暖身，拉開筋骨。

●持續運動

產後肌肉鬆弛生疏，有些媽咪剛開始時很難確實做好每個小動作，做運動最重要的是持之以恆，若剛開始很吃力，一個動作只維持五秒也可以。

臀部

一個動作維持10秒。

● 要點

緊實臀部塑身操的第一個步驟有以下兩種，妳可以試試看哪一種比較不吃力，接著再做第二個步驟。做的時候都要確實抬頭挺胸唷！

❶抬頭挺胸，單腳往後踢20公分左右；向後踢的那隻腳，小腿前側與腳背必須維持在90度。

❷兩手手臂繞到後面，同時抬頭挺胸；雙腳腳後跟靠攏，腳尖朝向外側。

❸接著，從1.或2.的站姿再抬起單腳抱膝，膝蓋要順勢向上抬。

雙腳

一個動作維持10秒。

● 要點

兩腳膝蓋不可彎曲，像要拉長腳踝般左右伸展。

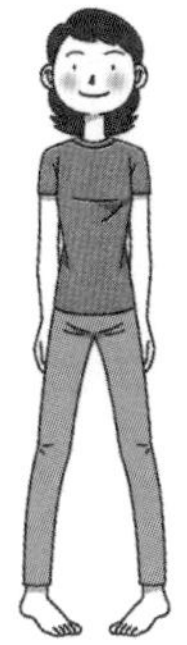

兩腳打開與肩同寬，腳尖朝內，接著再將腳尖向外轉，如此反覆交替數次。

上手臂

一個動作維持10秒。

● 要點

雙眼直視前方，雙手向後抬起，除了手臂之外，手指頭前端也要用力向上舉。

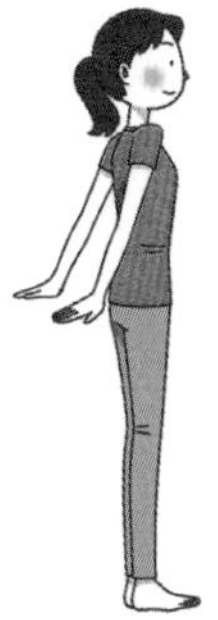

手腕向後折約90度，姿勢維持在身後10秒，雙眼直視前方，手臂向後伸直並保持不動。

產後各種煩惱與解決方法

●落紅恥骨疼痛

原因

分娩時為了讓胎兒順利通過產道，恥骨會向外撐大擴張，產後還會覺得疼痛，是因為身體記憶了這種被撐大的痛楚，只要過些時日就會自然好轉。

●解決方法

若覺得不舒服，可使用束腹帶幫助骨盆回復，此外，日常生活中也要盡量避免提重物。

● 痔瘡

原因

多半是由於懷孕後期血液循環不良所引起，生產時也有不少媽咪因為過度用力，造成痔瘡。

● 解決方法

排便的時候太過用力，也會使痔瘡惡化，媽咪可以到醫院就診治療。

● 便祕

原因

哺餵母乳時，容易因水分流失而導致便祕，此外，有些做會陰切開手術的媽咪，也會因為疼痛不敢排便，但其實不用太過擔心，因為即使用力排便，也不會造成傷口裂開。

● 解決方法

飲食要均衡，並積極攝取富含食物纖維的食材，若太過嚴重也可到醫院治療。

● 掉髮

原因

由於卵巢分泌的荷爾蒙量減少，造成掉髮的困擾。

● 解決方法

不再餵母奶，或斷奶後就會自然好轉。媽咪應確實做好洗髮、潤髮的清潔動作，攝取均衡飲食也很重要唷！

● 水腫

原因

懷孕期間，體內的水分會較平時多出三倍左右，即使生產後，水分也不會馬上排出體外，因此才會出現水腫的症狀。媽咪只要正常排尿，就會慢慢改善了。

● 解決方法

不要太過勞累，坐著的時候把雙腳墊高，飲食中減少鹽分的攝取，並且注意睡姿，這些都有助於消除水腫。若始終無法得到改善，就必須請教醫師了。

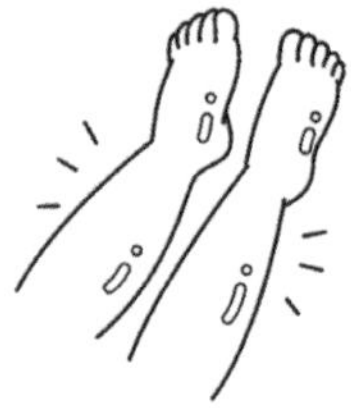

● 腰痛

原因

懷孕期間由於肚子較大，腰部肌肉必須使力，撐起腹部，此外，產後抱小孩或因為身體前傾，幫小孩換尿布等，都會增加腰部的負擔。

● 解決方法

若必須將身體往前傾，可以盡量坐在小椅子上輔助腰部，減緩腰部疼痛，一旦感到不舒服，就要放下手邊的工作，稍作休息。

做家事與照顧小孩都要適可而止，才是最好的解決方法

不管是誰，都有可能得到產後憂鬱症

生產前、後身體會歷經許多變化，使得媽咪的身心狀態極度不穩定，加上產褥期間荷爾蒙分泌產生改變，這也是造成產後憂鬱的原因之一。

一般而言，產後一至二週是最容易罹患產後憂鬱的時期，主要症狀為愛哭、失眠、焦躁易怒等情緒上的激烈變化。

雖然每個人的症狀不大相同，但生完寶寶的媽咪，或多或少都曾有過產後焦躁不安的經驗，若症狀嚴重，就可能發展成為產後憂鬱症。

產後憂鬱的症狀若持續很久且病情嚴重，就應該到醫院尋求治療。

通常產後不安的症狀都只是過度性，但平常就很要求完美的媽咪，特別容易因為自我要求過高，而陷入鑽牛角尖的死胡同裡，認為自己必須「照顧小孩跟做家事都要做到盡善盡美」才行，此時周遭的親友就要主動給予協助。如果媽咪能夠外出，就去戶外走走，散散心吧！偶爾讓爸爸幫忙帶小孩或接受親友的協助，放寬心胸，讓自己走出憂鬱吧！

媽媽心情分享

趁寶寶睡著的時候做自己想做的事。我通常會上網買些衣服，或看些生活雜貨的網站。

我會跟有生產經驗的朋友聊天，或是去媽媽教室找人吐苦水。跟別人聊天不但能知道彼此的煩惱，還是最好的舒壓方法呢！

我三不五時會請爸爸幫忙哄小孩，讓自己喘口氣，有時候會打電話給樂天派的朋友，或是看部喜歡的連續劇，盡情做自己喜歡做的事。

產後性生活

不要一個人煩惱，把心事告訴爸爸吧！

產後除了身體產生變化，心靈層面也起了變化

在產後第一個月的健康檢查後，若醫師表示一切正常，其實也等於是「有了性行為也無妨」的意思。

雖說如此，剛生完寶寶的身體總是有些意外的小毛病，再加上餵母奶時荷爾蒙分泌的改變，也容易導致媽咪性趣缺缺，會陰切開處的傷口疼痛、陰道搔癢等原因，也都會讓媽咪拒絕爸爸的求歡，不過只要時間一久，傷口就會慢慢癒合，搔癢的感覺也會慢慢消失的。

事實上有不少夫婦都是在產後一至兩個月後，甚至半年後才恢復正常的性生活。剛開始時可以先嘗試懷孕期間的性愛姿勢，或是不讓陰莖插入，單純享受兩人親密的肌膚之親。透過數次的溫柔愛撫，讓媽媽的身體感到安心自在，陰道自然就會慢慢溼潤了。

雖說性生活不是夫妻生活的全部，但卻是維繫夫妻關係，與另一半取得良好互動最重要的一環喔！

產後媽咪的閨房性事大調查

● 多久後開始性生活？

「雖然第一個月的健診醫師說沒問題了，不過心裡頭還是怕怕的，一直到產後第三個月左右才開始。」

「性愛的次數較以往少了很多，但是我們都很珍惜彼此之間的溝通及互動。」

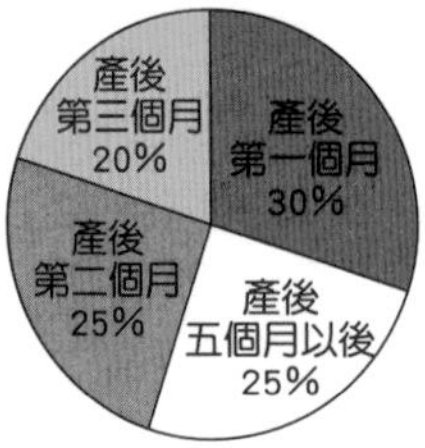

產後第三個月 20%
產後第一個月 30%
產後第二個月 25%
產後五個月以後 25%

● 性愛次數跟懷孕前有差嗎？

「總是會想到傷口又復發了怎麼辦？把小孩吵醒了怎麼辦？變得比較提不起性趣。」

「很多育兒書都說產後性愛次數會減少，但我們家幾乎沒什麼改變。」

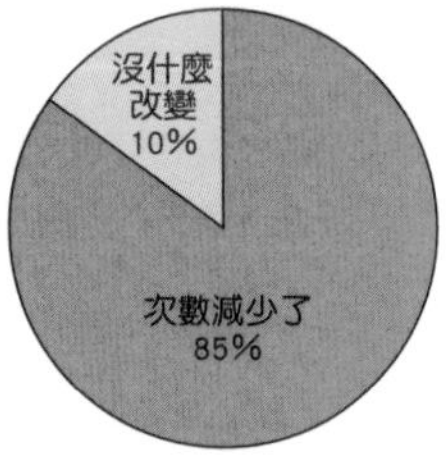

沒什麼改變 10%
次數減少了 85%

第7章

新生兒發育與照料

歡迎來到這個世界，我的寶貝！
媽咪的下一個任務，就是照顧新生兒。
第一次帶小孩或許會感到擔心害怕，
但只要給予寶寶無限的母愛，
就一定能看到寶寶天真無邪的笑容。

寶寶的模樣

剛出生的嬰兒長什麼樣子？

新生兒誕生後，就會產生許多生理反應

新生兒剛出生時，體重大約三千公克，身高五十公分左右，原先浸在羊水裡的水腫現象，也會慢慢消退，同時排出深綠色的胎便，因此剛出生五天左右，體重會略為減少（生理性體重減輕）。大約一個星期左右，減重的現象就會停止，此後每天都會慢慢增加二十至五十公克，直到出生後三個月，會長高至六十公分左右，體重也會增加約六公斤。

嬰兒出生二至三天時，皮膚的顏色會偏黃，稱為新生兒黃疸，屬於正常的生理現象，約過二至四週就會恢復正常。

新生兒的呼吸週期較不規律，大人每分鐘約十五次，但新生兒卻高達四十至六十次左右，大約過了一個星期，當他的肺功能正常運作後，呼吸頻率就會恢復正常。

此外，新生兒無法分辨白天或夜晚，大約每過二至三小時，就會反覆的睡睡醒醒，加上他的腎臟及消化器官都還沒完全發育，經常排出深綠色或黃色的胎便，次數平均每天二至六次，一天排尿十五至二十次左右。

具備生存能力

新生兒一出世便具有原始的反射能力，讓自己能適應這個世界，比如說聽到巨大的聲響，手與腳就會本能的舉起，這是因為外界刺激所造成的反射動作。這樣的反射能力會持續三至四個月，直到大腦發育完全後才會消失。

新生兒的原始反射能力

吸吮反射（Sucking）

凡是接近嘴巴附近的物體，都會本能的吸住，這是為了能順利吸吮母乳的反射動作。即使寶寶睡著了，也會無意識的做出這種反射動作！

抓握反射（grasp reflex）

一旦觸碰到寶寶的手掌或腳指，小寶貝就會立刻將物體抓緊。

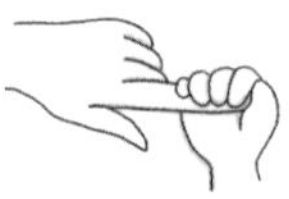

驚嚇反射（Moro reflex）

像受到驚嚇般舉起雙手、伸直雙腿，兩手在空氣中揮舞的動作。當聽到巨大聲響，或幫寶寶洗澡的時候，他都會做出這種動作。

踏步反射（stepping reflex）

媽咪將手撐在寶貝兩邊的腋下，讓他的腳掌接觸地板，當輕緩的移動小寶貝向前走時，就會看到兩腳交互向前踏步的動作。

新生兒的模樣

● 頭髮
剛出生時，有些寶寶胎毛多而蓬鬆，有些寶寶卻相當稀少，大約一歲左右，頭髮就會長出來了。

● 頭
由於頭蓋骨尚未發育完全，頭頂有個軟軟的地方（囟門），幫寶寶洗頭時要輕柔一點喔！

● 眼睛
新生兒都是近視眼，超過15～20公分的物體看起來都會模糊不清。

● 耳朵
能清楚聽到聲響，也會被較大的音量嚇到。幫寶寶清理耳屎時，只要輕輕帶到耳洞口就行了。

● 脖子
脖子短短的、左右搖晃，無法支撐住頭部的重量，抱寶寶的時候，記得用手托住小寶貝的後腦勺喔！出生3～4個月後，脖子才會慢慢有支撐力。

● 兩手手腕
兩手手腕多半呈現彎曲上舉的樣子，手掌會緊緊握拳。

● 皮膚
由於包覆著一層稱為胎脂的脂肪，所以看起來有點白白皺皺的，大約2～3週胎脂褪去後，就會露出光滑的皮膚。

● 雙腳
呈現O形的M字腿，這是寶寶最自然的姿勢。換尿布時若太用力拉扯寶寶的腿，可能會造成脫臼，要特別小心。

● 肚臍
由於肚臍前端還緊連著剛剪斷的臍帶，感覺有點溼溼的，幫寶寶洗完澡後要記得順手消毒，保持乾燥。

● 臀部
小屁屁到背部會有藍色偏綠的蒙古斑，長大後就會自動消失了。

第7章

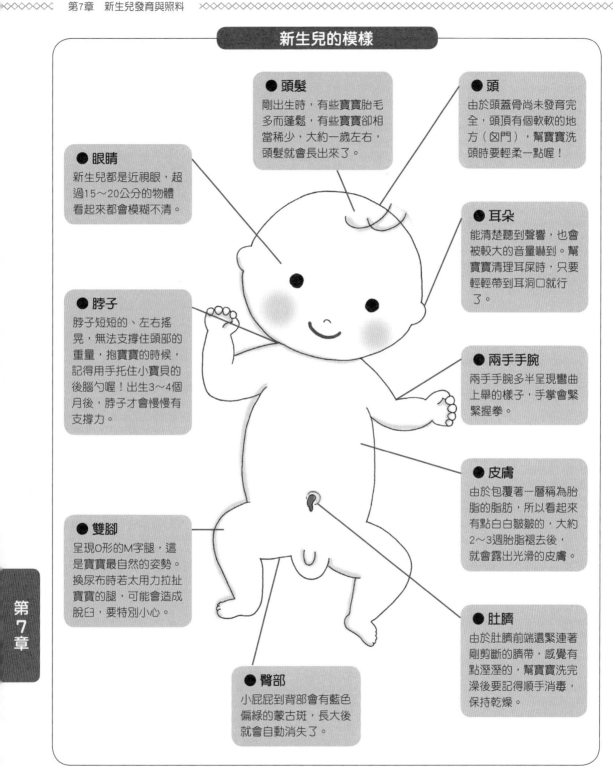

媽媽與寶寶幸福感動的親密時刻

母乳是寶寶最佳的營養補給品

母乳裡含有均衡的維他命及礦物質，是寶寶最佳的營養補給源。

媽咪在產後三至五天左右，乳頭會分泌出帶有黏稠感的黃色初乳，初乳裡含有豐富的免疫物質，以及防止細菌繁殖的營養素。由於新生兒體內幾乎沒有免疫功能，初乳能提供寶寶最完善的防禦能力，這樣的免疫力效果持續約六個月左右。

母乳越吸分泌越多，也能幫助媽咪恢復身體機能

雖然寶寶不是一出生就知道該怎麼喝母乳，但由於新生兒具備吸吮反射的能力，會本能的吸住嘴邊的東西，因此即使剛出生不久，也知道要用力吸吮媽咪的乳頭。

但母乳並非在寶寶一出生後就會源源不絕的分泌，必須靠寶寶不斷吸吮的力量，刺激負責分泌母乳的荷爾蒙，因此，就算媽咪剛開始擠不出母乳也不要放棄，應該持續讓寶寶吸食。此外，寶寶吸吮乳頭的刺激，也能加速子宮收縮、幫助止血，讓母體更快恢復健康。

剛出生的寶寶胃口很小，一次只能喝一點點母乳，所以產後要配合寶寶的食量，把握「只要寶寶一哭就餵奶」的原則。或許新手媽咪剛開始會不知道該怎麼抱寶寶，而小寶貝也可能在頭幾天都吸不到母乳，不過只要日子久了，這些問題都會迎刃而解。

Q&A

Q 我每天都餵母乳，是不是就不能抽菸、喝酒？

A 酒精與尼古丁會在媽媽攝取後的三十分鐘至一小時後混入母乳，因此媽咪最好改掉抽菸、喝酒的習慣。

Q 大約多久要餵一次奶呢？

A 平均一天要餵奶十次。剛出生的新生兒每次都只能喝一點點，因此不論白天或夜晚，大約2～3小時就要餵一次。

Q 只喝配方奶營養夠嗎？

A 雖然母乳含有豐富的免疫物質，但現在很多品牌的配方奶裡也會添加這些成分，因此只餵配方奶也沒關係。

餵配方奶的步驟

❶溶解奶粉

將手洗乾淨，將水溫調到50度左右。先倒入三分之一的量到奶瓶裡，再把量好的奶粉倒進去，輕輕左右搖晃奶瓶，讓奶粉溶解。

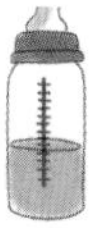

❷調整溫度

將剩下的溫水倒入奶瓶中，直到標準的奶水量，然後蓋上瓶蓋。此時可倒出一點牛奶在手肘內側，看看會不會太燙。

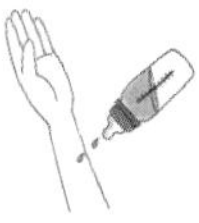

❸餵寶寶喝奶

抱著寶寶，將奶瓶微微向上傾斜，讓寶寶含住整個奶嘴，等寶寶喝完奶後，再照著餵母乳的第4個步驟幫寶寶打嗝，排出多餘的氣體。

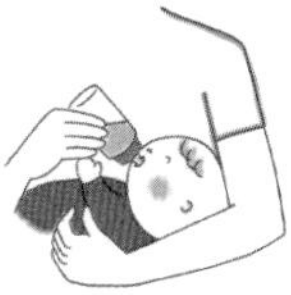

● 清洗奶瓶的方法

餵寶寶喝完奶後，先以清水沖洗奶瓶，之後使用寶寶專用的洗潔劑與海綿刷，徹底清潔奶瓶，最後再用清水沖洗乳頭或奶瓶。為防止細菌孳生，一定要確實做好消毒喔！

微波爐消毒	裝入微波爐消毒專用的容器裡，加熱5分鐘。使用前請先閱讀使用說明書。
煮沸消毒	準備一個大鍋子，倒入能蓋過所有奶瓶的水量，等水滾後再放入奶瓶，煮5分鐘左右。
消毒水消毒	使用專門的容器消毒水，放入奶瓶浸泡約1小時左右，等到下次使用奶瓶時，要將裡頭的水全部倒乾淨，不須沖洗，直接使用。

餵母乳的步驟

❶洗手，同時清潔乳頭

用肥皂洗手後，輕輕按摩乳頭，刺激母乳分泌，接著再以棉花棒或脫脂棉擦拭乳頭周圍。

❷讓寶寶含住乳頭

撐住寶寶的後腦勺，讓寶寶的嘴含住整個乳頭，此時要注意有沒有不小心蓋住寶寶的鼻子。

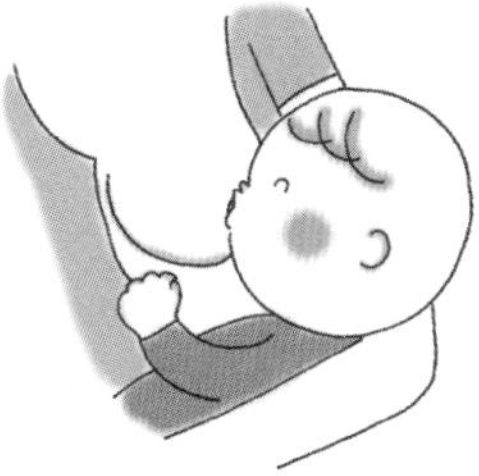

❸餵寶寶喝母乳

每邊的乳頭約餵食5～10分鐘，視情況讓寶寶換邊吸奶。寶寶喝完後讓他的嘴離開乳頭，此時如果太過用力，可能會造成乳頭受傷。

❹讓寶寶打嗝

將小寶貝的下巴靠在媽咪的肩膀上，並保持直立狀態，在背部由下往上輕撫，或是輕拍他的背部，幫助寶寶打嗝。若此時乳房仍持續分泌乳汁，可使用擠奶用品，將母乳儲存起來備用。

抱寶寶餵奶的姿勢

橄欖球式

將寶寶挾在媽咪的腋下，以枕頭將小寶貝墊到與乳房差不多的高度。適合乳頭較大，或溢乳時乳汁容易流到乳房下的媽咪。

直抱式

讓寶寶雙腳打開，跨坐在媽咪的大腿上，用手撐住寶寶的背部，保持挺直。適合乳頭凹陷或乳頭較小的媽咪。

搖籃式

將寶寶的頭與脖子放在媽咪的膝蓋上，另一隻手則繞到寶寶的背後，撐住背部及臀部。若寶寶位置太低，不方便哺餵母乳時，可以再墊幾個墊子，調整高度。

第7章

換尿布

布尿布或紙尿褲一樣好，「溼了就換」最重要！

保持小屁屁清潔，預防尿布疹

新生兒一天裡會不定期排泄便便與尿尿數次，如果放任不管，容易起疹子發炎，尿布裡的排泄物會讓寶寶覺得不舒服，甚至哭鬧不休，因此要記得經常檢查，並更換尿布。小寶貝剛睡醒或餵奶時，都是順便檢查尿布的好時機，檢查便便則可以聞用味道來判斷。

換尿布的時候要一起清理小屁屁的周圍，頭幾次做或許會花上較多的時間，但習慣之後就能順手做這個小動作了。雖然說換尿布是許多爸爸比較不願意配合的工作，但如果爸爸能貼心協助，一定會讓媽咪的負擔減輕許多。

	布尿布	紙尿褲
優點	●不會製造垃圾 ●重複使用，經濟實惠 ●通風性佳 ●肌膚觸感較好 ●很容易察覺是否尿溼褲子	●不用洗尿布，用完就丟 ●吸水性佳 ●保水性佳 ●排泄物不容易側漏 ●穿脫簡單
缺點	●必須花較多的時間更換與清洗尿布 ●排泄物容易滲漏	●花費較大 ●垃圾量增加

※丟棄紙尿褲時，須遵守各個縣市的垃圾分類規定。

清理屁屁周圍的方法

● 男嬰

清理男寶寶的小屁屁時，要特別翻開小雞雞的內側，以及陰囊皺摺的部分，以提防這些小地方藏汙納垢。

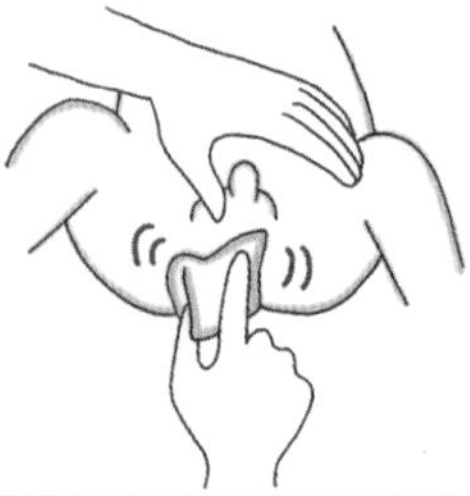

● 女嬰

細菌容易經由陰道及尿道侵入寶寶體內，清理時必須從會陰部（前）往肛門處（後）擦拭，陰道口處的髒汙也要徹底清潔。

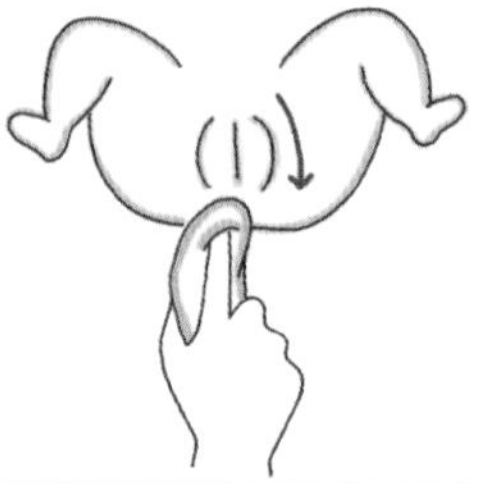

更換布尿布的方法

❶墊好乾爽墊

將新的尿布攤開，墊上一層乾爽墊。若是男寶寶，乾爽墊位置要放前面一點，若是女寶寶，則將乾爽墊放在後面一點。

❷擦屁屁

在小屁屁下面墊上新的尿布，以溼紙巾或脫脂棉，清理屁屁與兩腿之間的髒汙。

❸包上布尿布

將乾爽墊往寶寶肚子上摺，注意不要碰到肚臍。接著調整乾爽墊的位置，注意要摺的比尿布低一點再包。

❹黏上貼條

在大腿周圍保持1～2根手指的縫隙，但尿布要整個緊貼於寶寶的背部及臀部。調整好後，就可以黏上兩邊的貼條了。

❺清洗尿布

輕輕用水沖洗一次，之後浸泡於洗尿布專用的水桶及專用清潔劑裡，約浸泡2小時左右，就可以用洗衣機清洗了。

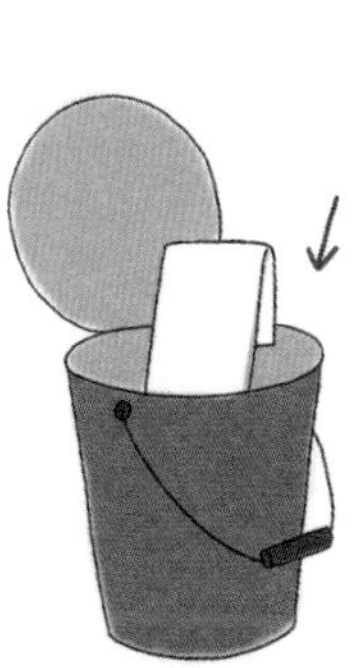

更換紙尿褲的方法

❶墊好紙尿褲

準備溼紙巾及一片新的紙尿褲，將新紙尿褲墊在寶寶的屁屁下面。

❷擦屁屁

打開髒的紙尿褲，用一隻手抓住寶寶的雙腿，另一隻手用溼紙巾或脫脂棉，擦拭寶寶的小屁屁及大腿之間的地方。

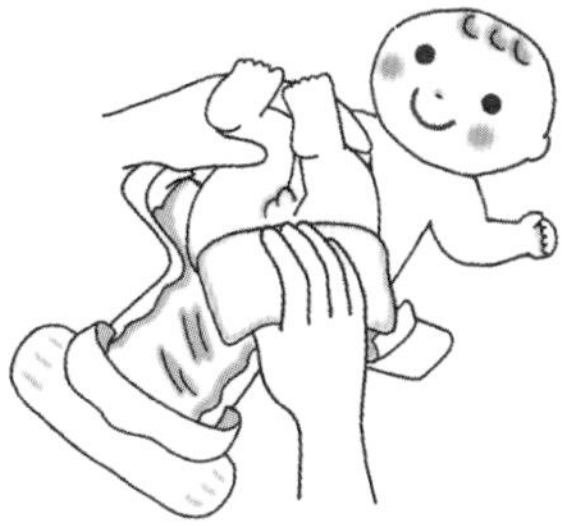

❸包上新的紙尿褲

換掉舊紙尿褲，等小屁屁清潔乾爽後，再包上新的紙尿褲。

❹黏上貼條

在寶寶肚子周邊保留1～2根手指的縫隙，黏上紙尿褲左右兩邊的貼條，並整理大腿兩側的防漏側邊。

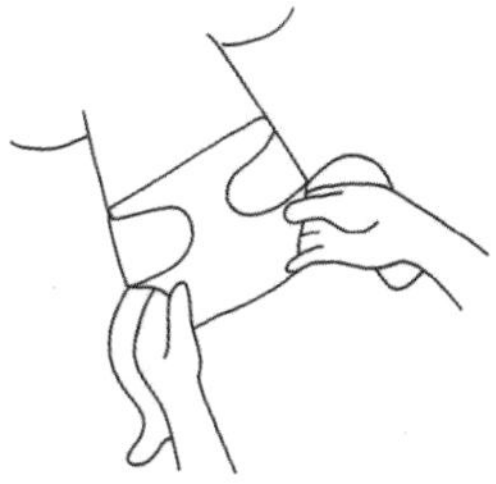

❺摺好舊紙尿褲後丟棄

將用過的溼紙巾或脫脂棉包在舊紙尿褲裡捲起來，利用兩邊的貼條將紙尿褲摺起後黏緊丟棄。

想要寶寶的肌膚光滑柔嫩，就要天天幫小寶貝洗澡！

寶寶浴一天一次，每次十分鐘，輕柔迅速是不二法則

新生兒的新陳代謝量高，總是會流許多汗，如果不理會這些汗水髒汙，寶寶的肌膚就會過敏紅腫，因此，一天要幫小寶貝洗一次澡，才能保持清潔衛生。

在寶寶出生滿一個月前，應該另外準備一個新生兒專用的浴盆。

由於新生兒體力不佳，所以洗澡時間不可過久，寶寶浴的最高指導原則就是輕柔迅速。且最好不要在剛餵完奶的三十分鐘內，此外，洗澡前浴室內的溫度要維持在常溫。剛開始幫小寶貝洗澡多半都沒辦法快速完成，但久了就熟能生巧了。

新生兒的肌膚很敏感

新生兒的肌膚細嫩敏感，特別容易起尿布疹、汗疹（痱子）或溼疹。

汗疹常見於脖子周圍、腋下及腳踝處等經常流汗的地方，幫寶寶洗澡時要特別留意。此外，包尿布會讓寶寶的屁屁處於溼熱的環境中，洗完澡後要順手擦乾，經常保持小屁屁的清潔乾爽。

細部清潔的方法

● 清潔耳朵

洗完澡後，以嬰兒專用的棉花棒或擰乾的紗布，將耳朵周圍及耳洞裡殘留的水分擦乾。

● 清潔鼻子

將嬰兒專用的棉花棒插進寶寶的鼻孔裡，輕輕轉動幾圈，除去水分。

● 清潔肚臍

以嬰兒專用的棉花棒輕輕擦去肚臍周圍的水分，直到小肚臍乾爽為止；接著塗抹消毒液，讓肚臍乾燥後。

媽媽心情分享

在我們家，幫寶寶洗澡是爸爸的工作，因為寶寶好像比較喜歡讓爸爸那隻大手來扶著他。

小寶貝好像很討厭熱水，一碰到水就會哭鬧，所以我只針對脖子等容易藏汙納垢的地方徹底洗淨，其他的就快速帶過。

幫新生兒洗澡的方法

❶準備洗澡用品

洗澡前先讓浴室維持在舒適的溫度，接著將寶寶專用的浴盆、紗布、潔膚劑、溫度計、浴巾、毛巾、換洗衣物、尿布、小水勺、擦肚臍的消毒液等洗澡用品準備齊全。

❷在寶寶專用浴盆裡倒入溫水

在寶寶專用浴盆裡倒入約38～40度的溫熱水，再放進寶寶專用的潔膚劑到浴盆裡，徹底攪拌溶解。

❸將寶寶放進浴盆裡

脫掉寶寶的髒衣服，並在寶寶身上蓋毛巾。雙手扶著寶寶的頭與小屁屁，讓他從腳開始依序泡進浴盆裡，此時扶著脖子的那隻手，要輕輕摀住寶寶的雙耳。

❹洗臉

以一隻手支撐著寶寶，將紗布在浴盆裡沾溼後擰乾，從眼頭依序擦拭到眼尾。擦完眼睛後，接著幫寶寶擦臉，要注意紗布每擦完一個地方，就要換個角落或更換新紗布。

❺洗頭

扶著寶寶頭部的那隻手，用手指頭輕輕摀住耳朵，以免水流進耳朵裡。將寶寶的頭沾溼後，以手掌輕輕清洗頭髮與頭皮。

❻洗脖子與手

洗脖子時，將大拇指與食指打開，呈V字型的手勢。洗手時，要從肩膀順著洗到手指，每個指縫也都要徹底洗乾淨。

❼洗肚子

拿開蓋在寶寶身上的小毛巾，在肚子上輕輕畫小圓圈。

❽洗腳

腳踝附近很容易藏汙納垢，要用大拇指洗乾淨。此外，男嬰的陰囊及女嬰的外陰內側，也要特別留意。洗腳的時候則要從大腿順勢洗到腳尖。

❾洗背部

將寶寶靠在自己的手腕上，以一隻手撐住腋下，將寶寶身體往前傾，讓他的背部朝上。洗的時候要小心，不要讓水潑到寶寶的臉，再沿著脖子內側、背部洗到小屁屁。

❿淋水

全身都洗完後，用水勺盛乾淨的水淋在寶寶身上，沖掉潔膚劑，最後把寶寶抱出浴盆。

⓫擦身體

用大浴巾將寶寶全身包裹起來，以輕輕按壓的方式，擦掉多餘的水分。注意水分容易囤積於脖子、腋下及腳踝附近，要徹底擦乾淨。

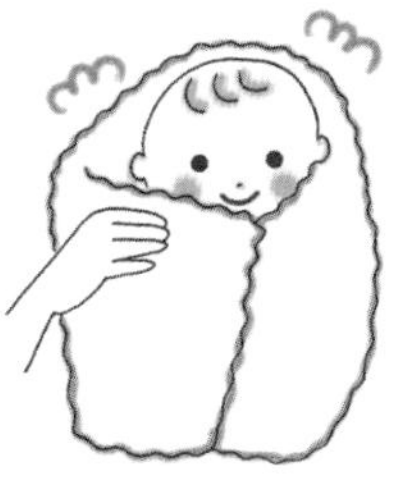

幫寶寶穿衣服

● 先將換洗衣物層層疊好

為了縮短寶寶光著身體的時間，洗澡前要先將寶寶的換洗衣物攤開來準備好，最上層則放上新的尿布。

● 穿衣服

讓寶寶躺在乾淨的衣服上換尿布。幫寶寶穿上衣時，媽媽的手要先穿過寶寶上衣的袖子，接著抓住寶寶的手慢慢拉過來，讓他順勢穿好上衣，另一隻手同時整理衣物，使其貼服在寶寶的身上。

第7章

寶寶大約二至三小時就會睡睡醒醒，要有耐心喔！

布置舒眠空間，讓寶寶睡得更安穩

剛出生不久的新生兒除了喝奶之外，幾乎都在睡覺，約二至三小時就會睡睡醒醒一次，如此一來也會使媽咪感到睡眠不足，建議媽咪不妨試著配合寶寶的時間，抽空補個眠，當寶寶二至三個月大時，睡眠時間就會比較固定了。

新生兒多半淺眠，屬於REM快速動眼睡眠，雖然看起來就像熟睡一般，但只要有點小聲響就會被驚醒，所以爸爸、媽媽可以幫小寶貝準備一個舒適的睡眠環境，讓寶寶睡得更安穩香甜。此外，每天晚上在固定時間裡關掉電燈與電視也很重要喔！記得讓四周保持黑暗寧靜，藉此區隔出白天與黑夜。

新生兒的棉被

市面上嬰幼兒專用的棉被，最能符合寶寶弱小的身體。基於衛生考量，最好選擇能經常清洗的專用棉被。

枕頭

寶寶頭部容易流汗，偶爾也會嘔吐，枕頭套必須經常清洗，或是將大浴巾摺成四層，當作枕頭代用。

毛巾、毛巾被

有助於調節體溫，一年四季通用。夏天只蓋一條毛巾被就可以了。

床單

選用觸感舒適、吸水性佳的材質，可多準備幾條，以防寶寶流汗或嘔吐。

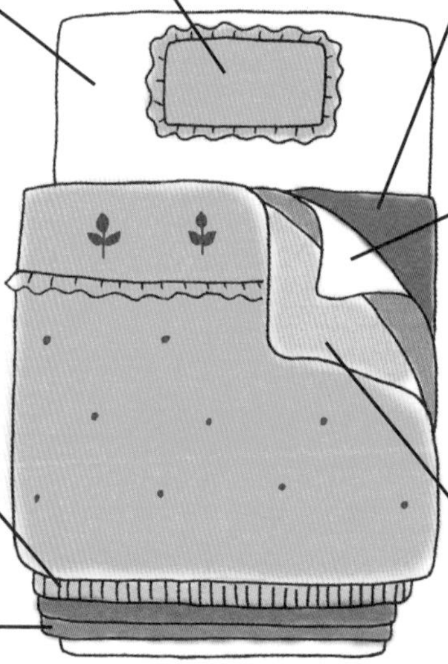

貼身涼被與涼被單

比一般涼墊薄，適用於春天、初夏及秋天，季節交替或稍微涼爽的時候使用。

吸水墊

吸收汗水、尿液，防止水分滲透到下層，可與防水墊一起使用。

涼被與被單

秋冬及初春時使用，可選擇保溫性、吸水性、通氣性良好的材質。

墊被

可選用較硬的材質，以防寶寶因趴睡而陷入軟軟的被層中窒息。

防水墊

鋪在吸水墊下面，可與吸水墊搭配使用，是防止汗水或尿液滲透到最下層的墊被。

寶寶鬧情緒

寶寶只能用哭鬧來表達不舒服，媽咪要多替小寶貝著想

勤換尿布，找出寶寶哭鬧的原因

剛出生的新生兒還不會說話，哭鬧就成了他們唯一的語言，當小寶貝肚子餓、尿布溼了、睡不著，都會哭。

明明才剛餵過奶，小寶貝卻又放聲大哭，聰明的媽咪就要趕緊檢查是不是便便或尿尿了，如果都不是，下一步就得看看房裡的溫度有沒有維持在舒服的睡眠環境。

每個小嬰兒在哭的時候，都會流露出自己的個性，或許有些媽咪會猜不透寶寶為什麼哭鬧，而焦躁不安，但是要記住一點，寶寶絕對不會一整天哭個不停，媽咪只要保持耐心、當寶寶哭了就跟他說說話、抱抱他，那些惱人的哭聲終究會停止的。

●寶寶哭鬧不停的原因

肚子餓了
寶寶在餵完奶後二至三小時哭鬧，很有可能是肚子又餓了。

無法打嗝
喝完奶後若無法順利打嗝、排氣，就會難受得大哭。

尿布髒了
寶寶尿尿或便便弄髒了尿布，會使小屁屁感到不舒服而放聲大哭。

睡不著
有可能是想要媽咪抱而故意哭鬧。

太熱或太冷
冬天衣服穿太多，或夏天流汗不舒服。

口渴了
由於新生兒的新陳代謝較快，經常會覺得喉嚨乾，可以讓寶寶喝些白開水。

身體不舒服、喉嚨痛
如果寶寶高分貝大哭、哭鬧不止，或哭泣時與平常的表情不太一樣，則很有可能是身體不舒服。

媽媽心情分享

試了好多方法都沒有用，只有把小寶貝抱著輕輕搖晃才有效。

我家的寶寶聽到塑膠袋抓成一團的沙沙沙聲音就不哭了。有人說這個聲音很像寶寶在媽咪肚子裡會聽到的聲音，不管是不是真的，用這招來哄寶寶倒是挺方便的。

我家的小寶貝只要一聽到沙漏的聲音就不哭了。還有啊，把手指放進他的小耳朵裡，另一手用指腹輕輕在肚子上搔癢，他就會立刻停止哭泣喔！

第7章

如果寶寶生病了，身體就會發出警訊

平時就要多觀察寶寶的身體狀況

寶寶即使生病了，也沒辦法告訴說出口，因此，爸爸、媽媽要特別注意寶貝身體不適的症狀。

小寶貝身體不適的症狀之一是發燒。新生兒調節體溫的機能尚未發育成熟，無法一直維持人體的常溫（三十六點七至三十七點五度左右），因此，爹地與媽咪必須每天在同樣的條件下，在固定的時間測量寶寶的體溫，做為寶寶常溫的基準，但必須避開剛洗完澡的時候。若寶寶的體溫較常溫高出一度，就可以視為發燒；若寶寶不太愛動，也不喝水，甚至出現拉肚子的症狀，就要立刻帶去看醫師。

此外，新生兒也很容易將剛喝下去的東西吐出來，稱為「吐奶」，這是因為小寶貝的胃還沒有發育成熟，屬於正常現象，爸媽不必太過擔心，但若吐奶的同時伴隨著發燒，或是一天內吐奶好幾次，就有可能是寶寶生病了，要趕緊帶去小兒科檢查。

量體溫的方法

●腋溫
先幫寶寶擦去腋下的汗水，讓他挾住體溫計後用手輕輕扶著。注意不要讓衣服也挾進去喔！

●脖子的皺褶處
若量不到腋溫，也可以改量小脖子上的皺褶處。量的時候要防止寶寶亂動，讓寶寶確實挾好體溫計。

●耳溫
使用量耳溫專用的體溫計，短時間內就可以得到數據，但若使用不當，也可能產生誤差。

Q&A

Q 寶寶發燒了，在家裡要如何照顧呢？

A 如果只有發燒，沒有其他症狀，可以先在家裡觀察半天左右，再決定要不要去看醫生，此時為了防止小寶貝脫水，要經常讓他喝些白開水，並保持頭部及腋下乾爽，流了汗就要馬上擦掉或換衣服，還要注意讓室內保持通風，讓新鮮的空氣在屋裡流通。

Q 要使用哪種體溫計呢？

A 體溫計中最準確的是水銀溫度計，但量體溫時往往要花上三至五分鐘，電子溫度計雖只須一分鐘左右就能得到數據，但產生誤差的可能性卻較高，因此市面上也有販售測量時間較長、較準確的電子溫度計。此外，耳溫槍容易因

寶寶身體不舒服的徵兆

● 臉色與平常不同

當寶寶臉色紅潤充血、哭鬧不休時，就要看看是不是發燒了。此外，若臉色帶青泛白，則有可能因為血中氧氣不足而罹患「發紺」（cyanosis），必須立刻就診。

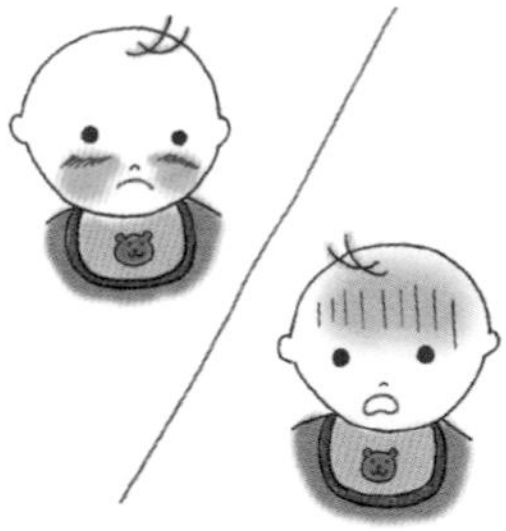

● 不愛喝奶

如果只是一、兩次不喝奶，或是喝奶的量減少，可能是寶寶體力不足，沒有精神，爸媽不必太過緊張，只要體重仍持續上升，就沒什麼大礙，可以持續觀察一陣子。但若寶寶不愛喝奶，同時不停哭鬧，還伴隨著拉肚子、發燒等症狀，就要找醫師檢查了。

● 呼吸太快或太慢

寶寶發燒時，呼吸的速度會變快，此時若肚子發出不尋常的聲響，或喉嚨、鼻子有抽動的現象，則可能是呼吸困難所引起。此外，若寶寶臉色發青、呼吸遲緩，則有可能導致休克，也必須立刻就醫沮喪。

● 不愛動，沒精神

即使嘔吐、拉肚子或便祕，只要寶寶像往常一樣經常揮動手腳或哭鬧，就不會有太大的問題。相反的，若寶寶不愛動、沒什麼精神，就算只是稍微發燒，也要特別注意；此外，若寶寶不太喝水，也要馬上帶去找醫師。

● 哭鬧不止，放聲大哭

寶寶本來就會常常哭，但如果哭的感覺跟平常不太一樣，例如突然放聲大哭，或像抽搐一般哭個不停，就有可能是生病了，爸媽得多花點心思，觀察寶寶的狀況。

操作方式產生誤差。使用溫度計時可依需求，分為日常測量用的電子溫度計，以及發燒時準確測量用的水銀溫度計。

Q 寶寶尿布疹怎麼辦？

A 尿布疹是指寶寶包尿布的地方紅腫發燙的症狀，如果症狀嚴重，醫師會開立不含類固醇的消炎軟膏，但若症狀仍無法改善甚至更加惡化，則會以類固醇軟膏治療。為避免罹患尿布疹，媽咪要勤幫寶寶換尿布，並用溫水清洗小屁屁，保持清潔衛生，包尿布之前也要把小屁屁上的水分都擦乾，再換上新尿布。

Q 該怎麼讓寶寶乖乖吃藥呢？

A 寶寶沒有辦法吃藥粉，必須混在開水裡拌勻後，再給小寶貝喝，若寶寶不想喝也不要硬塞，不妨換個方法或等會兒再試，如果硬要寶寶喝下去，恐怕日後寶寶會更不想喝。如果是藥水，可以用滴管一點一點餵寶寶喝；此外，市面上也有販售可以混著藥吃的果膠凍，媽咪可以買來試試看喔！

新生兒與嬰幼兒常見疾病

病名	症狀	居家看護方法
玫瑰疹（HHV-6）	長達3～4天的38～39度高燒，退燒後腹部及後背會長出紅色的疹子，發疹3～4天後就會自動消退痊癒。病徵是疹子擴散速度較慢，雖然會引發高燒，但寶寶還是很有精神。	到退燒、發疹子之前，都無法斷定是否為玫瑰疹，因此一旦發燒，就要帶去看醫生。寶寶即使長出疹子也不會癢，不會因此難過哭鬧；發燒時要經常幫小寶貝補充水分，同時讓他安靜休養。
泡疹性咽峽炎（herpangiha）	好發生於夏天到初秋的時期，發病時會突然高燒至39～40度，扁桃腺周圍發紅並長出小水泡，水泡長大後就會破裂，形成黃色潰瘍。約2～3天後就會退燒，潰瘍也大約在一週左右就會痊癒。	是由病毒所引起的疾病，目前還沒有特效藥。潰瘍會導致喉嚨疼痛，使寶寶不愛喝水、喝奶，要小心併發脫水症狀，必須經常讓寶寶補充水分。若高燒持續不退，就要服用醫師開立的退燒藥。
水痘	水痘擴散的速度很快，起初是1～2個小紅疹，不久後就會擴散至全身，形成水痘，約3～4天後就會乾扁、結痂。有些寶寶會併發高燒，有些則不會。	感染水痘後要盡量在家休養，雖然會很癢，但在結痂之前都不可以去抓它，可以帶寶寶到小兒科就診領藥，控制病情。若水痘擴散到嘴巴裡，會導致寶寶食欲不佳，媽咪要多準備一些較易攝取的料理。在寶寶滿一歲前接種水痘疫苗，是不錯的預防方法。
手口足病（腸病毒）	發燒至37～38度，且在1～2天內就退燒，好發於夏天，又稱夏季流感。發病後會在手、腳及嘴裡長出水泡，有時在膝蓋、臀部、外生殖器周圍，也會長出較硬的水泡。	長在嘴裡的水泡會形成潰瘍，伴隨疼痛，媽咪可準備較易攝取、消化的食物，同時注意寶寶是否有脫水的現象。病情較輕時，可等待它自然痊癒。
支氣管炎	感冒病毒及細菌入侵支氣管，引起發炎的症狀，若寶寶整天都在咳嗽且持續好幾天，就有可能感染支氣管炎。若擴散至支氣管末端，可能會導致肺炎，當寶寶發生呼吸困難的情況時要立刻就診。	就診領取處方藥。大約4天左右，嚴重的咳嗽症狀就會消失，一般而言，約一週就會痊癒。臥房的溼度應維持在60～70%之間，並經常讓寶寶補充水分。若是細菌感染所引起，有些醫師會以抗生素來治療。
百日咳	被罹患感冒的人經由口沫所傳染，發病後會持續咳嗽1～2週左右，但在咳嗽期間幾乎不會發燒。雖然病菌在一週左右就會死亡，但發作性的咳嗽仍會持續4～6週左右，若是一歲以下的幼童遭感染可能會致命，必須盡早就診。	療程時間較長，多半使用巨環素抗生素治療，同時針對咳嗽症狀，開立預防支氣管炎的止咳化痰藥。若未滿週歲，建議住院治療，當寶寶滿三個月後，就應盡早接種三合一預防疫苗。
細菌性腸胃炎	因細菌入侵，引起嘔吐、發燒、腹瀉、腹痛等腸胃不適的症狀。細菌性腸胃炎較病毒型來得嚴重，有些寶寶會排出略帶黏稠的便便，同時伴隨高燒。	若症狀只有腹瀉或嘔吐，就不必勉強服用藥物，建議可先到醫院接受檢查，確認細菌的種類後以抗菌藥治療。若寶寶有拉肚子及嘔吐的症狀，就要多多補充水分；若排尿減少或便便黏稠甚至帶血，就要立刻就醫。

嬰幼兒健檢

讓寶寶做嬰幼兒健檢，觀察發育及成長進度

接受定期健診的這段時期，也是寶寶成長發育的關鍵期，小寶貝會在這段期間內學習爬行甚至走路。健檢是寶寶成長期間最大的守護關卡，為了避免錯過發育上的異常反應及成長障礙，媽咪一定要定時帶小寶貝去接受檢查喔！

第一個月的健檢內容

- 身體檢測
- 聽診
- 腹部觸診
- 檢查原始反射動作
- 觀察頭部囟門的大小
- 檢查肌肉的緊張狀態
- 檢查肩頸、肩胛骨是否脫臼
- 觀察外生殖器
- 檢查口腔內部
- 觀察有無黃疸症狀，及肚臍癒合情況
- 視力測試
- 聽力測試

將心裡的不安與疑慮告知醫護人員

嬰幼兒的健康檢查會從滿月開始到七歲左右，總計將施行七次。健診的目的是為了即早發現身體及精神方面的異常，並在專科醫師的協助下早期接受治療；爸媽可貸寶寶自行到小兒科診所接受健檢檢查。

健診不單單只是發現寶寶異常的例行檢查，更是媽咪將平時照顧小孩的不安與疑慮，向專家提問的好機會，媽咪可以將寶寶的狀況及疾病寫在兒童健康手冊上，例如：「好像不太愛喝奶」、「體重一直沒增加」、「經常便祕」等等，到了健診時可一併提出。此外，還可以與不少同齡的小孩及媽咪交流，互相交換彼此的育兒心得。

健檢時要帶的東西

- 健保卡
- 尿布
- 現金
- 兒童健康手冊
- 溼紙巾
- 牛奶或飲料
- 掛號單
- 毛巾
- 面紙
- 塑膠袋
- 換洗衣物

健檢當天要幫寶寶準備一套方便穿脫的衣服，同時將注意事項填寫在兒童健康手冊裡。為避免在健檢時寶寶因肚子餓而哭鬧，應該在出門前30分鐘餵奶。

第7章

知道賺到

準媽媽情緒小錦囊⑥
守護孕媽咪，全民動起來

讓大家都知道自己懷孕了

懷孕後期，由於挺了個大肚子，幾乎每個人一眼就知道妳是個孕婦，但如果是懷孕前期，就沒辦法用肉眼辨別了。

因此，日本衛生署為了提供一個「體恤孕、產婦的優良環境」，特別製作了「孕婦辨識牌」，讓周遭的人一眼就了解妳的身體狀況。

懷孕的媽咪只要在胸口配戴這個牌子，乘坐大眾運輸工具時，周遭的人都會自動起身讓坐，體恤孕婦不能久站的困擾。這個「孕婦辨識牌」在各大車站都可以領到唷！

支援日本職業婦女的「媽咪健康管理」制度

「媽咪健康管理」制度是為了讓女性在懷孕期間或生產後，也能繼續工作的措施，這個制度將職場及醫院做連結，一旦有了醫師證明，企業就要配合，調整媽咪的工作內容及執勤時間。衛生署所實施的這項制度，主要目的除了支援上班族媽咪，同時也是為了改善少子化的窘境。

但根據日本在西元二〇〇四年所做的調查顯示，有不少公司仍沒有依法執行產婦休養假及育嬰假的措施，使得支援上班族媽咪的制度大打折扣，無法收到預期中的效果。

因此，又添加了另一項配套措施，只要上班族媽咪被醫師告知必須減少工作時數或在家休養，就可以領取「母體健康管理指導事項聯絡簿」，將醫師的診斷結果確實傳達給企業主，此外，企業主也必須遵照醫師的書面指示調整工時，如此一來，只要孕媽咪在上班時感到身體不適，都可以採用這種方法向公司反應。

「體恤女性員工的職場導覽」
http://www.bosei-navi.go.jp

（註：台灣的媽媽有八星期的產假，期間仍可領薪；其次也可請最長兩年的育嬰留職停薪假，並可選擇繼續留在原單位投保。）

第8章

爸爸們的孕期生活

懷孕、生產，主角都是媽咪，
但爸爸要一肩扛起協助媽咪與寶寶的重責大任，
好讓媽咪安心度過懷孕生活，
迎接難忘的生產時刻，
隨時隨地給予最大的支援。

爸爸們都有這種感覺

懷孕期間爸爸的真心話自白書

懷孕期間的真心話

爸爸們都這麼說！

準備好要當爸爸了嗎？
不要著急，也不要興奮過了頭，一步步登上當爸爸的臺階吧！
一起來看看其他爸爸的真心話！

Q1 當你聽到太太懷孕了，有什麼反應？

聽到醫生這麼說時，第一個念頭就是擔心自己「養得起嗎？」之後與太太兩人討論了很久，都覺得「應該為肚子裡的孩子好好打拼」，想法也變得更積極樂觀了。（28歲／上班族）

交往的時候，我們就經常說著想生個寶寶，因此一聽到懷孕的消息，我們都好開心。雖然責任變重了，但工作也越來越有幹勁。（30歲／老闆）

交往的時候，我們就經常說著想生個寶寶，因此一聽到懷孕的消息，我們都好開心。雖然責任變重了，但工作也越來越有幹勁。（30歲／老闆）

結婚兩年後，我們都覺得「該是時候生個寶寶了」，這麼剛好老婆就懷孕了！時間點也太巧了，讓我們都有種被嚇到的感覺，「簡直就是命中注定」！（34歲／營業員）

Q2 說說你感覺胎動時的感想吧！

休假時跑去買了個聽診器，放在老婆的肚子上聽胎動。「動了嗎？」、「這是心跳聲嗎？」興奮的問了一連串的問題，老婆忍不住在一旁苦笑。

感覺到胎動時，忍不住大喊：「哇！動了！真的動了！」感動到不能自己。從媽媽肚子裡的胎動，感受到一股「生命的神奇力量」，一想到寶寶在接下來的日子裡還會這樣活動身體，就好期待每一次聽胎動的時刻。

Q3 老婆懷孕期間，你做了什麼讓她很開心的事呢？！

總覺得不能放老婆一個人在家，每天都盡量早點下班陪老婆，也不知道是不是這樣感動了她，生產完後她對我說：「謝謝你每天都這麼關心我。」聽到這句話，我也忍不住笑了。（25歲／上班族）

因為擔心老婆肚子裡的小寶寶，每次產檢都一定會陪老婆一起去。這麼做老婆當然很高興，但更讓我開心的是到了懷孕後期，還被醫師誇獎：「你真是個模範老公。」（27歲／老闆）

到國外出差時，買了外國神像的手機吊飾，想到以後的寶寶，一口氣買了三組不同顏色的，沒想到太太的反應比預期中熱烈，馬上就掛在自己的手機上把玩。（38歲／外資企業）

休假在家時，我都會乖乖當個家庭煮夫，掃地、洗衣、做菜、按摩，做得比工作時還勤快！原本成天悶悶不樂的太太，看到我努力顧家的樣子，心情也都變好了。（34歲／公務員）

Q4 你有陪產嗎？

有陪產	41%
沒有陪產	59%

在太太懷孕期間就決定要陪產，因為是第一次，幾乎什麼忙也沒幫上，不過光是能陪在老婆身邊打氣，就是一種難得的經驗。（23歲／美工設計）

原本有打算進產房陪產，但生產當天公司臨時有狀況，等我趕到醫院時，寶寶已經出生了。雖然沒辦法陪在老婆身邊，但在之前我總是不停鼓勵她：「不管發生什麼事都不要擔心！」（35歲／上班族）

Q5 希望成為什麼樣的爸爸呢？

還是希望能成為一個有威嚴的爸爸吧！當孩子做錯事，就立刻板起臉斥責他、教導他。從今天起，得更有爸爸的架子才行。（29歲／門市銷售）

希望當個可以讓孩子安心依賴的爸爸。當孩子不開心時能立刻察覺，然後主動關心他：「發生什麼事了嗎？」（37歲／科技業）

希望全家人都能自在的表達喜怒哀樂的情緒，不管開心還是不好的事，都要跟家人一起分享、一起分擔。話是這麼說啦，不過坦白說我其實還沒有當爸爸的感覺呢！（30歲／上班族）

希望能跟孩子像個朋友一樣，一起玩耍嬉鬧！生氣時就板起臉，開心時就大笑，這樣的關係是再好不過了。將來等他長大了，還要一起喝酒、聊心事呢！（26歲／門市販售）

當你知道太太懷孕了……

對於懷孕、生產一點概念都沒有，真擔心不知道該怎麼做才好？
懷孕期間要特別注意哪些事？
老婆生產時，老公要做什麼呢？
是不是應該陪產，讓它成為兩個人的共同回憶呢？

爸爸也隨著寶寶的腳步，一起成長吧！

當你知道有小孩的時候，是怎樣的心情呢？期待、不安、責任感……，想必一定有各種錯綜複雜的情緒湧上心頭吧！許多人都說，女性一旦懷了身孕，就立刻成了媽媽，不管自己喜不喜歡，都能切身感覺到孩子的成長，但男性卻多半都等到寶寶誕生了，才真切的體認自己當爸爸了。

從寶寶誕生的那一刻起，生活就變了樣，照顧寶寶的日子，每天都忙碌不堪，隨著小孩的成長，爸爸與媽媽也有著不同的使命，換尿片、幫寶寶洗澡、陪小孩玩、教他讀書識字，每一個成長階段都有不一樣的體驗。

照顧小孩其實不難，只要用最真誠的心與寶寶一起成長，學著去做好「爸爸」的角色。

爸爸能做的事

寶寶一出生，媽媽就必須整天貼身照顧小寶貝，所以爸爸要從懷孕期間，就養成自己照顧自己的生活習慣。以前衣服脫了就隨地亂丟、報紙看了就隨手亂扔的壞毛病，通通NG！

爸爸的經驗談

聽說有抽菸習慣的孕婦，會生下體重不足的小孩，因此，我立刻戒掉抽了很久的菸。只要一想到老婆可能會吸入二手菸，就不敢再把菸拿起來了。

老婆害喜的那段期間，我都會幫她拍拍背，還一手包辦掃地、洗衣的工作。只是幫忙做點小事，卻讓老婆很感動，還特地跟我說「謝謝」呢！

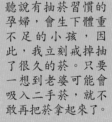

兩人一起分擔不安與煩惱，會讓媽咪更安心喔！

媽咪從懷孕期間的身體變化，到產後照顧寶寶的壓力，她所承受的不安與徬徨，都遠遠超過爸爸所想像的。

雖然爸爸上班也很忙，沒辦法隨時給予最即時的協助，但對媽咪而言，體恤自己的無助與辛苦，比什麼物質獎勵都來得重要。爸爸要學會傾聽媽媽的煩惱與苦水，製造一個能互相體諒、溝通的家庭環境，才能讓媽咪在過程中感到安心，帶著放鬆的心情，迎接生產的那一刻。

迎接新生兒的準備

1 照顧寶寶要從還在媽咪肚子裡的時候開始

爸爸要從媽媽懷孕初期，就加入照顧寶寶的行列，即使很忙，沒辦法給予實質上的協助，也可以說些體貼的話：「今天辛苦囉！」、「累不累？」來讓媽媽感到溫暖。媽咪保持輕鬆愉快的心情，才會讓小寶貝在肚子裡健康舒適的成長。

2 不要把所有事情都丟給媽媽

你是不是那種「男人不做家事」的沙文主義者啊？去醫院產檢、購買嬰兒用品、取名字、照顧老大等等，都不是媽咪一個人的責任，讓媽咪隨時隨地都能感受到「生小孩是兩個人的事」，才能在生產時更加安心，爸爸也要在空閒時學會照顧自己、分擔家事喔！

3 不要讓媽媽太勞累

在懷孕期間的40週裡，媽咪不管在身體還是心理上，都會產生各種不同的變化，有時候連媽媽自己也對這樣急劇的變化感到不適應。因此，即使爸爸不太會做家事，照顧家裡的老大時，也沒辦法像媽媽那樣服服貼貼，但只要有心幫忙，媽媽都會很高興的。

4 適時讓媽媽發洩壓力

隨著肚子越來越大，媽媽經常會覺得肩膀、背部、腰部痠痛，有時候也常不自覺的把「肩膀好痠」、「腰好痛」這些話掛在嘴邊。爸爸要體貼一點，讓媽咪吐吐苦水、發洩一下，才不會讓這些身體上的負擔影響到心理，在爸爸也能包容的範圍內，充當媽咪的心靈垃圾桶。

5 準備育兒基金

懷孕、生產，是每對夫妻重新檢視保險的最佳時機。單身及出社會時所保的保單，不見得能在發生事情時，提供媽咪與寶寶接下來的生活保障。「教育基金越早儲蓄越好」，是爸爸給予小寶貝的第一個協助，有能力的話，也可以在寶寶一生下來時，就幫他買張終身醫療險。

懷孕初期（0～15週）

爸爸的協助是最好的強心針

雖說每位孕婦的狀況各有不同，但通常在十五至十六週左右，就會達到害喜的高峰期，醫界至今仍無法解釋害喜的原因，一旦進入這時期，許多準媽咪都會產生嘔吐等不適症狀。此外，這個時期也是流產的高危險期，要特別注意媽媽的身體變化。

害喜的主要症狀

第1名　不斷的想吐
第2名　如果不吃點什麼，就會覺得很不舒服
第3名　對氣味特別敏感
第4名　愛睏嗜睡
第5名　全身無力

此外，有些孕婦也會在夜晚睡睡醒醒好幾次。

●多聽聽媽咪害喜的苦水

爸爸要抽點時間，聽聽媽咪抱怨害喜的症狀，例如有哪些不舒服的感覺等等。即使只是傾聽、附和，也能讓媽咪的心情放鬆愉快。

●主動幫忙煮飯、做家事

幫媽咪做點好吃、營養的創意料理吧！爸爸可以親手下廚，或偶爾帶媽媽上上餐館、打打牙祭也不錯喔！

●一點點體貼，就能讓媽咪很感動

下班回家的路上，順便幫媽咪買點她喜歡吃的東西吧！在這個時期，媽咪有時候連稍微走動一下都很難受，爸爸這種不經意的小體貼，會讓媽咪感動不已呢！

爸爸能做的事

當媽咪身體不舒服時→幫忙分擔家事，煮煮飯吧！
當媽咪情緒不穩定時→抽點時間，聽媽咪吐苦水吧！
當媽咪害喜想吐時→督促媽咪多補充水分。
當媽咪害喜症狀嚴重時→盡量抽空陪媽咪去產檢，聽聽醫師怎麼說。

一目瞭然　媽媽與胎兒的狀況

1個月　2個月　3個月　4個月

- 乳房與腹部變大，形成孕婦體型
- 害喜症狀劇烈
- 害喜症狀結束，恢復食欲
- 可利用超音波觀察
- 血液循環開始運作
- 骨骼與心臟發育完成

※胎兒的發育速度及媽咪的身體變化，每個人略有不同。

懷孕中期（16～27週）

從「毫無動靜」到感覺胎動

害喜症狀結束後就進入了穩定期，而胎兒也在這個時期開始活動手腳，慢慢長成可愛的寶寶（關於五官發育的事項，請參照第86頁）。在這個時期帶著媽咪與小寶寶一起旅行，好好感受一下世界，如何呢？

這些家事是爸爸的工作

- 刷洗浴室
需要彎腰、半蹲的家事，就請爸爸幫忙吧！
- 搬行李、刷地板
這些動作容易壓迫到下腹部，對胎兒造成負擔。
- 清潔窗戶、天花板或樓梯
容易跌倒或從高處摔落。

● 不要忘了給哥哥、姐姐多一點關愛

媽咪懷孕之後，比較沒有時間照顧大一點的孩子，有不少哥哥或姐姐會因此吃醋，藉機鬧脾氣。爸爸如果能多給哥哥、姐姐一點關愛，將有助於平衡他們不愉快的心情。

媽媽身體的變化

容易長出雀斑、黑斑
乳暈變黑
乳房變大
出現妊娠紋
腹部變大
手腳容易水腫
有些孕婦的腿毛會變淡或變濃

爸爸能做的事

跟寶寶說說話！

大約在第6個月左右就能感覺到胎動，但在那之前，爸爸就已經可以說故事給寶寶聽，跟小寶貝互動囉！在媽咪的帶領下，輕聲細語說故事給寶寶聽，會讓胎兒的心情更穩定喔！

爸爸要特別注意

懷孕期間的狀況因人而異

不需要跟其他媽咪做比較，爸爸若將媽咪與其他媽媽做比較，容易讓她感到不安或不悅。

7個月	6個月	5個月
		乳房與腹部變大，形成孕婦體
明顯感覺到胎動	明顯感覺到胎動	
	得知性別	得知性別
眼睛可以張開、閉上	眼睛可以張開、閉上	

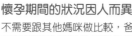

懷孕後期（28～41週）

寶寶出生後，就更有當「爸爸」的自覺

雖然有不少爸爸即使每天與媽咪相處，卻仍然沒有「當爸爸」的切身感受，這麼說並不是在指責爸爸，因為進入這個階段後，離小孩出生就只剩一小步了，有許多爸爸到了此時才真正緊張起來，擔心媽咪與寶寶能否度過生產這個難關，同時也迫不急待的想跟即將出世的新生命見面。

事先協調緊急聯絡方式

進入預產期後，小寶貝隨時都有可能出世，因此夫妻倆要事先協調，若發生緊急事件該怎麼互相聯絡。此外，爸爸即使在上班也應該保持開機狀態，好讓媽咪或家人能以手機簡訊，告知最新的發展。

● 向公司報告太太已經進入預產期了

媽咪進入生產期後，爸爸就要跟公司的上司、同事報備，盡量事先溝通好，一旦發生緊急狀況，也比較容易得到支援與諒解。

● 準備迎接寶寶誕生

為了迎接新生命的誕生，爸爸可以先跟媽咪一起添購嬰兒床、嬰兒服等用品。此外，為了讓媽咪及小寶貝出院回到家後，也能感到安心舒適，爸爸要先回家把家裡打掃乾淨！

● 跟小寶寶打聲招呼吧！

小寶寶即將誕生，家裡要添新成員了，就讓夫妻倆一起感受這種雀躍的情緒吧！越接近生產期，媽咪就會越緊張，充滿不安、期待與焦躁。此時，爸爸要適時讓媽咪知道，生孩子是兩個人的責任，媽咪不是一個人孤軍奮戰喔！

爸爸的經驗談

因為不確定老婆什麼時候會生，成天心神不寧，無心工作，也因為擔心家人聯絡不到我，連吃飯都特意避開收訊不良的地方。

爸爸要特別注意

讓媽咪在娘家或醫院都能安心的坐月子

媽咪住院或回娘家坐月子的期間，爸爸要一肩扛下家裡大大小小的事，沒有媽咪在身邊提醒，有些粗心的爸爸甚至連印章、存摺都不曉得放在哪裡呢！爸爸可以藉這個機會好好想一想，自己是不是不知不覺中，把所有事情都交給媽咪打理了呢？

寶寶誕生	10個月	9個月	8個月
	出現心悸、喘不過氣、胃不舒服等症狀。		
		疲倦時子宮就會收縮，腹部脹痛。	
	對外界的聲音、光線產生反應		

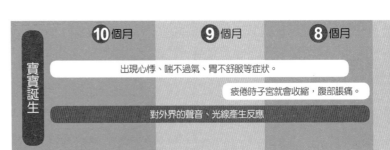

懷孕期間爸爸要注意的事

提供一個健康的懷孕環境

飲酒、抽菸

至少要做到不在媽咪附近抽菸

不管是抽菸還是喝酒，都會影響胎兒的發育，因此，有抽菸習慣的媽媽，最好趁懷孕期間戒菸，此外，如果媽媽吸到爸爸的二手菸，也會威脅到胎兒的健康，必須格外留意。

懷孕期間若想喝酒，只要控制在一小杯的量就沒有大礙，但有許多孕婦會因為壓力等心理因素，而不小心越喝越多。建議媽咪最好都不要喝酒，爸爸若在晚上想小酌一番，也不要邀媽咪共飲。

妳知道抽菸有害健康嗎？

香菸裡含有尼古丁及一氧化碳等多種有害物質，當菸害進入人體後，會影響媽咪的血液循環系統，導致胎兒無法順利吸取充足的氧氣及營養素，提高流產或早產的可能性，因此爸爸絕對不可以在媽咪的面前抽菸，如果一定要抽，就到室外去吧！

爸爸要特別注意

香菸裡的有害物質，不僅會影響癮君子的健康，也會威脅到周遭的人。香菸百害而無一利，尤其是在懷孕期間最好趁機戒除，如果沒辦法，至少也要做到不在媽咪的周遭抽菸。

兩個人做好溝通最重要

性愛

有人享受性愛，有人只想禁慾

懷孕期間做或不做，對爸爸、媽咪來說都很難啟齒，若沒有先兆性流產或先兆性早產的跡象，基本上不需要特別中止性生活，只是有些夫妻在懷孕期間就不再做愛了，但也有些夫妻依然很享受這種親密的肌膚之親。為了避免心中的不滿成為日後吵架、翻舊帳的源頭，建議夫妻倆找個時間多多溝通，這種事如果由爸爸先起個頭，或許能讓媽咪卸下心防，說出真正的感受喔！

爸爸要特別注意

性愛這件敏感的事，很容易因為媽咪的內心感受、身體狀況，或是爸爸的心理因素，而讓兩個人產生不同的意見。懷孕期間若要做愛，過程中一定要戴保險套，以預防細菌感染或病菌侵入子宮的危險，若媽咪感到腹部不舒服，甚至伴隨出血現象，一定要立刻停止。

媽咪出狀況了！？這時爸爸該怎麼辦？

包容媽咪的情緒變化

情緒不穩定

媽咪情緒不穩定，多半都是心理因素而引起

媽咪懷孕期間會因為身材變形、身體不適，甚至產後帶小孩及工作的問題，而感到焦躁心煩，容易掉眼淚，脾氣暴躁，情緒起伏也較往常劇烈。此時，爸爸就得攬下安撫媽咪的重責大任喔！

有時候夫妻間也可能因為媽咪的任性、焦躁而引發爭吵，但爸爸及周遭人給予協助與體諒，才是媽咪懷孕期間最好的強心劑。

什麼是產後憂鬱？

即使生完寶寶，媽咪不穩定的焦躁情緒，仍會持續一陣子。媽咪為了產下寶寶，全身的肌肉、關節、血液、內臟等器官，幾乎一整天都處於緊繃的狀態，而導致她身體虛脫疲憊。此外，好不容易盼到小寶貝出世，緊接著卻是24小時照顧小孩的疲勞轟炸，容易感到身心俱疲。爸爸若能適時給予媽咪安全感，讓她感受到「帶小孩是我們的共同責任」，才是最重要的。沒有家人協助，得一個人攬下照顧寶寶的單親媽咪，以及第一次生產的媽咪，都會特別容易感到無助不安。如果媽咪悶悶不樂，爸爸不妨多抽點時間，陪媽咪說說話吧！

爸爸要特別注意

媽咪情緒不穩定時，喜怒哀樂的反應就特別明顯，很容易因為一點小事就生氣哭鬧，此時爸爸應花點時間聽她訴苦，陪伴她度過這個特別的時期。

母體承受著想像不到的負擔

不適症狀

不適症狀幾乎都發生在下半身

隨著肚子裡的寶寶逐漸成長，子宮自然也會跟著慢慢撐大，變大的子宮一旦壓迫到腸胃、膀胱、恥骨及腿部，就會引起各種不舒服的症狀，即使到了半夜也會頻頻起床上廁所，再加上荷爾蒙分泌的影響，皮膚也容易出現紅癢的現象。

若媽咪出現不適症狀，爸爸千萬別感到不耐煩，凡事都要把媽咪的身心狀況列為優先考量喔！

克服不適症狀的方法

妊娠紋

從第五個月之後，媽咪就要養成塗抹保溼乳液的習慣，以免妊娠紋生成，因為妊娠紋在產後雖然會稍微褪色，可是一旦形成，就不會消失。

腰痛

爸爸盡量幫媽媽提重物，減輕腰痛的困擾。

便祕、痔瘡

爸爸可以做一些富含食物纖維及乳酸菌的料理喔！

腳部水腫

媽咪洗完澡後，可以幫她按摩小腿及腳底，此外，要提醒媽咪不要攝取過多的鹽分，施行減鹽飲食。

爸爸要特別注意

不適症是每天都要面對的惱人問題，爸爸千萬不可以嘲笑媽咪，反而要多抽點時間聽她抱怨，或幫忙想些解決的方法，來分擔媽咪的煩惱吧！

遇到麻煩時，兩個人一起面對

先兆性流產、早產

盡量抽空陪媽咪做產檢

懷孕期間，爸爸與媽媽的共同心願，就是希望寶寶能平安出世，但有許多準媽咪在懷孕期間，會遇到腹部腫脹疼痛、陰道出血等無法預期的意外，一旦出現這些症狀，就要立刻到醫院檢查胎心音及子宮狀態，若經醫師診斷有先兆性流產或早產的可能，就要配合院方指示，保持絕對臥床的療養。

肚子裡的胎兒出了母體仍能繼續成長的臨界點為懷孕二十二週，若在此之前就出了母體，稱之為流產，而在二十二週以前可能有流產的危險，則稱為「先兆性流產」。另一方面，胎兒在懷孕二十二週～三十七週之間出世，稱為「早產」，而在這個時期裡可能有早產的危險，則稱為「先兆性早產」。

不管發生什麼意外，爸爸都應該盡量抽空陪媽咪做產檢，一起了解胎兒的發育狀況。

有過先兆性早產的經驗嗎？

有↓15%　沒有↓85%

從數據上看來，大約每10個人就有1人有過先兆性早產的經驗。越早發現，越早調養，預防早產的機率就越高，平時也要多多注意，不可加重身體的負擔喔！

爸爸要特別注意

當醫師診斷出先兆性流產或早產的跡象，爸爸就要特別留心媽咪與寶寶的身體變化，如果醫師說媽咪必須在家靜養，就表示要像住院一般，盡可能讓媽咪躺在床上休養，在情況好轉之前，都不能讓媽咪做家事，以避免增加身體的負擔，爸爸也要做好隨時緊急送醫或發生意外的心理準備。

提醒外出旅行的大小事

旅行有助於放鬆心情喔！

寶寶出生後，外出旅行就沒辦法做遠距離的規畫，加上小朋友的行頭也不少，對爸媽來說都很不方便，所以不妨趁著懷孕期間，來趟兩個人的小旅行吧！如果爸爸平時忙於公事，沒辦法幫媽咪分擔家事，也可以利用這趟旅行，慰勞一下媽咪的辛苦。舒適的旅程有助於放鬆心情，等媽咪的身體狀況逐漸穩定，進入懷孕中期（害喜症狀結束）的階段，可以計畫一起出遊。

若是要去海外旅行，別忘了告知飯店人員媽咪是名孕婦，同時也要事先調查當地的醫療診所，以免發生意外時求助無門。

即使沒辦法安排旅遊，也要抽空陪媽咪到處走走或購物血拼，偶爾上上館子或聽場音樂會，都能讓媽咪的身心壓力瞬間解放喔！

媽咪都這麼想！

- 不想外出　3%
- 積極的想到處走走　27%
- 如果是孕婦也能安心的地方，就會想去走走　70%

如果是去熟悉又不太遠的地方，就算發生什麼事，也能立刻處理，讓人感覺比較安心，是孕媽咪出外踏青的首選。

爸爸要特別注意

若要開車外出，盡量避開人潮或交通尖峰時段，同時先查好休息站的地點，好讓媽咪不用憋尿，此外，旅行時也不要趕行程，跑好幾個觀光區，最好鎖定在一個景點悠閒的度過。過了28週～29週後，則要避免遠距離的外出旅遊。

終於開始陣痛了！

爸爸能做的事

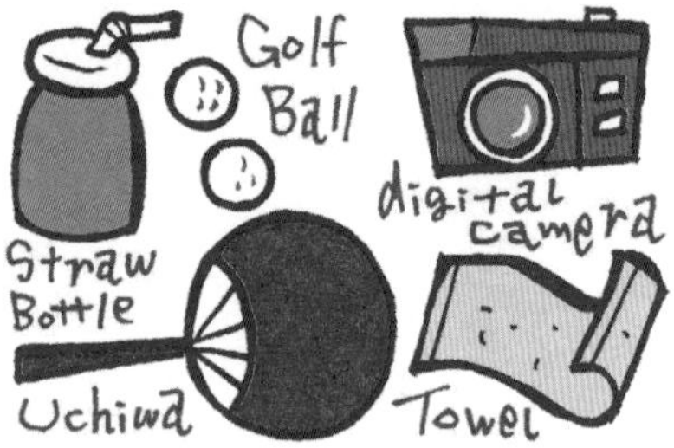

準備能派上用場的東西

爸爸可以準備一些生產時需要的物品，如：擦汗用的手帕、方便吸食的吸管、能減緩陣痛的高爾夫球、扇子等等。此外，也不妨帶著相機，以便抓住感人的時刻，不過拍照時不要妨礙到媽咪或醫護人員喔！

待產室

快要生產的準媽咪都會被送到待產室，等待破水臨盆，若是沒有待產室設備的醫院，則會讓孕婦在病房裡度過。此時爸爸要守在媽咪身旁，必要時給予適度的援助。

爸爸的經驗談

老婆在生產時看起來非常痛苦，我幫她用扇子搧風降溫，或拿高爾夫球按壓肛門，減緩陣痛。感覺比想像中還痛，被嚇到了。

關於陪產

夫妻倆可事先討論是否要陪產，因為陪產可以讓兩個人共同分享小寶貝出生時的喜悅，有了這個體驗，也能讓全家人有個幸福的回憶，促進日後良好的互動。話雖如此，如果只有參與陪產那一刻，還是遠不如懷孕期間對彼此的關心與體貼，如果在這辛苦的十個月裡，爸爸與媽咪都能相處得很愉快、協調，那麼有沒有一起進產房，反而不是那麼的重要了。

爸爸能做的事

方法1

陪產

只要陪在媽咪身邊就OK了！
聽從醫師及護理人員的指示，協助媽咪。

方法2

無法陪產

告訴媽咪會一直等在門外如果無法陪產，也要在媽咪被推進產房前告訴媽咪：「我會一直在外面，等待妳跟小寶貝出來。」相信這份心意一定也能讓媽咪感動。

方法3

無法陪產

告訴媽咪心裡的喜悅
媽咪生產完後告訴她：「辛苦妳了，謝謝妳幫我生了這麼健康的小寶貝！」適時跟媽咪說些安慰感謝的話，也可以到嬰兒房，恭喜寶寶平安來到這個世界上。

接生室(產房)

子宮頸口全開後，就要轉往產房準備接生，有不少媽咪在移動過程中痛苦難耐，爸爸可緊跟在旁，隨時給予協助。進入產房後，爸爸要站在媽咪的頭部這邊，以免礙手礙腳，影響到醫護人員接生，此時爸爸可以緊緊握住媽咪的手，讓她有安全感。

住院期間

生產完後，大多數的醫院會將媽咪送回病房，把新生兒帶到育嬰室裡照顧，爸爸則要抽空，經常去探望媽咪與小寶貝，跟他們說說話。產後約4～7天就可以出院回家，爸爸應該要在媽咪與寶寶回家前，先把家裡打掃乾淨喔！

爸爸能做的事

經常到醫院探望

即使只有短短幾分鐘，爸爸只要到醫院露個臉，也能讓媽咪感到安心。盡可能陪媽咪說說話，聊聊最近發生的大小事，媽咪如果在娘家坐月子，也要盡量排開工作，請假去探望。

打掃家裡，讓媽咪與寶貝出院後，能在舒適的環境裡休息成長

如果家裡都沒整理，垃圾也沒倒，等到媽咪出院後，看到家裡像座垃圾山，一定會暴跳如雷。建議爸爸就算工作再忙，也要把家裡維持在媽咪住院前的狀態。

爸爸的經驗談

有些醫院能讓家屬陪伴過夜，休假的時候不妨到醫院陪伴媽咪，這樣一來也能就近看到小寶貝，讓住院期間變成一家人的幸福時刻！

出院後

媽咪出院後，多半還沒從生產的疲勞中恢復體力。產後一個月，媽咪要回醫院做檢查，在醫師還沒宣布一切恢復正常前，爸爸應該幫忙做菜、洗衣、掃地、拖地等，主動分擔家事，讓媽咪能在家好好休養。

爸爸能做的事

幫忙做家事

產後一個月裡，爸爸應該製造一個優質的育兒環境，讓媽咪能專心哺育小寶貝，培養良好的互動信任關係。

傾聽媽咪的需求

爸爸與媽咪有沒有溝通不良的地方呢？在這段期間裡，媽咪多半會感到前所未有的身心俱疲，爸爸要適時讓媽咪暫時放下照顧寶寶的重擔，給她一點喘氣休息的空間。記得，給媽咪一點屬於自己的時間，也很重要喔！

辦理出生證明，向公司報告喜訊

產後兩週內必須辦妥新生兒的出生證明，但有許多媽咪在這段時間仍無法出門奔走，這時就必須借助爸爸的力量了。此外，如果沒有向公司通報的話，也有可能因此錯失新生兒健康保險及家族扶養津貼等福利喔！

（註：台灣可請領育兒津貼，但每個縣市規定不相同。）

寶寶與爸爸的12個月行事曆

每個寶寶都有自己的個性，當然不見得會照著下列表格的月份成長，
爸媽不妨耐心守護小寶貝的成長吧！

生後 0 ～ 4 週（新生兒期）

不管白天或黑夜，寶寶幾乎一整天都在睡覺，平均一天會便便2～6次，尿尿15～20次。餵奶的時候可以順便看一下尿褲是不是溼了？需不需要更換？

2 個月

產後頭一個月，新生兒必須在自己專用的浴盆洗澡，到了兩個月左右，就可以跟爸爸一起到浴缸泡澡囉！寶寶已經能聽到聲音，並且對音源有所反應，爸爸在洗澡時，不妨多跟寶寶說說話喔！

3 個月

寶寶白天醒著的時間變長，生活作息也慢慢有了規律。爸爸要學會掌握泡奶粉的量，以及餵奶的時間，並分辨寶寶的哭聲，如此一來若發生不尋常的情況，也能馬上察覺。

4 個月

到了這個時期，相信爸爸也對照顧寶寶駕輕就熟了吧！寶寶此時會發出類似「啊～」「嗚～」之類的聲音，哭聲有更多變化，臉上的表情也越來越豐富。

5 個月

寶寶對周遭事物開始產生好奇心，不管看到什麼東西都會伸手去抓。此外，寶寶半夜驚醒啼哭的次數也增加了。

6 個月

寶寶能分辨爸爸與媽媽的臉，也開始怕生。拿個東西在寶寶面前突然出現，又突然消失，會讓寶寶覺得很新鮮、很有趣。有些寶寶在睡覺時會自己翻身。

7 個月

寶寶學會爬行與坐下，活動範圍也擴大了。記得將熱的東西（如：熱水瓶、熨斗）、尖的東西、能塞進嘴裡的小東西（如：香菸、硬幣、藥、電池）等，收在小寶貝看不到的地方，以免不小心發生意外。

8 個月

寶寶會用拇指與其他指頭抓東西，也對電視的聲音有反應，有時也會突然回頭看電視，並且以驚人的速度持續成長。寶寶活動範圍擴大後，媽咪也就越來越累，爸爸不妨主動幫忙，分擔點家事。

9 個月

寶寶越來越怕生，如果看不到爸爸或媽媽，就會哭著到處走、到處找，像小鴨追著母鴨一樣。這是寶寶成長的必經過程，不妨趁這個時候，享受一下小寶貝的撒嬌吧！

10 個月

寶寶的運動量增加，體型越來越像幼童，也慢慢學會扶著東西站立，以及靠著牆壁走路。爸媽在與寶寶互動時，要注意用詞和語氣喔！

11 個月

寶寶在地上爬行的速度變快了，他的情緒起伏越來越激烈，這是心靈開始成長的跡象。此時寶寶會模仿大人，說些「掰掰」或「要」等簡單的單字。

12 個月

寶寶滿一歲，體型越來越大，體重是出生時的3倍，身高也長了1.5倍。此時長出上排2顆、下排2顆門牙，一共4顆牙齒，但要開始預防蛀牙喔！

圖解 最新懷孕生產圖文百科 貼心修訂版

作　者／竹內正人
翻　譯／若河
選　書／林小鈴
主　編／陳雯琪

行銷經理／王維君
業務經理／羅越華
總 編 輯／林小鈴
發 行 人／何飛鵬
出　版／新手父母出版
城邦文化事業股份有限公司
台北市中山區民生東路二段 141 號 8 樓
電話：(02) 2500-7008　傳真：(02) 2502-7676
E-mail：bwp.service@cite.com.tw
發　行／英屬蓋曼群島商家庭傳媒股份有限公司城邦分公司
台北市中山區民生東路二段 141 號 11 樓
讀者服務專線：02-2500-7718；02-2500-7719
24 小時傳真服務：02-2500-1900；02-2500-1991
讀者服務信箱 E-mail：service@readingclub.com.tw
劃撥帳號：19863813
戶名：書虫股份有限公司

國家圖書館出版品預行編目 (CIP) 資料

圖解最新懷孕生產圖文百科貼心修訂版：超實用！新手媽咪必懂的孕期知識 / 竹內正人著；若河譯. -- 3 版. -- 臺北市：新手父母出版，城邦文化事業股份有限公司出版：英屬蓋曼群島商家庭傳媒股份有限公司城邦分公司發行，2023.04
面；　公分. --（準爸媽；SQ0015Y）
ISBN 978-626-7008-37-9(平裝)

1.CST: 懷孕 2.CST: 分娩 3.CST: 育兒 4.CST: 婦女健康
429.12　　112002691

香港發行所／城邦（香港）出版集團有限公司
香港灣仔駱克道 193 號東超商業中心 1F
電話：(852) 2508-6231　傳真：(852) 2578-9337
E-mail：hkcite@biznetvigator.com
馬新發行所／城 邦（馬 新）出 版 集 團 Cite (M) Sdn Bhd 41, Jalan Radin Anum, Bandar Baru Sri Petaling, 57000 Kuala Lumpur, Malaysia.
電話：603-9057-8822　傳真：603-9057-6622　E-mail：services@cite.my

封面設計／徐思文
內頁排版／徐思文
製版印刷／卡樂彩色製版印刷有限公司

2011 年 06 月 30 初版 1 刷
2023 年 04 月 06 三版 1 刷　　Printed in Taiwan
定價 480 元
ISBN：978-626-7008-37-9(平裝)

「ママと赤ちゃんの様子が 1 週間ごとによくわかる 妊娠・出産最新ケアブック」日本版　係者記載
監修／竹內正人
編集／小穴康二 南波香織 Studio Dunk
デザイン／ Studio Dunk Atom Studio
イラスト／浅羽壮一郎 KASHIWAGI Eri 小塚類子 SHIDA Eri 西田 Hiroko 渡辺信子（rocket-design）
写真提供／竹內正人

MAMA TO AKACHAN NO YOUSU GA 1 SHUUKAN GOTO NI WAKARU NINSHIN・SHUSSAN SAISHIN KEA BOOK
© MASATO TAKEUCHI 2008
Originally published in Japan in 2008 by SEKAI BUNKA PUBLISHING INC.
Chinese translation rights arranged through TOHAN CORPORATION, TOKYO., and Future View Technology Ltd.
Chinese edition copyright © 2010 by PARENTING SOURCE PRESS, A Division of Cite Publishing Ltd. All Rights Reserved. 有著作權 ・ 翻印必究（缺頁或破損請寄回更換）